KB235565

A'REX
Airport Express
www.arex.or.kr 문의:1599-7788
빠르고 편한
공항철도
서울역에서 인천공항으로
가는 가장 빠른 길!
A'REX

A'REX 직통
인천공항
화물청사 운서 청라국제도시 검암 계양 김포공항 DMC 홍대입구 공덕 서울역

AREX 공항철도 요금 안내
직통열차 : 8,000원 / 43분
일반열차 : 4,150원 / 56분

승인번호 96751
A'REX
Airport Express
JUST 43 MIN
공항철도 직통열차 할인 승차권
14,800원 ▶ 8,000원 ▶ 6,900원
서울역↔인천공항 1회 승차(편도), 동반 2인까지
유효기간 : 2016년 1월 1일~12월 31일

승인번호 96751
A'REX
Airport Express
JUST 43 MIN
공항철도 직통열차 할인 승차권
14,800원 ▶ 8,000원 ▶ 6,900원
서울역↔인천공항 1회 승차(편도), 동반 2인까지
유효기간 : 2016년 1월 1일~12월 31일

[공항철도] 직통열차 할인 승차권

• 구간 : 서울역~인천공항역 논스톱 운행 (43분 소요)
• 운행시간 : 30~40분 간격 출발
• 승차위치 : 서울역 지하 2층, 인천공항 교통센터 지하 1층

구분	서울역 출발	인천공항역 출발
첫차	06:00	05:20
막차	22:00	21:40

논스톱 43분
인천공항역 ←→ 서울역

[공항철도] 직통열차 할인 승차권

• 구간 : 서울역~인천공항역 논스톱 운행 (43분 소요)
• 운행시간 : 30~40분 간격 출발
• 승차위치 : 서울역 지하 2층, 인천공항 교통센터 지하 1층

구분	서울역 출발	인천공항역 출발
첫차	06:00	05:20
막차	22:00	21:40

논스톱 43분
인천공항역 ←→ 서울역

앙코르와트 홀리데이

앙코르와트 홀리데이

2016년 8월 5일 초판 1쇄 펴냄

지은이   배나영 · 석현정
발행인   김산환
책임편집   조연수
디자인   이아란
지도   글터
영업 마케팅   정용범
펴낸곳   꿈의지도
인쇄   두성 P&L
종이   월드페이퍼

주소   경기도 파주시 광인사길 217, 3층
전화   070-7535-9416
팩스   031-955-1530
홈페이지   www.dreammap.co.kr
출판등록   2009년 10월 12일 제82호

979-11-86581-91-9-14980
979-11-86581-33-9-14980(세트)

ANGKOR WAT
앙코르와트 홀리데이

배나영 · 석현정 지음

꿈의지도

십 년 전 쯤의 일입니다. 앙코르와트 여행에서 돌아온 누군가가 제게 이렇게 말했습니다. "앙코르와트가 곧 문을 닫는대!" 저는 그 길로 바로 짐을 쌌습니다. 영화 〈화양연화〉의 마지막 장면이 떠올랐거든요. 비밀을 묻으려면 꼭 앙코르와트에 가야 할 것 같았습니다. 어쩌면 연인과 이별한 다음이었을지도 모르겠네요. 앙코르 유적지에 찾아간 저는 따듯한 온기를 뿜어내는 돌 위에 손을 대는 것만으로도 행복했습니다. 천 년이라는 시간의 무게를 담고 있는 돌에게서 한낱 백 년도 못사는 인생사를 위로받는 기분이었지요. 앙코르와트를 폐쇄한다는 소문은 그저 뜬소문으로 끝났지만, 그 소문 덕분에 앙코르와트와 소중한 인연을 맺었습니다.

앙코르와트 홀리데이를 쓰는 동안 시엠립을 몇 번씩 오가며 앙코르 유적을 공부하고, 사진을 찍고, 글을 썼습니다. 유적들은 천 년의 기상을 품고 고고하게 그 자리를 지키고 있지만 유적지 앞 풍경은 시시각각 달라지며 가이드북을 써야 하는 저희들의 애를 태웠지요. 최대한 긴 호흡으로 오래도록 사랑받을 수 있는 호텔과 레스토랑을 소개했습니다만 변화무쌍한 시엠립이니, 변경된 정보가 있다면 언제든 연락주세요. 감사하는 마음으로 반영하겠습니다. 가이드북은 하루아침에 완성되는 것이 아니라 시간이 흐르면서 더욱 견고하고, 근사해진다고 합니다. 이 책에도 앙코르와트를 사랑하는 수많은 여행자들의 손길이 덧씌워지길 바랍니다. 앙코르 유적지의 묵직한 감동과 섬세한 아름다움을 모두 담지 못한 것 같아 아쉽지만, 남은 여백은 이 책을 들고 여행을 떠나는 당신의 마음이 채울 수 있기를 기원합니다.

Special Thanks to
언제나 든든한 믿음과 응원을 보내주시는 부모님, 그리고 동훈이에게 사랑을 전합니다. 책을 쓰는 동안 묵묵히 지켜봐주신 꿈의지도 김산환 대표님과 꼼꼼하고 야무지게 마무리를 도와주신 조연수 편집자님께 특별한 감사를 전합니다. 함께 취재하느라 애쓴 현정 언니, 격한 응원을 보내준 여행자마을 식구들, 현지에서 취재를 도와주신 앙코리안의 죽림산방 강태욱님, 블루문님, 많은 조언주신 유연태 교수님, 박승용님, 박원순님, 스렝Sreng을 비롯해 수많은 분들 덕분에 행복한 여행을 마무리할 수 있었습니다. 감사합니다.

배나영

어느 해 봄, 처음으로 시엠립행 비행기에 몸을 실었습니다. 앙코르 유적을 만난다는 설렘과 기대감과 함께 조금은 비장한 마음이었던 것 같습니다. 처음 만난 그곳은 더웠고, 햇볕이 강하게 내리쬐는 유적을 다니는 일은 생각보다 만만치 않았습니다. 그렇게 여행이 끝나고 마지막 날, 공항으로 가는 길에 왜인지 내내 울컥했습니다. 서울로 돌아오는 비행기가 이륙하자, 왈칵 눈물이 쏟아졌습니다. 머물러야 할 자리에서 떠나고 있는 듯한 느낌이었습니다. 그곳의 따뜻한 바람과 사람들의 다정한 목소리가 벌써 그리워졌습니다. 몇 달이 지나 다시 짐을 쌌고 시엠립으로 향했습니다. 그렇게 앙코르는 늘 그리운 곳이 되었습니다.

처음 해보는 가이드북 작업은 생각보다 훨씬 바쁘고 또 꼼꼼함이 요구되는 작업이었습니다. 그 어떤 곳보다 빠르게 변화하는 시엠립의 모습을 다 담아내지 못한 점은 아쉽지만 앞으로 점점 더 알찬 앙코르와트 홀리데이가 될 것이라 자신해봅니다. 여러분도 시엠립에서의 시간이 가장 행복한 기억으로 남길 바랍니다. 늘, 여행하며 살겠습니다.

Special Thanks to

감사할 분들이 많습니다. 이번 가이드북 작업은 배나영 작가가 아니었다면 감히 욕심을 낼 수 없었을 것입니다. 그녀의 용기와 강단에 박수와 응원을 보냅니다. 사랑하는 부모님, 미국에 있는 동생 부부와 얼마 전 세상에 나와 첫 번째 생일을 앞둔 제 첫 조카 리안에게도 마음을 전합니다. 화성그룹 박주필 대표님과 직원들, 여행이라는 공통의 관심사로 함께하는 여행자마을 식구들 감사합니다. 시엠립에서 만난 Piseth yan, Sopheavy sim song, Jesse Lim, Loeum Ion, Huot Sokcheat, David Chan, Mr. Teach, Mot Savant, Nick Gale, Pech Ponloeu Panha, Reece B. Baguley, Sok long, Ed Carminati, Renaud&Pascal 등 소중한 인연에게 감사의 마음을 전합니다.

석현정

〈앙코르와트 홀리데이〉 100배 활용법

앙코르와트 여행 가이드로 〈앙코르와트 홀리데이〉를 선택하셨군요. '굿 초이스'입니다.
시엠립에서 뭘 보고, 뭘 먹고, 뭘 하고, 어디서 자야 할지 더 이상 고민하지 마세요. 친절하고
꼼꼼한 베테랑 〈앙코르와트 홀리데이〉와 함께라면 당신의 앙코르와트 여행이 완벽해집니다.

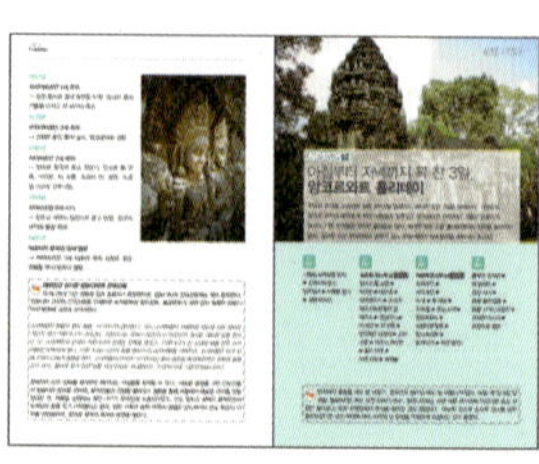

1) 앙코르와트를 꿈꾸다

❶ STEP 01 » PREVIEW 를 먼저 펼쳐보세요.
천년의 숨결을 간직한 앙코르 유적지에서
꼭 봐야 할 사원과 시엠립 시내에서
꼭 즐겨야 할 것, 먹어야 할 것들을
소개합니다. 놓쳐서는 안 될 핵심
요소들을 사진으로 만나보세요.

2) 여행 스타일 정하기

❷ STEP 02 » PLANNING 을 보면서 나의
여행 스타일을 정해보세요. 알찬 여행을
보내기 위한 3일 일정과 근교 유적,
시내 즐기기까지 시엠립을 샅샅이
파헤칠 수 있는 다양한 여행을 추천합니다.
앙코르와트 여행에서 빠질 수 없는
역사 설명도 쉽게 정리하였습니다.

3) 할 것, 먹을 것, 살 것 고르기

여행의 밑그림을 그렸다면 구체적으로 여행을 알차게 채워갈 단계입니다.
❸ STEP 03 » ENJOYING 에서 ❹ STEP 05 » SHOPPING 까지 펜과 포스트잇을 들고
꼼꼼히 체크해보세요. 압사라 춤 공연, 마사지숍, 크메르 음식을 즐길 수 있는
레스토랑, 시엠립 분위기 물씬 풍기는 올드 마켓 등 갈 곳을 미리 찜해 놓으면 됩니다.

4) 숙소 정하기

여행 스타일과 동선에 맞는 숙박 시설이 무엇인지
고려해보세요. 시엠립에는 단돈 4달러에 수영장까지
갖춘 게스트하우스부터 비교적 저렴한 5성급 풀빌라
호텔까지 다양한 형태의 숙소가 있습니다.
⑤ STEP 06 » SLEEPING 에서 꼼꼼 비교 분석해두었습니다.

5) 지역별 일정 짜기

여행의 콘셉트와 목적지를 정했다면 이제 지역별로 묶어 동선을 짜봅시다. ⑥ ANGKOR BY AREA 에서
구역별로 나눈 사원들과 시엠립의 레스토랑, 쇼핑가를 보면 이동경로를 짜는 것이
수월해집니다. ⑦ ANGKOR SUBURBS BY AREA 에서 근교 여행지들도 놓치지 마세요.

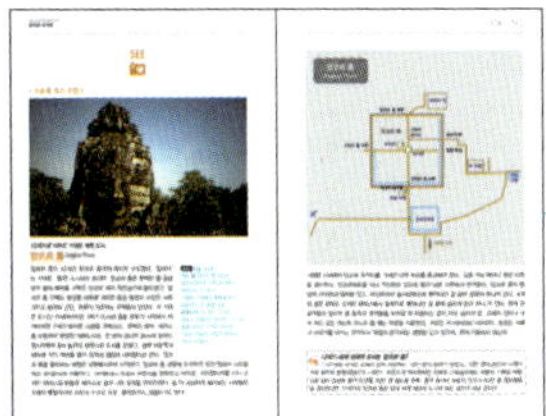

6) D-day 미션 클리어

여행 일정까지 완성했다면 책 마지막의
⑧ 여행준비 컨설팅 을 보면서 혹시 빠뜨린 것은
없는지 챙겨보세요. 여행 70일 전부터 출발 당일까지
날짜별로 챙겨야 할 것들이 리스트 업 되어 있습니다.

7) 홀리데이와 최고의 여행 즐기기

이제 모든 여행 준비가 끝났으니 〈앙코르와트 홀리데이〉가 필요 없어진 걸까요?
여행에서 돌아올 때까지 내려놓아서는 안 돼요. 여행 일정이 틀어지거나
계획하지 않은 모험을 즐기고 싶다면 언제라도 〈앙코르와트 홀리데이〉를 펼쳐야
하니까요. 〈앙코르와트 홀리데이〉는 당신의 여행을 끝까지 책임집니다.

CONTENTS

ANGKOR BY STEP
여행 준비 & 하이라이트

STEP 01
PREVIEW
앙코르와트를 꿈꾸다

STEP 02
PLANNING
앙코르와트를 그리다

반띠에이 츠마
Banteay Chhmar
포이펫
Poipet
삼롱
Samrong
프레아 비히어
Preah Vihear
프놈 쿨렌
Phnom Kulen
프레아 비히어
Preah Vihear
코 케
Kor Keh
반띠에이 쓰레이
Banteay Srei
벵 밀리아Beng Melea
반렁
Banlung
시소폰
Sisophon
앙코르와트
Angkor Wat
스텅 트렁
Stung Treng
시엠립
Siem Reap
프레아 칸
Preah Kahn
삼보 프레이 쿡
Sambor Prei Kuk
바탐방
Battambang
롤루오 그룹
Roluos Group
⑥
톤레삽 호수
파일린
Pailin
푸르삿
Pursat
캄퐁 톰
Kampong Thom
크라티
Kratie
셴 모노롬
Sen Monorom
⑤
A
B
캄퐁 크낭
Kampong Chhnang
노코르 와트
Nokor Wat
코 콩
Koh Kong
프놈 펜
Phnom Penh
캄퐁 참
Kampong Cham
캄퐁 스푸
Kampong Speu
탁마우
Takmau
①
프레이 벵
Prey Veng
④
②
타케오
Takeo
스베이리엉
Svay Rieng
시하누크빌
Sihanoukville
캄폿
Kampot
③
프놈 다
Phnom Da
켑
Kep
캄보디아 전도
Cambodia

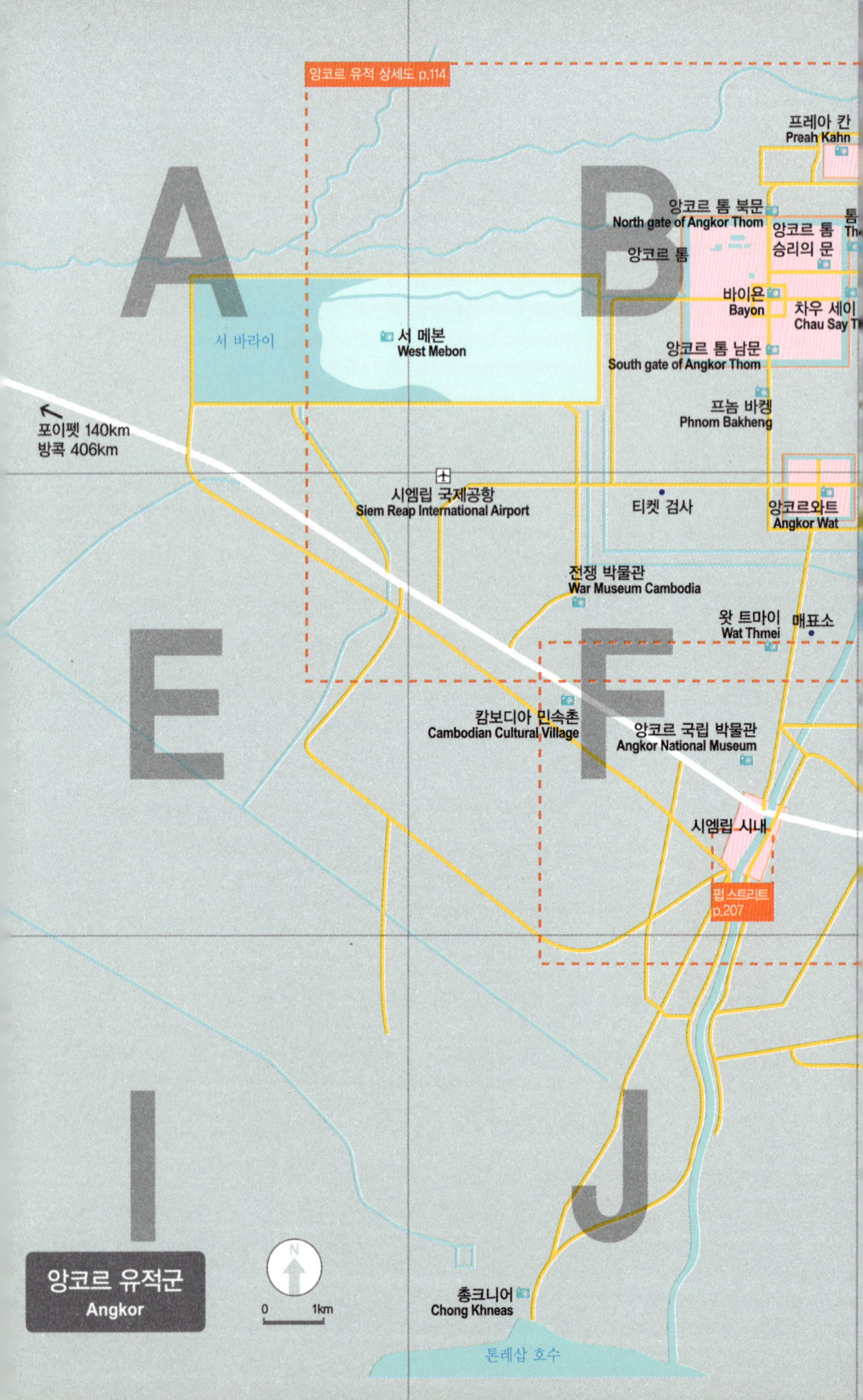
앙코르 유적 상세도 p.114
A
B
프레아 칸
Preah Kahn
앙코르 톰 북문
North gate of Angkor Thom
앙코르 톰
승리의 문
앙코르 톰
Thom
바이욘
Bayon
차우 세이
Chau Say T
서 바라이
서 메본
West Mebon
앙코르 톰 남문
South gate of Angkor Thom
포이펫 140km
방콕 406km
프놈 바켕
Phnom Bakheng
시엠립 국제공항
Siem Reap International Airport
티켓 검사
앙코르와트
Angkor Wat
전쟁 박물관
War Museum Cambodia
왓 트마이
Wat Thmei
매표소
E
E
F
F
캄보디아 민속촌
Cambodian Cultural Village
앙코르 국립 박물관
Angkor National Museum
시엠립 시내
펍 스트리트
p.207
I
J
앙코르 유적군
Angkor
N
0   1km
총크니어
Chong Khneas
톤레삽 호수

반띠에이 쓰레이 Banteay Srei 37km
프놈 쿨렌 Phnom Kulen 50km
캄보디아 지뢰 박물관 Cambodia Landmine Museum 29km
네악 포안 Neak Poan
타 솜 Ta Som
프놈 복 Phnom Bok
타 케오 Takeo
동 메본 East Mebon
동 바라이
반띠에이 쌈레 Banteay Samre
차우 쓰레이 비볼 Chau Srei Vibol
타 프롬 Ta Prohm
프레 룹 Pre Rup
프라삿 리악 니엉 Prasat Leak Neang
프라삿 콤납 Prasat Komsap
프레이 프라삿 Prei Prasat
반띠에이 끄데이 Banteay Kdey
스라 스랑 Srah Srang
프라삿 크라반 Prasat Kravan
쿡 방그로 Kuk Bangro
시엠립 시내 p.208
C
D
G
H
프놈센 Phnom Penh 314km
벵 밀리아 Beng Mealea 50km
롤루오 유적군 p.175
롤레이 Lolei
프라삿 칸달 도움 Prasat Kandal Doeum
프라삿 오킥 Prasat O Keak
프레아 코 Preah Ko
프라삿 올록 Prasat O lok
바콩 Bakong
프레이 몬티 Prei Monti
스바이 프림 Svay Pream
쿡 동 Kuk Dong
토텡 뜸까이 Totoeng Thngai
트라핑 퐁 Trapeang Phong
K
L

Step 01
PREVIEW
앙코르와트를 꿈꾸다

01 앙코르와트 MUST SEE
02 앙코르와트 MUST DO
03 앙코르와트 MUST EAT

PREVIEW 01

앙코르와트 MUST SEE

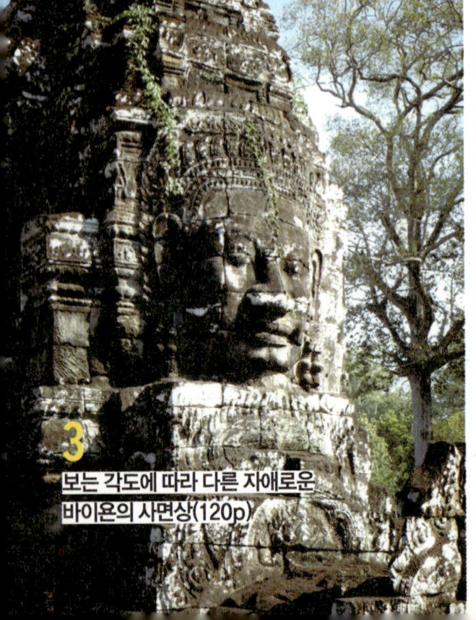

1 세계에서 가장 큰 신전, 앙코르와트의 웅장한 모습(150p)

3 보는 각도에 따라 다른 자애로운
바이욘의 사면상(120p)

4 '천공의 성 라퓨타'를 탄생시킨 나무가
살아 있는 벵 밀리아(194p)

천 년의 숨결을 간직한 앙코르 유적지를 둘러보자.
시간이 느리게 흐르는 이곳에서 숨이 멎을 만큼 아름다운 풍경을 만난다.

2 시원한 강바람을 온몸에 휘감고 맞이하는 톤레삽 호수의 석양(200p)

5 스펑나무와 유적의 밀애, 타 프롬(134p)

6
프놈 바켕을 붉게 물들이는 일몰 (165p)

9
요정이 날아다닐 듯한 환상적인 사원, 프라삿 프람 (192p)

7 시엠립 교외의 한적한 길에서 만나는
소몰이 풍경

8 영화 '툼 레이더'에서
안젤리나 졸리가 뛰어내린 큰 폭포(196p)

10 앙코르 벌룬을 타고 내려다보는 새벽의 앙코르와트(179p)

PREVIEW 02

앙코르와트 MUST DO

모처럼의 휴가에 하루 종일
앙코르 유적지만 걸어다니긴 아깝다.
마사지도 받고, 쇼핑도 하고,
재미있는 공연도 보고,
신나는 액티비티도 즐겨보자!

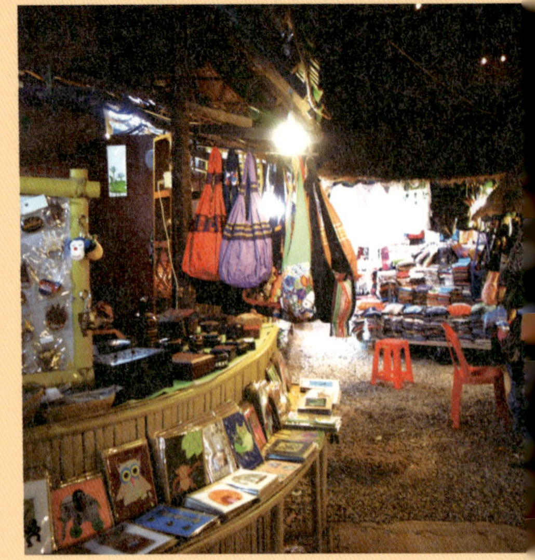

1 아기자기하고 예쁜 기념품이 많은 나이트 마켓(246p)

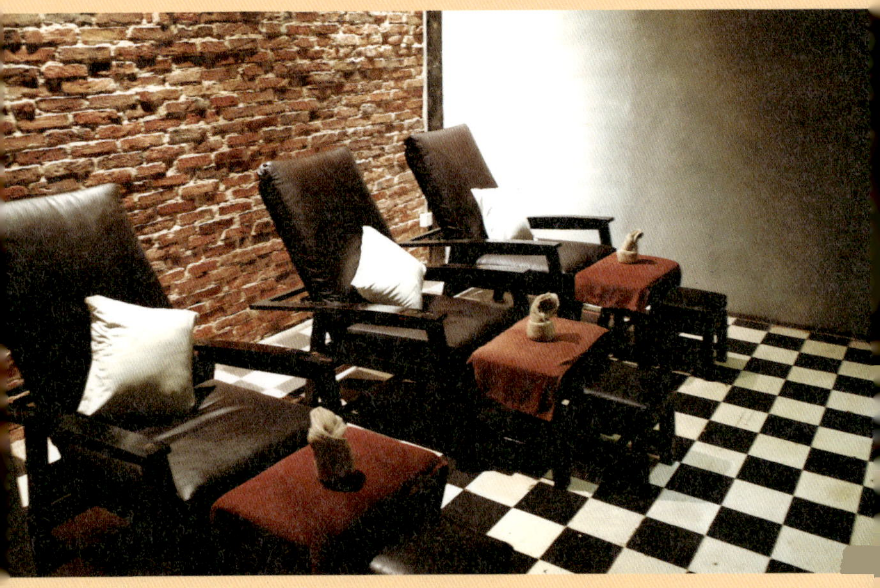

3 비용은 저렴하고, 퀄리티는 좋은 크메르 마사지(224p)

2 시엠립의 여행자 거리 펍 스트리트에서 세계의 여행자들 만나기

4 캄퐁 플럭 수상가옥촌에서 맹그로브 숲을 탐험하는 쪽배를 타보기(202p)

5 시엠립 교외 만나러 가기, 이왕이면 쿼드 바이크를 타고(182p)

7 시엠립에서 누리는 저렴한 호사! 풀바에서 근사한 칵테일 마시기(239p)

6 캄보디아 민속촌의 놓치기 아쉬운 '자야바르만 7세 대제전' 공연(214p)

8 더운 한낮엔 호텔 수영장에서 시원하게 뒹굴기

더운 나라에서 마시는 시원한 맥주 한 잔,
앙코르 비어!

238p

한국인의 입맛에 이보다 잘 맞을 순 없다.
입에 착착 붙는 **쌀국수**

074p

PREVIEW 03

앙코르와트 MUST EAT

신묘한 손놀림으로 그 자리에서 썰어주는
서 바라이 과일 가게의 달콤한 **망고**

173p

어디서든 절대 실패하지 않는 볶음밥과
캄보디아식 소고기 볶음 **록락**

230p

생선이나 닭고기, 돼지고기를
선택해서 먹는 요리, **아목**

230p

이것만 있으면 밥 한그릇 뚝딱! 우리말로
공심채라고 부르는 **모닝글로리**

230p

캄보디아의 음식은 다른 동남아 나라의 음식과는 다른 맛과 멋이 있다.
한국인의 입맛에도 꽤 잘 맞는 크메르 요리들을 소개한다.

돼지고기, 닭고기, 소고기에 악어고기,
뱀고기를 더한 **캄보디아식 바비큐**

230p

매콤한 김치는 아니지만 상큼한 샐러드가
그리울 때, 젓갈로 무친 **파파야 샐러드**

230p

PLANNING 01

알고 떠나자!
앙코르 왕국의 화려한 역사

유적의 아름다움을 온몸으로 느끼기 위해 역사에 대해 알고 보는 것을 추천한다.
'가까이 보아야 더 예쁘고, 자세히 보아야 더 사랑스럽다'는 말도 있지 않은가. 앙코르 유적도
알고 보면 더욱 근사해보인다. 한눈에 쏙 들어오는 캄보디아 역사 연표를 살펴보자.

1~6세기

인도차이나 반도의 첫 번째 국가 '푸난' 시대
⋯ 1세기에 등장한 국가 푸난(부남)은 인도와
중국 사이에 있어, 활발한 상업국가였다.

7세기 이후

지방 분권적 정치체제를 가진 국가, '첸라' 시대
⋯ 550년 전후에 캄보디아 국가의 기원으로 간
주되는 첸라(진랍)는 북방 크메르인에 의해 세
워졌고, 598년에 자야바르만 1세가 재위했다.

9~13세기

자야바르만 2세가 건립한 '앙코르 왕국' 시대
⋯ 802년, 자야바르만 2세가 분열되었던 국
가를 통일하고, 크메르 왕조를 열었다. 1113
년에 수리야바르만 2세가 앙코르와트를 건설
하고, 1181년에 자야바르만 7세가 바이욘, 타
프롬, 프레아 칸 등 수많은 사원을 건축했다.
12세기 초까지 인도차이나의 최강대국이었다.

14세기~

아유타야 왕국의 침략으로 앙코르 왕국 멸망
⋯ 자야바르만 7세 이후 쇠망하던 앙코르 왕조
는 1431년 아유타야 왕국의 침략으로 멸망했다.

16~19세기

동남아 주변국의 간섭을 받는 조공국

1863년

프랑스의 침략으로 식민지로 전락

1954년

프랑스로부터 완전 독립

1975~1979년

군벌 폴 포트의 무장 단체 '크메르 루즈' 시기
⋯ 크메르 루즈에 의해 3년 7개월 동안 전체 인
구의 1/3이 학살된 킬링필드 사건이 벌어졌다.

1993년

**망명 국왕 노도롬 시아누크가 돌아와
'캄보디아 왕국' 건립**

화려했던 앙코르 왕국 시절 (9~13세기)

▶ 자세히 들여다보기

앙코르 유적은 언제 건설되었을까? 10세기 안팎으로 건설된 앙코르 유적들은 무려 1천 년의 역사를 품고 있다. 우리나라로 치면 후삼국시대에서 조선 초기쯤에 앙코르 왕국은 세계에서 가장 거대한 석조 신전인 앙코르와트를 건설하고 찬란한 그들의 문명을 뽐낸 것. 왕국의 수도이기도 했던 앙코르 톰은 11~12세기에 인구가 무려 1백만 명에 이르렀고, 1백만 명이 살아가기 위한 주거 공간과 기반 시설을 갖춘 과학적으로 설계된 도시였다. 당시 크메르인들은 이미 3모작을 할 줄 알았고, 거대한 인구를 먹여 살렸다. 17세기 말에 유럽의 중심지로서 한창 번화했던 파리의 인구가 55만 명이었음을 미루어 보면, 크메르 문명은 세계적으로 유래가 없으면서도 거대한 문명이다. 뿐만 아니라 종교, 건축양식, 행정제도, 예술과 문자 등을 동남아시아 전역으로 전파하는 문화의 중심지이기도 했다.

802년

자야바르만 2세, 앙코르 왕국 건국

⋯ 프놈 쿨렌에서 데바 라자 의식을 거행하며 스스로 신왕임을 선언.

877년

인드라바르만 1세 즉위

⋯ 롤루오 지역에 프레아 코와 바콩 건립.

889년

야소바르만 1세 즉위

⋯ 롤루오 지역에 롤레이 건립, 앙코르 유적군의 최초 사원인 프놈 바켕 건립.

921년

야소다라푸라(현재 앙코르 지역)를 중심으로 한 남쪽 왕조와 링가푸라(현재 코 케 지역)를 중심으로 한 북쪽 왕조로 분열(추정)

928년

자야바르만 4세 즉위

⋯ 코 케 지역으로 천도 후 프라삿 톰, 프라삿 프람 건립, 라할 바라이 축조.

944년

라젠드라바르만 2세 즉위 ~ 자야바르만 5세

⋯ 앙코르 왕조 초기의 황금기. 동 메본, 피미엔아카, 프레 룹, 반띠에이 쓰레이 건축.

1011년
수리야바르만 1세 즉위

⋯› 철권 통치로 절대 왕권을 누림. 앙코르 톰의 기틀을 다지고 서 바라이 축조.

1133년
수리야바르만 2세 즉위

⋯› 강력한 중앙 통치 실시. 앙코르와트 건립.

1181년
자야바르만 7세 즉위

⋯› 앙코르 왕국의 최고 전성기. 앙코르 톰 구축, 바이욘, 타 프롬, 프레아 칸, 병원, 도로 등 대규모 건축사업.

1215년
자야바르만 8세 시기

⋯› 힌두교 세력의 집권으로 불교 탄압. 앙코르 유적의 불상 파괴.

1431년
아유타야 왕국에 의해 멸망

⋯› 자야바르만 7세 이후의 국력 쇠퇴로 잦은 외침을 막지 못하고 멸망.

Tip **재미있고 신기한 캄보디아의 건국신화**

우리나라의 단군 신화에 곰과 호랑이가 등장한다면, 캄보디아의 건국신화에는 뱀이 등장한다. 캄보디아 고유의 건국신화를 이해하면 토착문화에 힌두문화, 불교문화가 섞여 있는 독특한 캄보디아의 문화에 고개가 끄덕여진다.

소마여왕은 뱀들의 왕인 용왕, 나가라자의 딸이었다. 당시 소마여왕이 지배하던 영도에 인도 브라만 계급의 청년 카운디냐가 나타난다. 카운디냐는 꿈에서 창조의 신 브라흐마의 계시를 받아 새로운 땅을 찾아간 것. 소마여왕의 군대와 카운디냐의 군대는 전투를 벌였고, 카운디냐가 쏜 신궁에 배를 맞은 소마여왕은 항복하게 된다. 카운디냐는 자신의 옷을 벗어 다친 소마여왕을 가려주고, 소마여왕은 이에 반해 카운디냐에게 청혼을 한다. 소마여왕의 아버지 나가라자는 둘의 결혼을 축하해주면서 주위의 물을 모두 마셔, 물속에 잠겨 있던 땅을 세상 밖으로 꺼내올린다. 이 땅이 바로 지금의 캄보디아다.

캄보디아 건국 신화를 해석하면 재미있는 사실들을 짐작할 수 있다. 새로운 문명을 가진 인도인들이 캄보디아 땅으로 건너와, 토착민들과 전쟁을 벌이다가 결혼을 통해 어울려서 새로운 나라를 만들었다는 것. 재물을 상징하는 뱀인 나가가 토착민의 수호신이었고, 인도 힌두교 세력이 들어오면서 토착민이 옷을 입기 시작했다고 한다. 힌두 부족과 토착 부족의 결합은 인도차이나 반도 최강의 나라를 건립했으며, 앙코르 왕국의 화려한 문명을 펼쳤다.

PLANNING 02

아침부터 저녁까지 꽉 찬 3일, 앙코르와트 홀리데이

주말과 휴가를 조합하면 보통 3박 5일 일정이다. 최대한 알찬 3일을 보내보자. 시엠립과 앙코르 유적의 매력에 푹 빠진 사람들은 일주일도 모자라다고 하겠지만, 3일만 옹골차게 보아도 기본 유적들은 대부분 둘러볼수 있다. 최대한 많은 곳을 훑어보겠다는 의지를 불태우는 당신, 필요한 것은 무더위에도 굴하지 않는 강철 체력과 화수분처럼 솟아나는 호기심!

1st DAY

시엠립 국제공항 도착 ▶ 도착비자 받고 입국심사 ▶ 수화물 찾기 ▶ 호텔 체크인

2nd DAY

소순회 코스의 날(113p)
앙코르 톰 남문 ▶ 바이욘 ▶ 바푸온 ▶ 피미엔아카 ▶ 코끼리 테라스와 문둥이 왕 테라스 ▶ 점심 식사 ▶ 타 케오 ▶ 타 프롬 ▶ 반띠에이 끄데이 ▶ 스라 스랑 ▶ 프라삿 크라반 ▶ 올드 마켓 ▶ 저녁 식사 ▶ 럭키 몰

3rd DAY

대순회 코스의 날(113p)
프레아 칸 ▶ 네악 포안 ▶ 타 솜 ▶ 동 메본 ▶ 프레 룹 ▶ 점심 식사 ▶ 앙코르와트 ▶ 프놈바켕 일몰 ▶ 펍 스트리트 ▶ 발 마사지 ▶ 맥주 한 잔

4th DAY

롤루오 유적군 ▶ 벵 밀리아 ▶ 점심 식사 ▶ 캄퐁 플럭 일몰 ▶ 템플 스카이 라운지 ▶ 샤워와 마사지 ▶ 공항으로 출발

 **Tip** 한국에서 출발할 때도 밤 비행기, 한국으로 돌아갈 때도 밤 비행기가 많다. 보통 꽉 찬 3일 일정을 계획하지만 찌는 듯한 더위가 변수. 우리나라와는 사뭇 다른 무더위에 지친다면 중요 사원만 둘러보고 호텔 수영장에서 휴식을 취하는 것도 방법이다. 대순회 코스와 소순회 코스를 모두 둘러보았다면 남은 체력에 따라 마지막 날 일정을 적절하게 조정하는 것이 좋겠다.

DAY 1 　입국

22:00 시엠립 국제공항 도착

23:00 체크인 후 휴식(공항에서
　　　　대부분의 호텔까지 15분 소요)

반띠에이 끄데이

DAY 2 　소순회 코스

08:00 매표소 도착, 유적 티켓 구입

08:30 앙코르 톰 남문에서 코끼리 행렬 감상하기

08:45 바이욘(120p)에 새겨진
　　　　크메르의 미소를 만나기

09:45 기다란 진입로를 따라 바푸온(124p)으로.
　　　　바푸온 뒤편의 와불도 놓치지 말자

10:30 피미엔아카(127p)와 왕궁터를 둘러보자

11:00 코끼리 테라스와 문둥이 왕
　　　　테라스를 둘러보기(130p)

11:30 근처 노천 레스토랑에서 점심 식사

13:00 타 케오(138p)에 올라 풍경 감상

13:40 타 프롬(134p)의 서쪽 문으로
　　　　들어가 동쪽 문으로 나오자

15:00 반띠에이 끄데이(139p)에서 사진찍기

15:40 스라 스랑(140p)에서 쉬어가기

16:20 프라삿 크라반(141p)에서 부조 감상

17:30 올드 마켓으로 돌아와 기념품을
　　　　구경하며 펍 스트리트까지 걷기

18:00 펍 스트리트에서 앙코르 비어를
　　　　곁들인 크메르 음식 도전

19:30 노천에서 발 마사지

20:30 가까운 마트에 들러 간식을
　　　　사들고 숙소로 돌아가자

바이욘

타 프롬

스라 스랑

프레아 칸

네악 포안 들어가는 길

DAY 3 대순회 코스

08:00 일찍 일어나 부지런히 유적으로 출발!

08:40 프레아 칸(142p)의 건물 안과
밖 꼼꼼하게 둘러보기

10:00 병원으로 사용되었던
네악 포안(146p)을 만나기

10:40 타 솜(148p)의 동쪽 고푸라에
얽힌 스펑나무를 보고 나오자

11:10 동 메본(148p) 꼭대기에 올라
넓은 평야를 내려다보기

11:50 쉬엄쉬엄 조심해서
프레 룹(149p)에 올라가보기

12:30 근처 레스토랑에서 든든한 점심 식사

14:00 앙코르 유적의 백미!
앙코르와트(150p)를 관람

16:30 앙코르 유적 중에서 가장 높은 곳에
있는 프놈 바켕에서 일몰 감상

18:30 펍 스트리트로 돌아와 저녁 식사

19:30 하루 종일 고생한 발을 위해
시원한 발 마사지 타임!

20:30 맥주 한 잔 혹은 칵테일 한 잔으로
마무리하고 숙소에서 휴식

DAY 4 시엠립 근교 나들이

08:00 늦어도 8시에는 숙소에서
출발하는 것이 관건!

08:30 롤루오 유적군(174p)에서 롤레이,
프레아 코, 바콩을 차례로 둘러보기

10:30 신비로운 벵 밀리아(194p)
유유자적 거닐기

12:30 벵 밀리아 앞의 레스토랑에서 점심 식사

13:30 캄퐁 플럭의 수상가옥촌(202p)으로 출발

15:00 보트를 빌려서 수상가옥촌으로 들어가기

16:00 맹그로브 숲을 탐험하는 쪽배를 타기

17:00 톤레삽 호수 위로 저무는 석양을 감상

18:30 마사지 숍에서 샤워와 마사지

19:45 마지막 저녁 식사는 템플
스카이라운지(239p)에서
근사하게 마무리!

21:00 호텔에서 짐을 찾아 공항으로 출발.
비행기 탑승 2시간 전에 공항에 도착

벵 밀리아

템플스카이라운지

PLANNING 03

툭툭 타고 조금 더 멀리,
반나절 근교 유적

오전에 늦잠도 좀 자고, 호텔 수영장에서 여유를 만끽하다가 느지막이 점심을 먹고 나서 오후쯤에나 나가볼까. 아니면 아침 일찍 일어나 일출도 보고, 선선한 오전에 유적지를 탐방하다가 오후에는 풀바에서 칵테일을 마시며 낮잠을 잘 수도 있겠다. 반나절이면 시간도 부담 없고, 체력도 부담 없다. 하루에 딱 반나절만 여유롭게 유적과의 데이트를 즐겨보자.

무너진 유적을 감싼 나무들의 생명력

벵 밀리아 Beng Mealea

벵 밀리아에서는 그저 시간의 흐름에 몸을 맡기고 유유자적 거닐어보자. 허물어져 버린 사원을 나무뿌리가 감싸 안고 천년만년 함께하자고 약속하는 듯하다. 유적과 나무가 어우러져 빚어내는 분위기를 좋아하는 사람들에게 벵 밀리아는 워너비 사원이다. 사진 찍기 아름다운 포인트가 많아 한적한 시간에 방문하면 좋다. **앙코르 근교 유적 194p**

크메르 왕조의 고대 도시
롤루오 유적군 Roluos Group

롤루오 유적군은 시엠립 동쪽으로 13km 떨어져 있는 초기 유적군이다. 앙코르 왕조 초기에 100년간 수도의 역할을 했던 이곳에는 프레아 코, 바콩, 롤레이 유적이 아직까지 남아 있다. 대부분 앙코르와트와 앙코르 톰부터 관람하지만, 앙코르 왕조의 역사와 건축에 관심이 있는 사람들은 역사적인 맥락을 짚어보기 위해 이곳부터 둘러본다. 벵 밀리아를 가면서 오전에 들러도 좋고, 바콩에서 일몰을 보기 위해 오후에 들러도 좋다. **앙코르 유적 174p**

훔치고 싶은 여신의 조각
반띠에이 쓰레이 Banteay Srei

앙코르의 유적 중에서 아름답기로 둘째가라면 서러울 반띠에이 쓰레이는 크메르 예술의 극치, 크메르의 붉은 보석이라는 칭송을 받는 사원. 프랑스의 대문호 앙드레 말로의 도굴 사건은 용서할 수 없는 일이지만, 반띠에이 쓰레이에서 그가 훔쳤었다는 데바타를 만나면 그의 마음을 이해할 수 있을 것 같다. 거리가 멀어 순회 코스에서는 떨어져 있지만 '동양의 모나리자'를 보고픈 여행자들이 하루 종일 줄을 잇는 곳이다. **앙코르 유적 166p**

캄보디아의 젖줄, 바다 같은 호수
톤레삽 Tonle Sap

아시아에서 가장 큰 호수이며, 앙코르 유적을 탄생시킨 원동력이다. 끝이 보이지 않는 거대한 호수, 신비로운 맹그로브 숲, 호수를 물들이는 일몰로 여행자들의 발길이 끊이지 않는다. 전기도 들어오지 않는 수상 마을에서 아이들은 물고기를 잡은 물에서 빨래를 하고, 몸도 씻는다. 수상 마을 사람들의 거친 삶과 마주하면 드넓은 호수 앞에서 마냥 들떴던 마음은 다소 차분해진다.

앙코르 근교 유적 200p

PLANNING **04**

하루를 몽땅 투자할 가치가 있는
근교 유적 나들이 +1Day

시간도 되고, 체력도 되는 여행자들끼리 뭉쳐볼까? 여럿이 모이면 미니밴을 빌려
소풍 가듯 신나게 다녀올 수 있어 더욱 좋다. 혼자서도 어렵지 않게 다녀올 수 있는
여행사의 1일 투어 상품들도 많으니 원하는 곳을 선택해 다녀오자.
멀긴 하지만 하루를 투자할 가치가 있는 유적지를 소개한다.

하늘을 찌르는 웅장함이 매력 포인트

코 케 Kor Keh

코 케에 가는 이유는 두 가지다. 하나는 코 케의 일주도로를 따라 등장하는 작은 사원들을 만나기 위함이고, 하나는 7층 높이의 거대한 피라미드형 사원인 프라삿 톰을 보기 위함이다. 일주도로를 따라 프라삿 프람, 프라삿 링가, 프라삿 담레이 등 소소한 사원들을 둘러보며 아기자기한 재미를 느껴보자. 왕만 오를 수 있었다는 프라삿 톰에 올라 그 웅장함을 온몸으로 실감하고 나면, 앙코르와트나 앙코르 톰이 지어지기 전에 이렇게 거대한 건축물을 지어올린 고대 앙코르인의 저력에 감탄이 절로 나온다. 사방에 펼쳐진 울창한 밀림 속에는 아직도 발굴하지 못한 사원과 링가들이 흩어져 있다고 한다. 코 케에 다녀오는 길에 벵 밀리아나 롤루오 유적군에 들르면 하루가 알차다.
앙코르 근교 유적 190p

신성한 산의 물줄기 속에 조각된 1천 개의 링가

프놈 쿨렌 Phnom Kulen

신성한 산 프놈 쿨렌은 다양한 모습으로 여행자를 맞이한다. 산 밑에는 앙코르 유적을 짓기 위해 돌을 캐내던 채석장이 있고, 산을 오르는 길에는 프놈 쿨렌에서만 자란다는 빨간 바나나가 있다. 산을 오르면 커다란 바위 꼭대기에 열반에 든 부처의 모습을 조각해둔 프레아 앙 톰 사원이 나타나고, 사원에서 내려오면 신성한 물속에 조각된 1천 개의 링가와 요니를 볼 수 있다. 보기만 해도 눈이 시원한 폭포에서 여행자들은 물놀이를 즐긴다. 물놀이를 나온 사람들은 평상을 빌려 맛있는 음식을 나눠 먹는다. 프놈 쿨렌은 앙코르의 역사가 시작된 신성한 산이며, 여기서 발원한 물은 신성한 물이 되어 시엠립까지 흘러간다. 가는 길에 지뢰 박물관을, 돌아오는 길에 반띠에이 쓰레이와 반띠에이 쌈레까지 돌아보고 와도 좋겠다. **앙코르 근교 유적 196p**

하루는 여유 있게
시내를 즐기자 +1Day

아침 일찍 서둘러 툭툭을 타고 유적지를 돌다가 시내로 돌아와 맥주 한잔하고 잠들면 끝?
시엠립에는 앙코르 유적 말고는 볼거리가 없는 걸까? 그렇지 않다. 시내에서 걸어
다니기만 해도 볼거리, 놀거리가 쏠쏠하다. 자, 시엠립 시내 정복을 시작해보자!

부처의 은덕을 입은 수도승의 전설

왓 프레아 프롬 라쓰

Wat Preah Prom Rath

왓 프레아 프롬 라쓰는 시내를 벗어나지 않으면서도 평화로운 산책을 할 수 있는 사원이다. 펍 스트리트에서 강변 쪽으로 조금 걸어 나오면 고요하고 한적한 사원을 만난다. 500년 된 와불도 만나고, 꽃으로 가꾼 정원을 산책하고, 각양각색의 스투파 사이를 거닐어보자.

시엠립 시내 210p

저녁이면 현지인들이 기도하러 오는 사원

프레아 앙 첵 프레아 앙 촘 사원

Preah Ang Chek Preah Ang Chom Temple

넓은 왕실 정원 옆으로 작은 사원이 자리했다. 저녁 무렵이면 일상을 마친 현지인들로 활기를 띤다. 향 냄새가 가득한 사원 안에는 스님이 앉아 계시고, 사람들은 줄을 서서 불상에 물을 부으며 기도를 올린다. 사원 뒤로 연꽃을 파는 노점들이 늘어서 있어 또 다른 볼거리를 제공한다. **시엠립 시내 212p**

크메르 유적의 보물창고

앙코르 국립 박물관

Angkor National Museum

크메르 유적의 보물창고인 앙코르 국립 박물관에 들러보자. 날씨가 너무 덥거나, 비가 오는 날에 탁월한 선택이 되겠다. 매표소에서 한국어로 된 오디오 가이드를 대여해주며, 영상은 한국어 더빙이나 자막을 볼 수 있어 이해하기 쉽다. '1천 불상의 방'은 크고 작은 부처들이 시대별로 놓여 있어 감탄을 자아낸다.

시엠립 시내 211p

재미있는 공연으로 시간가는 줄 모르는

캄보디아 민속촌

Cambodian Cultural Village

캄보디아 민속촌은 캄보디아에 살고 있는 소수민족의 전통과 문화를 살펴볼 수 있는 곳이다. 넓은 부지를 13개의 소수민족이 사는 마을로 꾸몄다. 소수민족 고유의 특색이 담긴 짤막한 공연을 진행하는데, 공연마다 위트가 있어 재미가 있다. 주말에는 대규모 공연 '자야바르만 7세 대제전'을 하니 놓치지 말자.

시엠립 시내 214p

PLANNING **06**

앙코르와트의
일출과 일몰 포인트

건기인 11월부터 4월 사이에 여행한다면 아침저녁으로 일출과 일몰을 볼 수 있는 행운이 주어진다.
아쉽게도 우기인 5월에서 10월까지는 일출과 일몰을 볼 수 없는 날이 많다.
보통 일몰이 아름다운 날은 다음날 일출도 근사하다고 하니 기대해보자.

일출 포인트

여행지의 나이트라이프를 즐기는 여행자들에게 어려운 미션이 바로 일출 감상. 밤늦도록 펍 스트리트에서 즐기고 나면, 새벽 4시에 일어나는 것은 언감생심. 하지만 시엠립에 머무는 동안 매일 일출을 보러가는 사람이 있을 정도로 앙코르와트 일출은 아름답다. 앙코르와트 사원 뒤로 떠오르는 찬란한 태양은 잠을 억지로 떨치고 나온 것을 후회하지 않을 만큼 황홀감을 안겨준다.

시시각각 변화하는 황홀한 빛의 스펙트럼
앙코르와트의 일출

새까만 밤하늘에 반짝이던 별들이 하나둘 자취를 감추기 시작하면서 시시각각 변화하는 하늘을 올려다보자. 황금빛 햇살을 등에 진 앙코르와트의 실루엣이 점점 뚜렷하게 드러난다. 물에 비친 앙코르와트의 쌍둥이 그림자가 선명하다. 일출이 이렇게 근사할 줄이야! 앙코르와트의 아름다운 일출은 새벽잠을 설치고 일어난 보람을 느끼게 한다. **162p**

하늘에서 내려다보는 찬란한 일출
앙코르 벌룬을 타고 보는 일출

앙코르와트의 일출을 보고 홀딱 반한 사람에게는 주저 없이 앙코르 벌룬을 추천한다. 어둠이 슬며시 걷히고 환한 아침이 밝아올 무렵, 앙코르 벌룬을 타고 높이 떠오른다. 여명의 한가운데 우뚝 자리한 앙코르와트를 바라보며 감탄하다 보면, 어느새 태양이 솟아오른다. 태양과 눈높이를 맞추어 인사하고 내려오는 동안 일출의 감동이 마음속에 가득 차오른다. **179p**

일몰 포인트

휴양지처럼 바다를 붉게 물들이는 화려한 일몰은 아니지만 열대 밀림과 사원에 드리워지는 햇살은 앙코르에서만 즐길 수 있는 선물.

일몰을 보러온 여행자들로 가득
프놈 바켕

프놈 바켕은 최고의 일몰 명소. 산 위의 사원이라 발아래로 시원스런 경관이 펼쳐진다. 앙코르 와트가 내려다보이는 대평원으로 해가 넘어가며 하늘을 붉게 물들인다. 유적 보호와 안전을 위해 유적 입장 인원을 1시간에 300명으로 제한한다. **164p**

따뜻한 분위기에 젖는 일몰
프레 롭

프레 롭의 중앙 성소탑에서 발아래로 펼쳐지는 넓은 평원이 인상적이다. 한적한 분위기에서 일몰을 즐길 수 있다. 석양을 받은 유적이 붉은 색으로 황홀하게 변한다. 옹기종기 모여 앉아 일몰을 기다리는 분위기가 따뜻한 곳이다. **149p**

조용하고 한적하게 추억 만들기
바콩

바콩은 중앙 성소탑에서 일몰을 즐길 수 있다. 메루산을 형상화해 유난히 높이 솟은 피라미드 형태의 중앙 성소탑에 올라서면 주위를 둘러싼 밀림으로 해가 지는 풍경을 볼 수 있다. 다른 곳보다 관광객이 적어 차분하다는 것도 장점. **177p**

> **Tip 일몰 감상 시 유의점**
> 프놈 바켕은 유명한 일몰 장소라 5시쯤이면 이미 좋은 자리는 발 빠른 사람들 차지. 좋은 자리에서 일몰을 보고 싶다면 일찍 출발하자. 일몰까지 1~2시간 기다려야 하니 미리 화장실을 다녀오자. 해가 지면 서둘러 내려와야 한다. 사람들이 몰릴 때는 안전에 유의하자.

캄보디아의 현재를
더 깊게 알고 싶다면

제국주의의 침략, 인도차이나 반도에 가해진 무차별 폭격, 내전 킬링 필드, 인구의 ⅓을 죽였던 크메르 루즈까지. 역사는 과거에 머무르지 않는다. 찬란했던 앙코르 왕조의 후손들에게 대체 무슨 일이 벌어졌길래 이들은 질곡의 현재를 살아가고 있는 것일까? 캄보디아의 근현대사를 모르고 캄보디아의 현재를 이해하기 어렵다. 왓 트마이, 캄보디아 전쟁박물관, 지뢰 박물관에서 그 실마리를 찾아보자.

가슴 아픈 캄보디아의 역사, 킬링 필드

캄보디아는 프랑스의 통치에서 벗어나 독립했지만 정부의 무능과 부패로 민심이 요동쳤다. 정국은 혼란에 빠져들었고 내전이 격화되었다. 폴 포트(1928~1998)가 이끄는 급진좌파 무장세력인 '크메르 루즈(붉은 크메르)'는 부패한 론 놀 정권에 대항했다. 문제는 론 놀 정권을 후원하던 미국이었다. 미국은 북베트남의 은거지를 초토화하겠다는 명목으로 캄보디아의 농촌 지역에 50여만 톤의 폭탄을 투하했다. 캄보디아의 농민들은 가족과 삶의 터전을 잃었다. 이 때문에 많은 캄보디아인은 미군에 분개하며 크메르 루즈의 반미 선전에 동조했다. 민심을 얻은 크메르 루즈는 1975년 내전에 종지부를 찍고 권력을 잡는다. 그러나 정권을 잡은 폴 포트는 농민을 위한 새로운 나라를 건설하겠다며 도시인들을 농촌으로 강제 이주시킨다. 그 과정에서 과거의 친미 정권에 협력했다는

이유로 농부를 제외한 지식인, 정치인, 군인은 물론 부녀자와 어린아이들까지 살해하는 만행을 저지른다. 크메르 루즈의 집권 3년 7개월 동안 얼마나 많은 사람들이 죽었는지는 정확하지 않다. 적어도 전체 인구 800만 명 중 170~250만 명이 처형과 고문, 굶주림과 가혹한 노동으로 숨졌을 것이라고 예상한다. 현재 캄보디아가 가난에서 빨리 벗어나지 못하는 이유는 경제와 산업을 이끌어갈 지식인 계층이 모두 처형되고 없기 때문이기도 하다. 크메르 루즈 정권은 1979년 베트남의 지원을 받는 캄보디아 공산 동맹군에 의해 전복되었다. '킬링 필드'는 '죽음의 들판'이라는 의미로 크메르 루즈가 죽은 시체들을 한꺼번에 묻은 집단 매장지를 뜻한다. 현재까지 2만 개 이상의 킬링 필드가 발견 및 발굴되었다고 한다.

시엠립의 작은 킬링 필드
왓 트마이 Wat Thmei

킬링 필드에서 발굴된 유해는 대부분 프놈펜에 있지만, 시엠립과 인근에서 발견된 희생자의 유골은 시엠립에 작은 사원 왓 트마이에 안치되어 있다. '작은 킬링 필드'라고 불리는 왓 트마이 사원에는 크메르 루즈에게 희생된 사람들의 백골 탑이 있다. 사원 자체는 아담해 볼 것이 많지 않지만, 당시 폴 포트 정권이 자행했던 악랄한 고문과 처형 사진들, 강제 노동하는 사람들의 기록과 사진을 볼 수 있다. 우리 역사와도 유사해 마음이 더 짠해진다.

Data 지도 016p-F 가는 법 르메르디앙 앙코르 호텔과 자야바르만 7세 병원 뒷길로 내려오다가 오른편 주소 Wat Thmei, Siem Reap 운영시간 06:00~18:00

캄보디아의 유일한 전쟁박물관
캄보디아 전쟁 박물관 War Museum Cambodia

크메르 루즈 시대의 유물들이 남아 있다. 각종 탱크와 거대한 미사일, 당시에 사용하던 소총들이 전시되어 있다. 심지어 부서진 탱크 안에는 실제 유골이 남아 있다. 전쟁 박물관에서는 영어로 진행하는 무료 가이드를 받을 수 있다. 가이드의 설명을 들으면 캄보디아인들이 크메르 루즈와 정규군, 미국과 베트남에 대해 어떤 시각을 가지고 있는지도 이해할 수 있다.

Data 지도 016p-F 가는 법 6번 도로 공항 쪽으로 가다가 민속촌을 지나 우회전 주소 Kaksekam Village, Sra Nge Commune, Siem Reap 전화 097-457-8666 운영시간 08:00~17:30 요금 입장료 5달러 홈페이지 www.warmuseumcambodia.com

캄보디아의 아픈 상처를 어루만지는
캄보디아 지뢰 박물관 Cambodia Landmine Museum

아버지가 크메르 루즈에게 살해당한 아키 라는 크메르 루즈 밑에서 10살 때부터 지뢰 매설을 했다. 전쟁이 끝난 후 자신이 저지른 일을 참회하며 지뢰 제거에 앞장서고 있다. 캄보디아에는 아직 600만 개의 지뢰가 남아 있다고 한다. 그는 사비를 털어 자신을 집을 박물관으로 만들었다. 지뢰 제거 작업에 대한 짧은 영상도 볼 만하다. 입장료는 지뢰 피해자를 돕거나 지뢰 제거를 위해 쓰인다.

Data 지도 017p-C 가는 법 반띠에이 쓰레이로 가는 길에 있어 프놈 쿨렌이나 반띠에이 쓰레이를 여행할 때 묶어서 둘러보면 좋다 주소 Angkor National Park, 7km south of Banteay Srey Temple, Siem Reap 전화 012-630-446 운영시간 07:30~17:30 요금 입장료 5달러 홈페이지 www.cambodialandminemuseum.org

시엠립 여행 만들기

마음속에 간직해왔던 앙코르와트를 실제로 만나러 갈 생각을 하니 가슴이 두근거린다.
꼼꼼하게 준비한 만큼 알차고 편안한 여행을 할 수 있으니 요모조모 따져가며 준비하자.

여행 형태와 여행 기간은?

시엠립은 자유 여행을 하기 좋은 도시다. 시내 어디서든 툭툭을 잡아타고 유적지를 돌아볼 수 있으며, 현지인들은 친절하다. 여행 당일의 컨디션에 따라 유적지를 돌아볼지 호텔 수영장에서 쉬어갈지 마음 내키는 대로 여행할 수 있다. 여행사 패키지여행을 이용한다면 고급스러운 숙소, 시원한 버스를 저렴한 가격에 이용할 수 있고, 짧은 시간 동안 알찬 여행이 가능하다는 장점이 있다. 자유여행과 패키지여행의 장점을 모두 살리고 싶다면, 항공권과 숙소는 취향대로 예약하고, 현지에서 일일 투어나 유적 투어를 신청하는 방법도 있다. 타이트하게 보면 3일 동안 주요 유적을 대부분 볼 수 있고, 근교 유적까지 보려면 5일 이상 소요된다.

여행하기에 언제가 좋을까?

시엠립을 여행하기에 가장 좋은 시기는 11월에서 이듬해 4월까지다. 다만 성수기여서 항공료와 호텔비가 크게 올라가니, 미리 프로모션을 확인해 예약하도록 하자. 3월에서 6월 사이에는 매우 덥다. 평균 35도 이상의 뜨거운 날씨가 이어진다. 이 기간에 여행을 간다면 물을 많이 마시고 건강관리에 유의하자. 유적지와 펍 스트리트가 성수기에 비해 한적한 편이다. 7월부터는 우기다. 특히 우리나라 직장인들이 휴가를 내는 8월부터 9월말까지 비가 많이 온다. 10월 말까지는 스콜성 소나기가 내린다. 우비와 우산을 꼭 준비해야 한다.

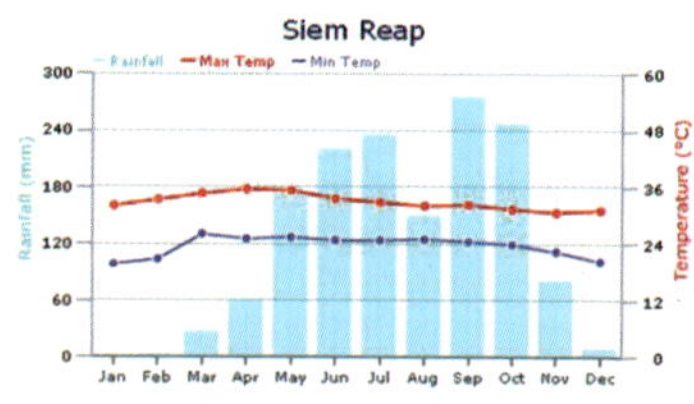

한국에서 시엠립에 가려면?

한국에서는 대한항공, 아시아나를 비롯해 이스타 항공, 에어부산 등이 매일 시엠립을 오간다. 인천국제공항에서 저녁에 출발해 밤 늦게 시엠립에 도착하고, 시엠립에서 밤 늦게 출발해 인천에 아침 일찍 도착하는 패턴으로 운항한다. 스카이앙코르 에어라인은 성수기에 매일, 비성수기에 주 2~4회 인천과 시엠립을 연결한다. 항공권 가격은 성수기에는 60~80 만 원까지 오르기도 하지만, 프로모션이나 땡처리 항공권을 구매하면 40~50만 원 정도에 직항 항공권을 구매할 수 있다.

대한항공	인천발	18:30~22:15	매일
	시엠립발	23:25~06:35(+1)	주4회 또는 매일
아시아나 항공	인천발	19:10~22:50	매일
	시엠립발	23:50~06:50(+1)	매일
이스타 항공	인천발	21:05~00:20(+1)	매일
	시엠립발	01:20~08:40	매일
에어부산	부산발	20:05~23:30	주4회 또는 매일
	시엠립발	00:30~07:00	주4회 또는 매일

환전은 어떻게 할까?

캄보디아 어디서든 미국 달러를 사용한다. 유로를 받는 곳도 있다. 그래서 굳이 캄보디아 화폐인 리엘로 환전할 필요가 없다. 100달러는 신권을 선호하고, 100달러 이하의 소액권이 유용하다. 2달러 지폐는 받지 않는 곳이 많으니 1달러 지폐를 많이 준비하는 편이 좋겠다. 시엠립 시내 어디서든 1달러에 4천 리엘 정도로 환산한다. 환전이 필요한 경우 시바타 로드 근처의 은행에 가거나, 올드 마켓, 펍 스트리트 주변의 사설 환전소를 이용한다.

예산은 얼마나 들까?

시엠립을 오고 가는 항공권이 다양해졌다. 아시아나와 대한항공은 물론, 이스타 항공과 에어부산 같은 저가 항공사들도 시엠립으로 취항한다. 저가 항공의 프로모션이나 국적기의 땡처리를 이용하면 저렴한 가격으로 항공권을 구할 수 있다. 숙소의 경우 성수기와 비수기의 차이가 많이 나는 편이지만, 물가가 낮은 동남아시아의 특성상 좋은 가격으로 고급스러운 호텔에 묵을 수 있다. 식비는 상대적으로 저렴한 편. 로컬 식당들은 3~4달러 선에서 한 끼 해결이 가능하다. 괜찮은 레스토랑에서 식사를 한다면 1인 10달러 선으로 예상하면 된다. 시엠립에서는 의외로 교통비가 많이 든다. 하루 동안 툭툭을 대절하는 비용이 15~20달러, 자가용은 25달러 정도다. 유적 입장권은 1일, 3일, 7일권이 각각 20, 40, 60달러이다. 좀 더 깊이 있는 유적관람을 위해 현지 투어라던가 가이드를 고용하길 원한다면 그 비용도 예산에 포함해야 한다.

공항에서 시내로 들어오려면?

시엠립 공항 밖으로 나오면 왼쪽에 택시 티켓 부스가 보인다. 승용차, 오토바이, 미니밴으로 세 종류의 택시가 있다. 승용차 택시는 4인까지 탑승이 가능하며 요금은 7달러, 오토바이는 짐이 없는 여행자가 이용하며 요금은 2달러. 여러 명이 함께 이동해야 한다면 10달러의 미니밴을 선택하자. 최근에는 공식적으로 공항에서 툭툭을 이용해 시내로 갈 수 없다. 시내에서 출국하는 툭툭만 공항 진입이 가능하다. 공항에서 시엠립 시내까지는 약 15분 정도 소요된다.

비자는 어떻게 받을까?

캄보디아 여행을 하려면 비자가 필요하다. 비자를 받는 방법은 세 가지가 있다. 시엠립 공항에 도착해서 도착 비자를 받거나, 한국에서 출국하기 전에 캄보디아 대사관에서 받거나 혹은 인터넷에서 E-Visa를 받을 수 있다.

비자신청서

도착비자 받기

가장 보편적인 방법. 시엠립 공항에 도착하면 입국 심사를 받기 전에 비자를 받는다. 비자 수속 카운터에 영문으로 작성한 비자발급 신청서 1부와 사진 1장을 제출하면 30일 관광비자가 발급된다. 사진이 없을 시 별도의 비용이 부가된다. 비자 발급비는 30달러(12세 미만 무료). 달러는 소액권으로 미리 준비하도록 하자. 비행기에서 나눠주는 비자 신청서를 미리 작성하고, 영문은 꼭 대문자로 기입하자. (274p 참조)

주한 캄보디아 대사관에서 비자받기

한남동에 있는 캄보디아대사관까지 직접 가야 하는 번거로움이 있지만 3개월짜리 비자를 발급받을 수 있다. 6개월 이상 유효기간이 남은 여권, 여권사본, 사진 1매를 가지고 대사관에 방문해 비자발급신청서를 작성하고 신청하면 된다. 비자발급신청서는 이메일이나 팩스로 미리 받을 수 있다. 발급비용은 4만 원이며 현금만 가능하다. 오전에 신청하면 오후에 수령이 가능하며, 오후에 신청하면 다음날 받을 수 있다.

Data 주한캄보디아대사관
주소 서울특별시 용산구 대사관로 20길 12
전화 02-3785-1041
운영시간 평일 10:00~12:00, 15:00~16:30
이메일 camemb.kor@mfa.gov.kh

E-VISA 받기

캄보디아 외교협력부 홈페이지(www.evisa.gov.kh)에서 신청하여 비자를 발급받을 수 있다. 한글 지원이 가능하니 순서에 따라 작성하면 된다. 최소 6개월 이상 유효기간이 남은 여권과 여권사진이 필요하다. 비용은 비자 발급비용 30달러에 수수료 7달러를 포함해 총 37달러. 비자를 발급받은 후 3개월 안에 입국해야 하며 30일 동안 체류할 수 있다. 비자 신청을 하면 2~3일 후에 3개월짜리 단수 비자가 이메일로 도착한다. 이를 2장 출력해서 1장은 입국할 때, 1장은 출국할 때 사용한다. 공항에 입국할 때 E-visa 창구를 이용하면 시간이 절약된다. 도착비자를 발급받는 시간이 아까운 사람에게 유용하다.

시엠립으로 가는 육로 알아보기
방콕에서 시엠립으로 가는 방법

방콕에서 시엠립까지는 비행기로는 약 1시간 거리다. 버스로 국경을 넘으려면 태국의 국경도시인 아란야프라텟(이하 아란)에서 캄보디아의 국경도시인 포이펫을 거쳐 온다.

방콕에서 시엠립까지 직행버스 타기

방콕과 시엠립 구간을 운행하는 국제버스는 방콕 북부의 모칫 버스터미널에서 출발한다. 시엠립으로 가는 국제버스는 1일 2회로 오전 8시와 오전 9시에 출발하며, 요금은 750바트(약 2만5천원)이다. 2층 버스이며 에어컨과 화장실이 구비되어 있다. 중간에 휴게소에 한 번 들른다. 태국 쪽 국경인 아란에서 여권에 출국 스탬프를 받고 국경을 건너면 캄보디아에 도착. 공식적인 캄보디아 비자 발급처는 캄보디아 내에 있으니 태국 국경 쪽에서 비자를 발급받으라고 하면 거절하자. 비자 신청서 1부를 영문으로 작성하고 사진 1장과 함께 제출한다. 비자 발급 비용은 30달러다. 비자 발급처에서 200m 떨어진 입국 심사대에서 입국 심사를 받는다. 입출국 신청서는 영문으로 작성하자.

방콕에서 시엠립까지 카지노버스 타기

방콕에서 태국의 국경도시 아란까지 가는 카지노버스는 방콕의 룸피니 공원에서 출발한다. 이 버스는 국경 근처에 있는 카지노를 이용하는 고객들을 위해 운영하는데, 새벽 4시 30분부터 첫차가 다닌다. 카지노버스는 카지노 이용객이 먼저 예약을 마친 후에 자리가 있으면 여행객을 태우는 시스템이라 원하는 시간에 자리가 없을 수도 있다. 버스에 탑승하고 200바트를 내면 된다. 룸피니 공원에서 아란의 국경검문소까지 4시간가량 걸리며 중간에 휴게소에 잠시 정차한다. 아란에 도착 후 태국 출국과 캄보디아 입국 과정은 국제버스와 같다.

캄보디아 포이펫에서 시엠립으로 가는 방법

포이펫에서 시엠립까지는 160km 정도. 차량으로 2시간 정도면 시엠립에 도착한다. 캄보디아 포이펫에 입국하면 많은 호객꾼이 따라 붙는데, 무료 셔틀을 권하면 무시하자. 시엠립까지는 보통 자가용 택시를 이용한다. 비수기에는 차량 1대당 25~30달러, 성수기에는 30~35달러에 타고 갈 수 있다.

베트남 호치민에서 시엠립으로 가는 방법

호치민에서도 시엠립으로 가는 버스를 운행한다. 신투어리스트, 메콩 익스프레스 같은 대형 여행사에서 표를 살 수 있다. 호치민에서 오전 6~7시경에 출발한 버스는 7시간 정도 달려서 캄보디아의 수도 프놈펜에 도착하고, 다시 시엠립으로 출발한다. 국경에서 캄보디아 비자를 발급 받는다. 시엠립까지 총 14시간 정도 걸리며 요금은 20~26달러 정도. 여행사의 홈페이지에서 미리 예약하는 것을 추천한다.

신투어리스트 www.thesinhtourist.vn
메콩 익스프레스 catmekongexpress.com

> **Tip 육로로 이동할 때 주의할 점**
>
> 버스에서는 짐칸에 짐을 싣기 때문에 분실 사고가 종종 일어난다. 캐리어나 큰 배낭은 반드시 자물쇠로 잠그고 짐칸에 싣는다. 여권이나 현금, 카메라, 휴대폰은 작은 배낭에 넣어 몸에 항상 착용한다. 잘 때도 끌어안거나 베개처럼 베고 자는 편이 좋겠다. 장시간 버스 여행을 할 때는 에어컨 바람에 추울 수 있으니 미리 겉옷이나 담요를 준비하자. 우기에는 휴게소나 국경검문소에서 갑작스러운 비를 만날 수 있으니 우산이나 우비를 챙기자.

앙코르 유적 교통수단

시엠립에서 가장 흔한 교통수단이자, 가장 편리한 교통수단은 툭툭이다.
시내에서 이동하든 유적지에 다녀오든, 잠깐 이용하든 하루 종일 대여하든
바가지를 쓰지 않고 현명하게 툭툭을 이용하는 법을 알아보자.

스마트한 툭툭 이용법

툭툭은 오토바이 뒤에 의자가 달린 수레를 붙여
만들어진 시엠립의 탈 것이다. 시엠립 시내에서
가장 유용한 교통수단이다. 정해진 요금이 없어
흥정해야 한다. 펍 스트리트를 기준으로 6번
국도 남쪽은 1~2달러, 6번 국도변이나 샤를
드골 로드는 2~3달러, 공항까지 5~7달러면
적당하다.

툭툭, 어떻게 선택할까?

툭툭을 타기 전에 미리 가격을 흥정해야 한다.
일단 타고 나서 흥정을 하게 되면 바가지를 쓸
수 있다. 호텔에 툭툭을 불러달라고 하면 믿을
만한 툭툭 기사를 소개받을 수 있고, 문제가
생기면 호텔에 컴플레인이 가능하다. 다만
호텔에서 수수료를 떼기 때문에 가격이 조금 더
비싸진다.

툭툭, 어떻게 이용할까?

툭툭은 2명이 이용하기에 적당하다. 3명이나
4명이 이용할 경우 앞좌석을 펴서 마주보고
앉게 되는데, 이때 팔걸이나 등받이를 꼭
확인하고 안전에 유의하자. 툭툭을 이용해
유적 투어를 하고 싶다면 본인이 가고 싶은
곳과 일정, 가격을 흥정한 후 만날 장소와 만날
시간을 정하면 된다. 대부분의 툭툭 기사들은
간단한 영어가 통하며 지리에 밝다.

툭툭, 요금은 얼마일까?

툭툭 대여 시간은 아침에 유적지로 출발해서 저녁에 시내로 돌아올 때까지를 기준으로 하여 08:00~18:00 정도 이용한다. 하루 대절 요금은 보통 15~20달러 선. 툭툭 기사에게 지도를 보여달라고 해서 소순회 코스나 대순회 코스 중의 하나를 선택하거나 원하는 사원을 콕콕 집어서 알려주면 된다. 아침 일찍 일출을 보거나, 저녁에 일몰을 보거나, 조금 먼 거리 유적을 포함하게 되면 추가 요금이 붙는다. 시내에서 유적지까지 기본 이동거리가 있고 기름 값이 들기 때문에 반나절만 둘러본다 해도 10달러 아래로 흥정하기 어렵다.

툭툭, 요금 계산은 언제 할까?

툭툭 기사에게 요금을 정산하는 것은 무조건 그날의 일정이 끝나고 헤어질 때 주도록 한다. 서비스를 잘 받았다면 팁을 주고, 아니라면 안 주어도 무방하다. 다음날 또 이용할 예정이라면 약간의 팁을 지불하자. 그러나 며칠치의 요금을 예약금으로 미리 지불하지 말자. 미리 돈을 지불하면 중간에 사라지거나 다음날 나타나지 않는 경우가 종종 있다.

툭툭, 조심해야 할 점이 있을까?

대부분의 툭툭 기사들이 친절한 편이다. 유적지 내에서 점심을 먹겠다고 하면 툭툭 기사들이 알아서 데려간다. 식당마다 맛이나 가격 차이가 별로 없으니 기사가 추천하는 곳에서 밥을 먹는 것도 괜찮은 선택. 하지만 마사지 숍이나 기념품 숍으로 안내한다면 딱 잘라 거절하자. 커미션이 포함되어 있어 비싸고, 마사지나 기념품의 퀄리티는 떨어진다.

하루 대절 기준 툭툭 대절료 (2016년 7월 기준)

차량	소순회 코스	대순회 코스	반띠에이 쓰레이	롤루오 유적군 왕복	벵 밀리아 왕복	반띠에이 쓰레이+롤루오 유적군	일출, 일몰 추가
툭툭	20불	20불	20불	12불	35불	25불	5불
자가용	30불	30불	30불	30불	50불	40불	10불
미니밴	45불	45불	45불	45불	70불	45불	10불

※상기 가격은 유동적이며 흥정 가능

승용차나 오토바이, 자전거 대여하는 법
승용차와 미니밴

편안하고 시원하게 여행을 하고 싶거나, 먼 거리의 유적을 돌아보고 싶을 때는 툭툭보다 승용차를 빌리는 편이 좋다. 앙코르 기본 유적지인 소순회 코스, 대순회 코스를 돌아보는 경우, 하루 기본 요금은 30달러 선. 기사와 주유비가 모두 포함된 금액이다. 일출이나 일몰을 보거나, 톤레삽 호수나 서 바라이를 가면 각각 5달러 정도 추가요금이 붙는다. 근교 유적 프놈 쿨렌이나 벵 밀리아까지 70달러, 코 케까지 100달러 안팎이다. 성수기인지 비수기인지, 투어회사에서 빌리는지 호텔에서 빌리는지에 따라 가격이 달라진다. 예를 들어, 미니밴으로 프놈 쿨렌이나 벵 밀리아를 갈 때, 투어회사는 100달러 정도, 호텔은 120달러 정도에 대여 가능하다. 호텔 컨시어지에 승용차와 미니밴 대여 가격표가 나와 있으며, 좋은 호텔일수록 비싸고 차종별로 가격이 다르다.

미터택시

시엠립에 드디어 미터택시가 생겼다. 시엠립 시내에서는 거리에 따라 계산되며, 공항에서 시내 호텔까지는 5~7달러의 요금이 나온다. 공항 픽업을 예약하면 기사가 이름 피켓을 들고 대기한다. 성수기와 비수기 요금이 동일하며, 기본 요금은 1km에 3,000리엘(0.75달러), 330m당 1,000리엘(0.25달러)이 추가된다. 반나절 투어는 20달러, 하루 투어는 30달러의 기본요금으로 대여할 수 있다. 미터택시의 오너는 한국인, 기사는 현지인이다. 소형차 20대 정도를 운영하고, 인터넷 전화로 예약이 가능하다.

Data 미터콜택시
전화 070-888-070, 070-999-070
홈페이지 www.metertaxi.modoo.at

오토바이

캄보디아 정부에서는 여행자들의 오토바이 대여를 금지하고 있다. 여행객들의 안전과 툭툭 기사들의 생계를 고려한 결정. 현지에서 오토바이를 타고 다니는 외국인들은 대부분 장기체류자들이다. 캄보디아에서는 국제면허증을 인정하지 않고, 현지에서 다시 면허증을 발급받아야 하기 때문에 합법적으로 오토바이나 차량을 운전하고 싶다면 비즈니스 비자를 신청하고, 국제운전면허증을 준비해야 한다. 오토바이를 타고 싶다면 모또를 이용해보자. 오토바이 뒷자리에 바로 사람을 태우고 이동하는 교통수단이다. 툭툭 요금의 반값 정도에 대여가 가능하다. 모또는 가격이 저렴하지만, 안전에 주의해야 한다.

자전거

일반 자전거는 하루 1~5달러, 고급 MTB 또는 레이스용 자전거는 하루에 약 12달러면 빌릴 수 있다. 자전거를 빌릴 때는 여권을 맡겨야 하는

데, 맡기지 않으면 큰 액수의 보증금을 요구한다. 이용 전에 브레이크가 잘 듣는지, 바퀴 바람은 충분한지, 페달과 기어는 괜찮은지, 안장은 푹신한지 미리 체크하자. 스크래치가 있다면 사진 찍어두어야 한다. 툭툭 하루 대여료 20달러에 비해, 하루 대여료 2달러의 자전거는 저렴하다는 장점이 있지만, 유적지 근처의 도로가 번듯하지 않아 힘들다. 그래도 자전거가 타고 싶다면, 투어 회사에서 진행하는 자전거 투어를 살펴보자. 유적지까지는 자전거를 타고, 돌아올 때는 승합차를 타고 올 수 있어 힘이 적게 든다.

– 자전거로 돌아볼 만한 코스는 시엠립 강변, 소순회 코스(26km), 서 바라이(11km), 롤루오 유적군(12km) 정도. 총크니어(16km)까지는 커브 길과 차량 통행이 많아서 어렵고, 대순회 코스(35km)는 멀고 도로도 울퉁불퉁해서 타기 어렵다.
– 자전거 앞 바구니에는 소지품을 넣지 않도록 하자. 카메라나 스마트폰은 오토바이 날치기의 표적이 된다.
– **준비물** 지도, 버프, 마스크, 손수건, 생수, 우비, 우산, 가방 방수커버, 야광스티커, 손전등, 엉덩이에 깔 수건, 자물쇠, 파우더 등

전기자전거 e-bike

최근 전기자전거 대여점이 생겼다. 체력 때문에 고민이라면 전기자전거를 대여하는 것도 좋겠다. 14살 이상부터 대여해주며 체중 125kg까지 탈 수 있다. 단, 1인 1대만 사용 가능하기 때문에 뒷자리에 태울 수는 없다. 완전히 충전하고 시속 20km로 달리면 40km를 달릴 수 있다. 여권 또는 700달러를 보증금으로 받는다. 24시간을 빌려주므로 적절한 시간에 빌리면 이틀 동안 이용할 수 있다. 빌리기 전에 꼭 스크래치를 확인하고 사진 찍어두자.

Data 그린 이바이크 Green e-bike
지도 207p
가는 법 시바타 로드에서 센트럴 마켓 스트리트로 가는 초입 **주소** (본점) Central Market #C12, Street 6, Siem Reap (대리점) Sok San Road #B05, Siem Reap **전화** 095-700-130 **운영시간** 07:30~19:00
요금 24시간에 10달러
홈페이지 www.greene-bike.com

앙코르와트 알차게 즐기기

세계에서 가장 웅장한 사원 앙코르와트이지만 '그냥 보면 돌덩이, 알고 보면 문화유적'이라는 말이 있다. 그럴지만 가이드와 꼭 동행해야 하는지에 대한 판단은 자신의 여행 취향에 따라 달라진다.

앙코르와트, 어떻게 여행할까?

가이드를 고용해야 할까?

조용하고 한적하게 자신만의 속도에 맞춰 여행하고 싶다면 〈앙코르와트 홀리데이〉 한 권 옆에 끼고 천천히 둘러보자. 유적에 대한 설명을 듣고 싶다면 가이드와의 동행을 적절하게 섞어서 여행해보자. 앙코르와트나 앙코르 톰, 반띠에이 쓰레이 같은 사원들은 가이드의 설명을 듣는 것도 재미있다. 소순회 코스나 대순회 코스의 작은 사원들은 자유여행을 해도 무리가 없겠다.

툭툭 기사가 가이드를 할 수 있을까?

툭툭을 대여한다고 해서 툭툭 기사가 사원 내부까지 가이드를 해주지는 않는다. 툭툭 기사는 유적을 돌아보는 동안 주차장에서 툭툭에 해먹을 걸고 누워서 기다린다.

가이드를 고용하는 비용은 얼마일까?

영어 가이드는 하루에 25달러, 한국어를 할 줄 아는 현지인 가이드의 비용은 하루 50달러 정도다. 현지에 거주하는 한국인 가이드는 하루에 150달러 선에서 고용할 수 있다. 7~8명 정도가 한 팀이 되어 가이드를 받을 수 있다. 가이드를 고용하면 아침 8시에 유적지로 출발할 때부터 저녁 6시에 시내로 돌아올 때까지 함께한다.

여행사에서 진행하는 투어는 어떨까?

여행사를 통해 가이드 투어를 신청할 수 있다. 시엠립 현지 여행사들은 적당한 가격 선에서 그룹 투어를 진행하며 영어 가이드가 동행한다. 이동수단과 가이드를 모두 이용할 수 있다는 장점이 있다. 다양한 한인 업소들은 한국어로 가이드 투어를 진행하므로 프로그램의 내용과 가격을 비교해 선택해보자.

한인업소 가이드 투어는 어떨까?

한인업소에서 가이드 투어를 신청하면 호텔 픽업에서부터 투어 진행까지 일사천리. 찰진 한국말로 사원에 대한 설명을 들을 수 있고, 궁금한 건 한국말로 바로바로 물어볼 수 있어서 편리하다. 투어 중에 삼겹살을 먹거나, 마사지 숍을 가는 등 한국인들의 입맛에 맞게 진행하는 투어 상품들이 있으니 잘 골라보자. 대부분의 한인업소에서 투어 프로그램뿐만 아니라 게스트하우스를 함께 운영하며, 시엠립 시내의 고급 호텔이나 골프장의 예약을 대행하고, 각종 바우처를 판매한다. 투어요금에 유적 입장료는 포함되어 있지 않다.

시엠립 한인업소

트래블 카페 앙코리안

트래블 카페 앙코리안의 주인장은 앙코르 유적에 반해 이곳에 눌러앉았다. 게스트하우스를 운영하지만 주된 업무는 투어다. 앙코르 유적에 대한 책을 쓸 정도로 유적에 대해 박식하다. 매주 목요일 오전 앙코르 국립 박물관에서 한국어로 유적과 유물에 대한 해설을 한다. 다양한 유적 투어를 진행하고 있으니, 유적에 대해 세심하게 알고 싶다면 문의해보자. 일일투어에서부터 근교 유적 투어, 톤레삽 투어까지 다양한 투어를 운영한다.

Data 지도 209p-G
전화 012-321-603
홈페이지 cafe.naver.com/angkornet

글로벌 (지구촌 가족)

시엠립에서 오랜 시간 사랑받아온, 경험과 연륜을 갖춘 원조급 한인업소다. 다양한 할인 바우처를 판매하고, 공연장, 레스토랑을 예약 대행해준다.

Data 전화 012-607-700
홈페이지 www.okglobal.net

앙코르 유적지 입장권 구매하는 법

1. 매표소 운영시간

앙코르 유적지의 매표소는 시내에서 툭툭으로 약 15분 걸린다. 외곽의 유적을 제외하고 앙코르 유적군을 갈 때는 항상 매표소 앞을 통과한다. 툭툭 기사나 택시 기사들은 유적지로 향하면서 입장권을 사야 하는지 물어본다. 매표소 운영시간은 05:00~17:30. 17:00시 이후에는 다음날 입장권을 미리 구매할 수 있다. 앙코르와트의 일출을 보러가려면 전날 미리 입장권을 구매해두자.

2. 입장권의 종류와 가격

앙코르 유적지 입장권

앙코르 유적 입장권은 세 종류다. 1일권은 20달러, 3일권은 40달러, 7일권은 60달러다. 3일권은 일주일 동안 3번 방문이 가능하며, 7일권은 한 달 동안 7번 사용할 수 있다. 대부분의 여행자들이 3일권을 구매하며, 시엠립에 일주일 이상 머무는 여행자들은 7일권을 구매한다. 7일권을 구입하면 즉석에서 얼굴 사진을 찍어 인쇄 후 코팅해서 준다. 유적지에 입장할 때마다 날짜를 검사하고, 얼굴과 사진을 대조한다. 입장권을 구매할 때 신용카드, 예약, 전화예매는 불가능하다. 오직 미국 달러만 현금으로 받는다.

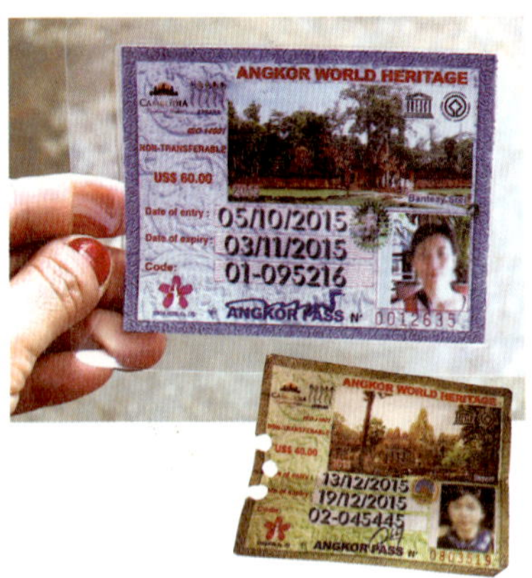

프놈 쿨렌 입장권

앙코르 근교 유적인 프놈 쿨렌에 방문할 때에는 별도의 입장권을 구매해야 한다. 프놈 쿨렌 가는 길에 매표소가 있다. 가격은 1인당 20달러. 시엠립 시내의 한인업소에서 미리 바우처를 사면 18달러에 구입이 가능하다.

벵 밀리아와 코 케 입장권

벵 밀리아 사원이나 코 케 지역을 방문할 때에는 별도의 입장권을 구매해야 한다. 벵 밀리아로 향하는 길에 매표소가 위치해 있으며, 이곳에서 벵 밀리아의 입장권과 코 케의 입장권을 살 수 있다. 가격은 벵 밀리아 5달러, 코 케 10달러.

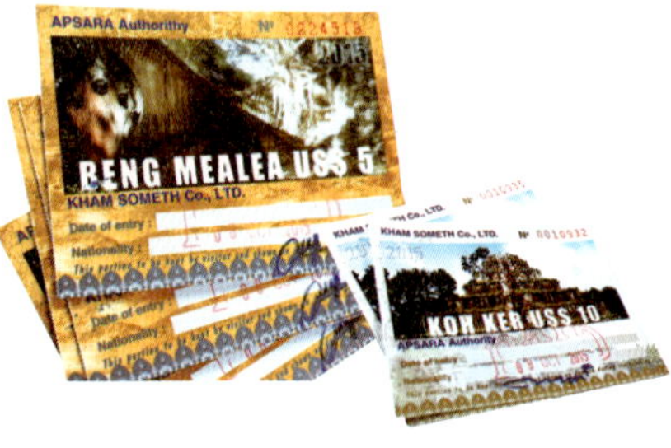

3. 항상 입장권 챙기기

① 양도 금지! 앙코르 유적지의 입장권에 사진을 함께 출력하는 이유는 다른 사람에게 양도하거나 대여하는 일을 막기 위함이다.

② 분실 주의! 티켓을 분실하면 돈도 아깝지만, 재발급 과정이 매우 복잡해서 시간도 아깝다. 따라서 분실하면 다시 입장권을 구입해야 하는 상황이 벌어지니 조심하자. 여행자들이 숙소에 입장권을 두고 나오는 경우가 의외로 많다. 항상 가방에 넣어두자.

③ 명찰 준비! 훼손된 티켓은 교환이나 환불이 되지 않는다. 7일권은 코팅해서 발급해주기 때문에 훼손될 우려가 오히려 적다. 목걸이 명찰을 준비해서 입장권을 잘 보관하도록 하자.

④ 여권 지참! 12세 이하는 여권을 보여주면 무료로 입장이 가능하다.

로밍을 할까, 유심을 살까?

로밍을 하면 쓰던 번호 그대로 한국에서 오는 연락을 확인할 수 있지만 요금이 만만치 않다. 유심을 바꾸면 인터넷을 사용하거나 모바일 메신저를 사용하기 편리하지만 한국에서 오는 연락을 확인하기 어렵다. 여행기간과 용도를 고려해 선택하자.

1. 쓰던 번호 그대로 로밍하기

국내 주요 이동통신사 모두 캄보디아 로밍을 지원한다. 이륙 시 전화기를 껐다가 시엠립에서 켜면 자동으로 로밍이 된다. 전화는 받을 때 분당 요금이 발생하고, 걸 때도 요금이 발생하는데 1분에 1~2천 원가량이 든다. 문자는 보낼 때만 비용이 발생한다. 무제한 데이터를 쓰고 싶다면 하루에 1만 원 안팎인 무제한 로밍을 신청할 수 있다. 하지만 캄보디아에서 3G를 사용하는 지역이 많지 않아, 무제한 데이터로밍이라는 말이 무색하다. 시엠립 대부분의 호텔이나 레스토랑에서는 와이파이를 사용할 수 있으니, 되는 곳에서만 사용한다면 굳이 로밍서비스를 이용하지 않아도 괜찮겠다. 공항에서 로밍폰을 임대하는 방법도 있다. 1일 2천 원이면 임대할 수 있지만, 분당 1~2천 원의 통화료가 부과되는 것은 동일하다.

2. 2달러의 행복, 유심(심카드) 구입

한국에서 연락을 받지는 못해도, 모바일 메신저를 주로 사용하거나 지도 어플을 사용하거나, 툭툭 기사와 문자로 연락을 주고 받고 싶다면 심카드 구입을 추천한다. 한국으로 인터넷 전화 걸기도 편리하다. 시엠립에는 셀카드Cellcard, 스마트Smart, 메트폰Metfone, 비라인Beeline 등의 통신사들이 있는데, 그중 메트폰, 스마트, 셀카드 3개 업체의 점유율이 90%를 넘는다. 특정 통신사가 더 잘 연결이 되는 것은 없다. 유적지 내에서는 어느 통신사든 거의 연결이 되지 않는다. 1달러로 심카드를 구입하고 데이터를 1달러 충전하면 3~4일 동안 충분히 쓸 수 있다. 모든 통신사가 거의 비슷한 요금을 책정하고 있으며, 프로모션에 따라 데이터의 양이 조금씩 차이 난다. 공항에서는 여행자용 심카드를 판매하는데, 심카드를 무료로 주는 대신 최소 5달러 이상 충전해야 한다. 하지만 밤 비행기로 도착한다면 공항에서 구매가 어렵다. 시내 곳곳의 가까운 대리점을 이용하자. 여행자들이 가장 많이 이용하는 통신사는 스마트. 프로모션을 자주 하기 때문. 메트폰에는 한 달 무제한 데이터 요금제가 있는데 2G는 3달러, 3G는 5달러다.

Step 03

ENJOYING

앙코르와트를 즐기다

B STREET
gourmet burgers
THE SUN
wood fired pizza
shake 1$

천상의 무희, 천상의 춤
압사라

캄보디아 전통 악기의 연주가 시작된다. 화려한 왕관을 쓴 압사라들이 사뿐하게 등장한다. 비단으로 화려하게 수놓아진 의상과 반짝이는 장신구를 한 압사라는 요정처럼 가볍게 움직인다. 캄보디아가 자랑하는 전통 춤이자 유네스코 세계문화유산으로 지정된 압사라 춤에 빠져들어보자. 나도 모르게 손을 꼬부려 슬쩍 따라하면서.

압사라는 누구일까

압사라는 천상의 무희, 춤추는 여신을 말한다. 인도의 라마야나 신화에서는 춤추는 여신으로 등장하고, 힌두교 신화 '젖의 바다 휘젓기'에서는 젖의 바다에서 태어난 6억 명의 물의 요정으로 등장한다(119p 참조). '물 위Apsu에서 태어났다Sara'는 뜻으로 압사라Apsara라고 불리게 된 것. 앙코르 왕실에서는 왕과 귀족 앞에서 춤을 선보이던 궁중 무희를 압사라라고 불렀다. 천상의 존재로 간주된 궁중 무희들은 궁 밖 출입을 하지 못했고, 결혼도 금지되어 있었다.

압사라 춤은 무엇일까

압사라 춤은 캄보디아 전통 춤 중 하나이다. 크메르 황실발레 혹은 캄보디아 궁정댄스라고도 불린다. 안타깝게도 폴 포츠 정권 시절 90%에 가까운 압사라 공연 전수자들이 목숨을 잃는 비운을 겪었다. 현재 캄보디아 정부에서 압사라 춤의 전수 교육을 지원하며, 앙코르와트 경내의 압사라 부조들을 기준으로 압사라 춤 동작을 복원하고 있다. 압사라 무희들은 섬세한 동작을 선보이는데, 각각의 동작들은 신에 대한 사랑과 헌신을 뜻한다. 압사라 춤은 2003년에 유네스코 인류무형문화유산으로 지정되었다.

압사라 춤은 어디서 볼까

시엠립 시내의 호텔이나 레스토랑에서 저렴한 비용으로 압사라 춤을 볼 수 있다. 보통 저녁 7시 전후로 공연이 시작된다. 공연 시작 전에 미리 식사를 마치고 공연을 관람하는 것이 좋겠다. 공연의 레퍼토리는 5~6개 정도로 구성되며, 공연 하나당 5~10분 정도가 소요된다. 전체 공연 시간은 1시간 남짓. 공연과 식사를 포함한 금액이 1인당 10~30달러 정도이며 바우처를 구입하면 좀 더 저렴하게 공연을 즐길 수 있다.

파크하얏트 정원에서 즐기는 압사라
나이트 위드 압사라 A Night with the Apsaras

매일 저녁 파크 하얏트 호텔에서 압사라 댄스를 공연한다. 투숙객이 아니어도 관람 가능하다. 공연장인 코트야드를 둘러싼 다이닝룸에서 식사를 하거나 칵테일을 한 잔 마시면 공연은 무료로 관람할 수 있다. 번잡하지 않게 좋은 공연을 즐길 수 있어 만족스럽다. **216p**

찬란한 앙코르의 역사와 신화를 찾아
스마일 오브 앙코르 Smile of Angkor

어린 아이가 바이욘 석상과 만나 앙코르 왕조의 시대로 모험을 떠난다. 압사라 춤과 서커스, 젖의 바다 휘젓기까지 다양한 신화와 앙코르 왕조의 볼거리를 버무려놓았다. 무대 위 스크린에 간략한 스토리가 영어, 중국어, 한국어로 제공되어 이해하기 편하다. **216p**

럭키몰 맞은편에 있는 극장식 뷔페식당
꿀렌 삐 Koulen 2 Restaurant

시엠립의 대표적인 극장식 뷔페 식당이다. 650석이 넘는 홀에 다양한 국적의 여행자들이 모여든다. 식사는 뷔페식으로 제공되어 다양한 메뉴의 음식을 맛볼 수 있다. 7시가 넘으면 단체 여행객들이 모여드니 되도록 그 전에 자리를 잡도록 하자. **217p**

ENJOY 02

취향 따라 즐기는
다양한 액티비티

밀림 속 유적을 탐험하는 여행은 고요하고 정적이리라 짐작하겠지만, 시엠립에서는
화끈한 액티비티를 즐길 수 있다. 원숭이처럼 나무 사이를 미끄러져 내려가거나, 벌룬을 타고 하
늘로 날아오르는 것 같은 신나고 재미있는 투어가 준비되어 있다.

캄보디아의 평화로운 시골길을 달리는
4륜 오토바이, 쿼드바이크

먼지 풀풀 날리는 시골길을 달리며 캄보디아의 속살을 들여다보는 즐거운 액티비티. 우리나라의 관광지에서 타던 작은 ATV와는 달리 훨씬 크고 힘이 좋다. 그만큼 속도도 빠르고 스릴 있다. 평화롭게 펼쳐지는 농촌의 풍경을 보며 시원한 바람을 안고 달리는 기분이 상쾌하다. 가끔은 길 한복판에 누워 있는 흰 소를 만나기도 하고, 얕은 개울에서 발가벗고 수영을 하는 아이들을 만나기도 한다.

앙코르 유적 182p

긴팔원숭이처럼 나무 사이를 날다
집라인

'긴팔원숭이의 비행'이라니! 태국을 여행했던 여행자들에게는 익숙한 이름일지도 모르겠다. 태국 최초의 짚라인 에코 어드벤처 투어를 주관하던 이 짚라인 회사는 앙코르 유적지 내 울창한 밀림에 짚라인을 연결했다. 키가 1m 이상이라면 어린이도 참여할 수 있어 가족끼리 즐기기도 좋다. 수익의 일부는 긴팔원숭이를 보호하고, 열대우림을 보전하는 데 사용된다.

앙코르 유적 181p

하늘 위에서 내려다보는 앙코르와트
앙코르 벌룬

높은 곳에 올라서 앙코르와트 유적지를 한눈에 내려다보고 싶다면 열기구를 타보자. 둥실둥실 하늘을 날며 앙코르와트의 장관을 내려다보는 기분이 그만이다. 특히 찬란한 해가 유적지에 떠오르는 아침이나 붉은 석양이 평원을 곱게 물들이는 저녁에 벌룬을 타면 평화롭고 잔잔한 감동마저 느낄 수 있다. 건기에만 운행하는 핫에어 벌룬은 바람을 타고 오가며, 사계절 내내 운행하는 앙코르 벌룬은 고정식이다.

앙코르 유적 179p

황혼에서 새벽까지, 펍 스트리트의 밤

한낮의 앙코르 유적지에서 캄보디아 천 년의 역사를 만났다면,
한밤의 펍 스트리트에서 젊고 싱그러운 캄보디아의 현재를 만나보자.

17:00~18:00

캄보디아의 기념품을 골라볼까?

펍 스트리트와 마주하고 있는 올드 마켓은 기념품 쇼핑의 보고다. 캄보디아 스타일 바지와 티셔츠, 액세서리와 가방, 독특한 은제품과 나무로 된 불상 조각 등이 있다. 올드 마켓은 저녁 9시 이후에 문을 닫기 시작하니 저녁 먹기 전에 돌아보자. 올드 마켓에서 펍 스트리트 사이의 작은 골목길에는 현지인들이 운영하는 기념품 숍이 많고, 화가들의 그림이나 사진작가들의 사진을 판매하는 가게도 많다. 쇼핑 목적이 아니라 시장 구경을 위해서라면 가까운 나이트 마켓이나 아트센터 나이트 마켓을 가는 것도 좋겠다. **244p**

18:00~19:30

세계 여행자들이 북적이는 레스토랑에서 밥 먹기

여행자 거리인 펍 스트리트는 해가 지면 각지에서 몰려든 여행자들로 북적인다. 펍 스트리트에는 여행자들의 국적만큼이나 다양한 레스토랑을 만날 수 있다. 햄버거, 베트남 쌀국수, 태국 똠얌꿍, 이탈리안 파스타와 피자, 독일 스테이크, 인도 커리, 크메르 바비큐 등. 더욱 놀라운 것은 대부분의 레스토랑에서 이 모든 요리를 한 메뉴판에 갖추고 있다는 사실! **229p**

19:30~21:00

하루 종일 지친 발을 위한 마사지 타임!

저녁을 든든하게 먹었으니 커피를 한잔해도 좋고, 맥주를 마시러 가도 좋겠다. 소화도 시킬 겸 커피나 맥주를 손에 들고 길가 마사지 숍에 앉아보는 건 어떨까? 펍 스트리트에는 마사지를 받으면 음료수 한 잔 무료 제공하는 저렴한 마사지 숍부터 고급스런 스파&마사지 숍까지 취향에 따라 선택할 수 있는 다양한 마사지 숍이 즐비하다. 시원한 발 마사지를 받는 동안 펍 스트리트의 여행자들을 관찰하는 재미도 있다. **224p**

21:00~23:00

이제부터 시작이야, 펍 스트리트의 밤!

저녁 9시가 되면 대부분의 레스토랑과 바에서 저마다 흥겨운 라이브 뮤직이 시작된다. 대부분의 바는 밤 10시쯤부터 사람들이 북적거리기 시작한다. '치어스'에서 생맥주와 칵테일을 즐기거나, '비어 배틀'에서 꼬치구이에 병맥주를 마시기 좋은 시간. 게스트하우스 친구 여러 명과 함께라면 '앙코르 왓?'에 모여 앉아 신나게 떠들어도 좋겠다. 가족 같은 분위기의 친밀한 바를 원한다면 '피카소' 혹은 '런더리바'를 가보자. **238p**

23:00~02:00

후끈 달아오른 펍 스트리트의 열기 속으로

펍 스트리트에는 아는 사람은 다 아는 춤 신동이 있다. 바로 펍 스트리트의 명물, 팔찌를 파는 소녀다. 밤의 열기가 고조되는 시간, 펍 스트리트의 흥겨운 사운드를 담당하는 '템플 클럽' 앞에 '팔찌 소녀'가 나타나 춤을 추기 시작한다. 팔찌를 파는 건 뒷전이고, 소녀는 흥겹게 몸을 흔든다. 소녀의 신명나는 춤사위에 길을 가던 여행자들은 발걸음을 멈추고 합류한다. 파티 피플들이 템플 클럽의 안과 밖을 점령한다. 빵빵한 음악 소리와 길거리를 가득 메운 춤바람은 새벽 3시가 되어도 멈추지 않는다.

ENJOY **04**

열심히 달려온 나를 위한 선물, 크메르 마사지

바쁜 일상에서 벗어나 여행을 왔으니 잠시 나를 내려놓을 시간. 정성스런 손길로 내 몸의 피로를 풀어주는 크메르 마사지에 몸을 맡겨보자. 올드 마켓과 펍 스트리트 주변에 수많은 마사지 숍들이 당신을 맞이할 준비를 하고 있다.

| 다양한 종류의 마사지, 어떻게 받을까? |

마사지 숍에 들어가면 시원한 웰컴 드링크를 주며 맞이한다. 음료를 마시면서 메뉴를 보고 원하는 마사지를 선택한다. 발 마사지만 받을 것인지, 전신 마사지를 받을지 고른 다음, 전신 마사지 중에서도 오일 마사지를 받을지, 일반 마사지를 받을지 고르면 된다. 마사지실로 안내받기 전에 따듯한 물에 발을 씻겨준다. 보송보송한 발에 슬리퍼를 신고 마사지실로 이동한다. 마사지가 끝나면 옷을 갈아입고 나와 따듯한 차를 마신다. 차를 마시는 동안 계산을 하면 된다. 팁은 마사지 가격의 10~20% 정도면 적당하다.

발 마사지 편안한 의자에 앉아 마사지를 받는다. 주로 발끝에서부터 무릎까지 주물러준다. 마무리로 어깨나 머리 마사지를 해주기도 한다.
일반 전신 마사지 마사지 전에 샤워를 하고 싶다고 말하면, 샤워실로 안내해준다. 일반 전신 마사지를 받을 때는 헐렁한 옷으로 갈아입고 누워서 마사지를 받는다. 태국식 마사지처럼 꾹꾹 눌러주고 좍좍 스트레칭도 해준다.
오일 마사지 먼저 제공하는 속옷으로 갈아입고 마사지를 받는다. 오일을 발라 문지르듯 마사지를 해주어 여성들이 선호한다. 천연 허브 오일을 사용해 아로마테라피 효과가 있고 피부가 부드러워진다.
보디 스크럽 천연 재료를 사용해 때를 밀 듯 몸의 각질을 벗겨낸다. 소금이나 커피, 과일이나 허브를 조합해 피부에 문지르고 물로 씻어낸다. 피부가 매끈해지는 효과가 있다. 다만 자주 하면 피부가 손상될 수 있으니 조심하자.
보디 랩 몸 전체에 과일, 머드, 알로에 같은 제품을 바르고 비닐로 감싼다. 마치 얼굴에 팩을 하듯 온몸에 촉촉함이 스며든다. 마사지 숍에서 자신들만의 시그니처 제품을 사용하니 이왕이면 좋은 제품을 쓰는 숍으로 가보자.

프랜지파니 스파 Frangipani Spa

센트럴 마켓에서 가까운 캔달 빌리지에 위치한 스파. 꽃잎이 가득 담긴 따뜻한 물에 발을 먼저 씻고 원하는 오일 향을 고를 수 있다. 땀을 씻어내고 개운하게 마사지를 받을 수 있다. 꽉 뭉친 어깨와 목을 시원하게 풀어주는 안티스트레스 마사지를 30분 받고 나면 가볍게 새로 태어나는 느낌이다. `225p`

보디아 스파 Bodia Spa

펍 스트리트 인근에서 가장 유명한 스파. 천연 재료만으로 마사지 오일과 랩, 스크럽 용품을 자체적으로 생산하는 '보디아 네이처' 제품으로 마사지를 해준다. 그윽한 향기를 가진 마사지 오일을 사용하는 보디아 클래식 마사지가 가장 인기 있다. 고급스러운 인테리어와 수준 높은 서비스로 만족도가 높다. 미리 예약을 하면 프리 픽업 서비스를 제공한다. `224p`

카야 스파 Kaya Spa

보디아 스파만큼 고급스러운 서비스를 받을 수 있으면서도 가격대는 부담이 없다. 오일 마사지를 받을 때 큼지막한 천을 사용해 더욱 쾌적하다. 오일 마사지는 6가지의 향 중에서 고를 수 있다. 티셔츠 한 장 챙겨가자. 하루 종일 땀 흘린 후 마사지를 받고 새 옷을 입으면 몸도 마음도 상쾌해질 것이다. `224p`

바디 튠 Body Tune

시엠립에서 힘 좋은 마사지로 유명한 곳이 두 군데가 있는데 하나는 민속촌 안의 마사지 숍이고, 또 하나는 바디 튠이다. 바디 튠은 방콕을 여행했던 사람이라면 익숙한 이름이겠다. 실롬과 수쿰빗에 지점을 갖고 있는 태국의 마사지 숍인데, 시엠립에도 지점을 냈다. 오일 마사지보다 꾹꾹 눌러주는 태국식 마사지를 선호한다면 만족스러운 선택이겠다. `225p`

속칵 스파 Sokkhak Spa

펍 스트리트에서 가까운 속산 로드에 있다. 어떤 마사지를 받을지 고르고, 원하는 강도를 선택할 수 있다. 남자 마사지사를 선택하면 더욱 강도 있는 마사지를 받을 수 있다. 각 룸에 비치된 샤워실에서 샤워를 하고 편안한 기분으로 마사지를 받아보자. 마사지를 받고 차 한 잔을 마시면 산뜻한 기분으로 거듭난다. `226p`

Step 04

EATING

앙코르와트를 먹다

EATING 01

한국인의 입맛에도 잘 맞는 크메르 요리

여행하는 나라의 고유 음식을 탐미하는 일은 여행의 묘미 중 하나이다. 웬만한 식당의 메뉴판에는 친절하게 사진이 나와 있어 고르기에 어렵지 않다. 백과사전처럼 두꺼운 메뉴판만큼 다양한 요리가 있다. 낯설지만 입에 착착 붙는 크메르 음식들을 소개한다.

아목

캄보디아식 찜 요리다. 다양한 재료를 넣어 만든다. 소고기, 돼지고기, 닭고기, 생선 등의 주 메뉴를 선택하면 갖은 양념과 향신료에 코코넛밀크를 넣어 고소하게 찐다. 찜 요리라 국물이 거의 없다.

록락

캄보디아식 소고기 요리. 일종의 찹스테이크인데 고기가 좀 질긴 편. 우리나라에서 흔히 쓰는 달콤한 간장 양념과 유사한 맛이다. 주로 볶음밥이나 계란프라이, 오이나 감자튀김이 곁들여 나온다.

생선구이

두툼한 생선을 겉은 바삭하고 속은 부드럽게 잘 구워준다. 짭조름한 소금 간이 되어 나온다. 생강을 뿌려 굽거나 독특한 소스를 함께 내오기도 한다. 라임을 살짝 뿌려 먹으면 만족도는 더욱 상승!

닭고기 요리

치킨 요리 중에서도 캄보디아 사람들이 즐겨먹는 스타일은 간장 소스로 살짝 양념해 쪄먹는 요리다. 우리나라 찜닭에서 매운 맛과 국물을 빼고 달달하게 만든 느낌. 촉촉하고 부드러워 모든 연령이 즐길 수 있다.

볶음밥

동남아 어디서든 볶음밥은 진리. 향신료에 질려갈 때, 한국에서 먹던 밥이 그리울 때, 볶음밥을 먹으면 그나마 한국에서 먹던 것과 비슷한 맛을 느낄 수 있다. 새우나 고기, 해물 중에 좋아하는 종류를 선택해먹자.

밥, 죽

후, 하고 불면 날아갈 듯한 안남미라니. 찰밥이나 진밥을 좋아한다면 아쉬울 법도 하다. 그래도 아목이나 커리 같은 촉촉한 요리를 얹어먹으면 잘 어울린다. 안남미로 지은 밥이 별로라면 죽을 먹는 것도 좋겠다.

쌀국수

베트남식 쌀국수는 피시소스와 칠리소스를, 태국식 쌀국수는 네 가지 양념을 곁들여 먹는다면, 캄보디아식 쌀국수는 간장에 생고추를 썰어 넣은 양념을 얹어 먹는다. 매운 쥐똥 고추 몇 개로 칼칼한 맛이 확 살아난다.

커리와 수프

수프를 주문하면서 우리나라 걸쭉한 수프를 상상하면 큰일. 캄보디아 수프는 다양한 국물요리를 통칭하므로 걸쭉한 국물을 원한다면 커리를 시키는 편이 낫다. 향에 민감하다면 신맛 강한 사우어Sour 수프는 조심하자.

샐러드

가장 많이 먹는 샐러드는 파파야 샐러드와 망고 샐러드. 두 샐러드 모두 달콤하진 않다. 젓갈을 이용해 살짝 무쳐 특유의 짭짤하고 새콤한 맛을 느낄 수 있다. 아삭하고 상큼하여 고기 요리에 곁들이면 어울린다.

공심채(차 뜨러꾼)

미나리와 유사한 나물로, 미나리보다는 조금 더 굵다. 영어로는 '모닝 글로리'라고 한다. 들큼하고 짭짤한 양념으로 볶아 나오는데 처음 먹는 사람에게도 입맛에 잘 맞는 요리다. 보통 맨밥이 곁들여 나온다.

매운 쥐똥 고추(멋떼이 할)

정체모를 느끼함이 사라지지 않고, 김치나 고추장이 그리울 때 칼칼하고 매운 고추를 곁들여 먹어보자. 시간이 지날수록 매운 고추에 빠져든다. 고추가 너무 맵다면 고추를 담았던 간장을 밥에 얹어먹어도 별미다.

캄보디아 맥주

캄보디아에서는 주로 앙코르 비어를 마신다. 잔을 갖다 주면서 얼음을 넣을지 물어보는데, 얼음은 웬만하면 넣지 않도록 하자. 시원하게 먹길 원하면 맥주를 와인처럼 얼음통에 담아 놓고 마시기도 한다.

Tip **물 조심! 얼음 조심!**

캄보디아에서는 꼭 페트병에 넣어 파는 생수를 사 마시자. 호텔에서 무료로 제공하는 생수를 가방에 넣고 다니면 좋다. 센스 있는 툭툭 기사는 아이스박스에서 생수를 꺼내주기도 한다. 믿을 만한 대형 호텔이나 고급 레스토랑이 아니라면, 얼음을 갈아 만든 음료나 아이스커피도 조심해야 한다. 어떤 물을 얼렸는지 알 수 없다. 유적 근처에서는 시원한 생수를 1달러에 판다.

시엠립의 쌀국수는 여기가 최고!

쌀국수를 좋아하는 사람이라면, 시엠립에서는 삼시세끼 모두 쌀국수를 먹을 수 있다.
호텔 조식 메뉴에서 꼬박꼬박 쌀국수가 나오고, 길거리 노점에서부터 가격대 높은 레스토랑까지
쌀국수는 기본 메뉴다. 뜨끈하고 담백한 국물에 말은 시원한 쌀국수를 좋아한다면
절대 후회하지 않을 4대 쌀국수 맛집을 소개한다.

현지인들도 자주 찾는 맛집
포 용 Pho Yong

쌀국수 맛집으로 소문이 나 여행자들뿐만 아니라 현지인들도 많다. 테이블 위에는 베트남 스타일의 칠리소스와 해선장도 준비되어 있고, 태국식 말린 고춧가루, 고추 식초절임이 들어있는 4종류의 조미료도 갖췄다. 고수뿐만 아니라 숙주와 매운 고추도 따로 담아 내준다. 개인 취향에 맞게 넣을 수 있다. 레귤러 사이즈는 다른 집의 쌀국수에 비해 약간 양이 적은 편. 넉넉하게 먹고 싶다면 라지 사이즈를 시키자.

 **237p**

딤섬와 쌀국수가 만나 든든한 한 끼
톤레삽 레스토랑 Tonle Sap Restarant

아침마다 관광객과 현지인들로 북적거리는 대형 레스토랑이다. 자리에 앉으면 찻주전자를 내온다. 물을 공짜로 주는 식당이 거의 없기에 따끈한 차 한 잔이 무척 반갑다. 빵과 도넛을 내오지만 이건 공짜가 아니니 주의할 것. 먹은 개수를 세어 계산한다. 딤섬 카트가 돌아다닐 때 먹고 싶은 딤섬을 골라 먹는 재미가 있다. 일찍 가지 않으면 인기 많은 딤섬은 다 팔리고 없다. 쌀국수에 딤섬을 곁들여 먹으니 든든하다.

236p

쌀국수도 먹고, 커피도 마시고
비에트 카페 Viet Cafe

카페에서 쌀국수를 팔아? 쌀국수 맛집이라는 소문을 듣고 방문하면 이런 생각이 들 것이다. 커피를 마시는 사람들 사이에게 머뭇거리며 쌀국수를 주문할 때까지만 해도 '제대로 끓이긴 할까' 반신반의. 무료로 제공하는 차를 마시며 기다리다가 쌀국수가 등장하면 넓적한 면발과 푸짐한 양에 반할 것이다. 양파를 잔뜩 넣어 시원한 국물에 아무리 먹어도 줄지 않는 고기까지, 그야말로 엄지를 척 세우게 된다. 쌀국수를 먹고 시원한 커피를 한 잔 즐길 수 있다는 것도 비에트 카페만의 장점! **235p**

유명세에도 불구하고 착한 가격
수프 드래곤 Soup Dragon

펍 스트리트의 여타 레스토랑처럼 두꺼운 메뉴판에 캄보디아 음식과 서양 음식을 두루 갖추었다. 메인은 베트남 요리! 수프 드래곤의 쌀국수는 한국인의 입맛에 잘 맞는다고 정평이 나 있다. 늦은 저녁 출출할 때 야식으로도 좋고, 일찍 일어나 해장을 하기에도 좋다. 이른 아침부터 늦은 밤까지 펍 스트리트의 끄트머리에서 언제나 손님을 맞을 준비를 하고 있다. 펍 스트리트의 터줏대감으로 찾기 쉽고 가격도 착한 레스토랑이다. **230p**

Tip **고수가 싫어요!**
고수 좀 먹는다는 사람들도 캄보디아 고수를 먹으면 혀를 내두른다. 한국의 고수와 달리, 줄기부터 잎까지 뻣뻣한 고수를 한그릇 가득 내어준다. 향도 엄청나게 강하다. 웬만한 쌀국수 집에서는 여행자들을 위해 고수를 따로 갖다 주지만, 그래도 한두 잎 정도 얹어서 주는 경우도 있다. 고수를 원하지 않을 땐 이렇게 말하자. "쏨 꼼 딱 찌!"

깔끔한 매운 맛을 원한다면?
얼큰하고 시원한 쌀국수를 선호하는 사람들이 있다. 그래서 베트남 쌀국수 집에서는 칠리소스가, 태국 쌀국수 집에서는 고춧가루를 제공한다. 캄보디아에서는 쌀국수와 함께 작은 빨간 고추를 송송 썰어 고수와 함께 제공한다. 우리나라로 치면 청량고추! 매운 맛을 즐기는 사람들에게도 얼얼하지만 뒷맛이 깔끔해서 계속 넣게 되는 매력이 있다. 고추를 더 원할 땐 이렇게 말한다. "쏨 멋떼이 할!"

EATING 03

시엠립에서 만나는
세계 요리

오늘은 독일식 스테이크, 내일은 인도의 정통 커리,
모레는 프랑스식 정찬과 와인을 즐겨볼까. 시엠립에서라면 가능하다.
글로벌한 입맛을 만족시키는 다양한 레스토랑들이 아침부터 밤까지 문을 연다.

정통 독일식 스테이크

텔 스테이크 하우스 Tell Steak House

텔은 독일식 스테이크 요리를 전문으로 한다. 가장 인기가 많은 메뉴는 소고기 안심. 독일식 조리법에 소고기는 캄보디아, 뉴질랜드, 미국, 호주에서 좋은 품질의 고기를 들여온다. 맥주 맛을 좌우하는 하이펜서를 청소하는 시스템을 갖추고 매일매일 청결에 신경을 쓴다. 스테이크 도 맛있고 시원한 맥주까지 맛있으니 금상첨화. **232p**

인도에서 먹던 그 맛

마하라자 Maharajah

시바타 로드에서 시엠립 강변으로 가는 길에 파란색 간판이 눈에 띈다. 인테리어는 소박하 지만, 마하라자의 커리는 인도 현지의 맛집에 버금가, 여행자들 사이에 입소문이 자자하다. 식판 같이 생긴 접시에 옐로우 라이스로 지은 밥과 커리, 야채와 난 등을 함께 나오는 탈리 세트가 제일 인기다. 시엠립에서 할랄 푸드를 먹을 수 있는 유일한 곳이다. **233p**

일본식 가정요리를 먹고 싶다면

더 하시 The Hashi

친절한 스텝들이 건네주는 메뉴판에는 마끼부 터 스시까지 웬만한 일본 요리가 총망라되어 있다. 뜨끈한 국물이 먹고 싶다면 우동이나 라 멘 종류를, 든든히 밥을 먹고 싶다면 돈부리를 먹어보자. 담백한 일본식 가정요리도 맛있다. 사케를 즐기는 사람에게는 좋은 선택. 캄보디 아에서 낯익은 음식이 그리울 때 찾아가자. 럭 키 몰 건너편에 있어 찾기도 쉽다. **232p**

정원에서 즐기는 로맨틱한 식사

아바쿠스 가든 레스토랑 앤 바

Abacus Garden Restaurant & Bar

아바쿠스의 공동 오너인 레너드와 파스칼은 세 계의 레스토랑과 호텔들을 두루 거쳤다. 특히 셰프인 파스칼은 프랑스, 독일, 두바이, 태국 등지의 호텔에서 20년 이상 요리를 해온 실력 파. 아름다운 정원과 조명이 어우러진 아바쿠 스는 정통 프렌치 레스토랑답게 다양한 와인리 스트를 자랑한다. 으깬 감자와 함께 서빙되는 송아지 안심 메뉴가 인기다. **234p**

안젤리나 졸리를 추억하며
칵테일 한 잔!

해피 아워에는 칵테일이 1+1이라는 말을 들으면 귀가 솔깃해진다.
하지만 캄보디아에는 가짜 양주로 의심되는 술이 많으니
너무 싼 가격의 칵테일은 조심하자. 분위기뿐만 아니라
맛으로도 타의 추종을 불허하는 칵테일 바를 소개한다.
여기에서라면 마음껏, 취향껏 칵테일을 즐겨도 좋다.

시엠립 최고의 핫 플레이스
템플 스카이라운지

시엠립에도 풀 사이드 바가 있다. 오픈한지 얼마 되지 않아 깔끔하고 세련된 템플 스카이라운지다. 시엠립의 가장 핫하고 힙한 곳. 수영장에 반사되는 화려한 불빛, 비스듬히 기대면 편안한 빈백, 강변에서 불어오는 시원한 바람, 두근대는 음악까지 여러모로 마음에 쏙 드는 곳이다. 칵테일은 맛있고, 요리는 신선하고, 가격까지 착한 곳! `239p`

바텐더의 손맛이 살아 있는 진짜 칵테일 바
치어스

오늘 저녁엔 어디로 갈까 고민이 될 때 치어스는 탁월한 선택. 이곳에서는 혼자여도 좋고, 여럿이어도 좋다. 세계 각국의 주류, 시원한 생맥주, 와인까지 즐길 수 있다. 핸섬하고 젠틀한 바텐더들은 날렵한 손놀림으로 칵테일을 만든다. 치어스만의 특제 안주인 매콤짭짤한 땅콩에도 자꾸 손이 간다. 칵테일도, 생맥주도 맛이 좋아 한 번 오면 단골이 되고 만다. `238p`

안젤리나 졸리 덕분에 유명한
레드 피아노

안젤리나 졸리가 영화 〈툼 레이더〉를 촬영하는 동안 자주 들러 칵테일을 마셔 유명해진 집. 당시에는 허허벌판에 레드 피아노 한 집만이 반짝였으니 달리 갈 만한 곳이 없어서 그랬을지도 모르겠다. 그녀가 마시던 칵테일은 여전히 '툼 레이더 칵테일'이라는 이름으로 여행자들의 사랑을 받고 있다. 하지만 맛은 기대하지 않는 편이 좋겠다. 맛보다는 안젤리나 졸리를 생각하며 찾는 곳이다. `229p`

펍 스트리트에서 가장 고급스러운 바
바나나 리프

펍 스트리트의 한쪽 입구에 레드 피아노가 있다면 반대쪽에는 바나나 리프가 있다. 펍 스트리트에서는 꽤나 고급스러운 바. 가격대가 약간 높은 편이지만 다양한 칵테일과 맛있는 음식이 주는 만족도가 높다. 저녁을 먹는 동안 분위기 있는 조명 아래에서 라이브 음악을 들으면 기분까지 살아난다. 탁 트인 시원한 실내에서 거리를 누비는 여행자들을 바라보면서 여행의 흥겨움을 만끽해보자. `229p`

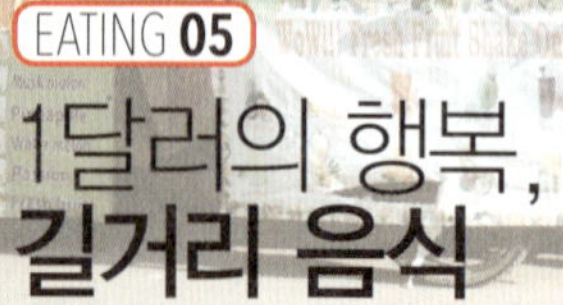

EATING 05

1달러의 행복,
길거리 음식

낯선 거리에서 입맛에 딱 맞는 음식을 만났을 때의 기쁨이란! 길을 걷다가
냄새가 코끝을 자극하면 주위를 둘러보자. 작은 수레에 먹음직스런 음식이 나를 유혹한다.
1달러만 있으면 충분히 행복해진다.

바나나 찰밥(놈언섬째익)

바나나 잎에 바나나와 찰밥을 넣고 돌돌 말아
숯불에 구운 음식이다. 캄보디아 사람들에게는
간단한 한 끼 식사이기도 하다. 그만큼 양이 많
아 먹고 나면 배가 든든하다. 바나나와 찰밥이
숯불에 구워져 약밥 같은 고소한 맛이 난다.

중국식 찐빵(놈빠으)

놈빠으는 찐빵의 캄보디아 버전이다. 돼지고기,
삶은 계란, 소시지, 순무 즙을 넣어 만든다. 쫄
깃하면서도 부드러운 식감. 아침식사로 즐겨 먹
는 메뉴라 주로 오전에 볼 수 있다. 고기 냄새
를 싫어한다면 입맛에 안 맞을 수도 있다.

바나나 팬케이크

인도음식인 로띠와 비슷한데 캄보디아에서도 쉽게 찾을 수 있다. 얇은 밀전병에 바나나, 시럽 등 다양한 재료를 넣는다. 시엠립 곳곳에서 많이 볼 수 있다. 간식거리로 그만이다.

캄보디아 전통 떡 (놈 끄루어)

코코넛 밀크에 쌀가루를 반죽해 파, 부추, 콩 같은 재료를 넣어 노릇하게 지져낸다. 우리나라의 야채 호떡 맛과 비슷하다.

찐 옥수수(봇)

우리나라에서 간식으로 즐겨 먹는 찐 옥수수. 노란색 알맹이는 부드럽고, 설탕을 넣고 쪄서 담백하면서도 달콤한 맛이 난다. 타지에서 한국의 향을 맡아봐도 좋겠다.

바게뜨 샌드위치 (놈빵 바떼)

캄보디아 사람들에게 사랑받는 간식. 바떼는 프랑스의 '파테'를 말하는데, 다진 고기로 만든 햄을 뜻한다. 버터를 바른 바게뜨 빵 안에 다진 돼지고기, 간장, 야채와 함께 2~3개의 바떼를 넣는다.

돼지고기 덮밥 (바이 쌋 찌룩)

굽거나 기름에 볶은 돼지고기를 흰 밥 위에 얹은 덮밥이다. 캄보디아 사람들이 간단한 식사로 즐겨 찾는다. 팜슈가, 간장, 마늘, 후추 등과 함께 볶은 돼지고기를 새콤달콤한 소스에 담근 '쯔루억'이라는 피클에 찍어 먹는다.

바게뜨 아이스크림 (놈빵 까렘)

캄보디아 사람들은 바게트 빵 안에 이것저것 넣어 먹는 것을 좋아한다. 놈빵 까렘도 그 중 하나로 바게트 안에 아이스크림을 넣은 간식이다. 놈빵은 빵, 까렘은 아이스크림이라는 뜻이다.

EATING 06

캄보디아에서 즐기는
달콤한 열대과일

한입 베어 물면 입안에서 톡하고 터지는 과즙에 여행의 피로가 싹 달아난다.
한국에서도 다양한 열대과일을 즐길 수 있게 되었지만 현지에서 먹는 맛만 할까.
길거리 노점이나 마켓에서 한국보다 저렴한 가격으로 과일을 살 수 있다.

용과(스로카 네악) Dragon Fruit

이보다 강렬한 인상의 과일이 있을까. 용과는 가지에 열린 열매의 모습이 마치 용이 물고 있는 여의주를 닮았다고 하여 붙여진 이름. 선인장 열매로, 껍질을 벗기면 하얀 속살에 검은 씨가 박혀 있다. 수분이 많아 과육은 부드러우며 식후에 먹으면 소화제 역할을 한다. 3~4월이 가장 맛있는 시기.

라임(끄로이츠마) Lime

캄보디아에서는 라임이 여기저기 요긴하게 쓰인다. 쌀국수나 볶음국수 같은 요리는 물론, 손을 씻을 때는 비누로, 네일 아트 시에는 큐티클 소독용으로 그 역할을 톡톡히 한다. 게다가 캄보디아에서는 소주 한 잔에 라임 반쪽을 쭉 짜서 같이 마신다. 어느 식당을 가도 라임 인심이 후하니 실컷 즐겨보자.

두리안(두렌) Durian

과일의 황제라 불리는 두리안. '지옥의 냄새, 천국의 맛'이라는 말이 딱 들어맞다. 크림치즈 같이 입안에서 부드럽게 녹는 식감이 일품. 독특한 냄새 때문에 대부분의 호텔에서는 반입 금지 과일이다. 시장이나 마트에서 적은 양을 포장해 판매하니 용기 내어 도전해보자. 껍질에 붉은 선이 있는 것이 캄보디아 산이다.

수박(아울럭) Watermelon

우리에겐 너무나 친숙한 수박. 캄보디아 사람들은 먹는 방법이 조금 다르다. 과일로, 디저트로 먹기도 하지만 이들에겐 반찬이기도 하다. 튀긴 생선, 밥과 함께 먹기도 하며 소금에 찍어먹기도 한다. 타원형의 수박이 더 달다. 일년 내내 시장에서 볼 수 있다.

망고(쓰와이) Mango

수많은 여행자들이 열광하는 망고. 외국인 여행자들은 잘 익은 노란색 망고를, 현지인들은 초록빛이 나는 덜 익은 망고를 즐겨 먹는다. 캄보디아에서는 망고를 일 년에 두 차례 수확하는데 양이 많지 않다. 그래서 달콤한 노란 색 망고는 주로 태국산이다. 3월에서 5월 사이에 시장에서 볼 수 있다.

파파야(러훔) Papaya

달콤한 향 때문에 '천사의 열매'라고 불린다. 커다랗고 긴 모양새는 예쁘지는 않지만 비타민 C 함유량이 높고 미백 효과가 있어 여자들에게 좋은 과일이다. 캄보디아에서는 푸른색이 도는 덜 익은 파파야를 썰어서 샐러드에 넣거나 스프로 만들어 먹기도 한다. 단단하고 껍질이 깨끗하며 노란 색을 많이 띄는 것이 신선하며 잘 익은 파파야다.

망고스틴(망꼿) Mangosteen

과일의 여왕이라 불리는 망고스틴. 반으로 쪼개면 나오는 투명하고 하얀색 과육의 맛이 새콤하고 달콤하다. 올드 마켓 주변에서 1kg에 2달러 정도에 구매할 수 있다. 신선할수록 껍질이 말랑말랑하다. 당분이 많이 함유되어 있어 다이어트에는 도움이 되지 않는다는 것이 안타까울 따름.

롱안(쓰가닉) Longan

나뭇가지에 밤톨만 한 황토색 열매가 잔뜩 달려 있는 과일이 바로 롱안이다. 껍질을 벗기면 나오는 반투명한 과육 속에 까만 씨가 들어 있는데, 이것이 마치 용의 눈처럼 보인다 해서 롱안이라고 부른다. 껍질을 벗기기 쉬워 먹기가 편한데 잘못 고르면 밍밍하고 떫은 맛이 난다. 4~5월에 많이 나오고 포도알만 한 크기의 롱안이 가장 달달하다.

포멜로(크로이 트롱) Pomelo

포멜로는 중국 자몽이라고도 불린다. 일 년 내내 볼 수 있지만 9월에서 10월이 가장 맛있다. 녹색의 두꺼운 껍질로 싸여 있으며 살 때 껍질을 벗겨달라고 하면 벗겨준다. 입안에서 기분 좋게 톡톡 터지는 과육은 상쾌한 단맛. 캄보디아 사람들은 단맛을 더 느끼기 위해 고추, 소금과 후추를 곁들인 소스에 찍어먹기도 한다.

구아바(뜨러 바익) Guava

구아바에 들어 있는 비타민C는 레몬의 3배라고 한다. 그래서 구아바를 천연 감기약이라고도 부른다. 캄보디아 사람들은 구아바의 껍질 채로 고추와 소금, 후추 등을 섞은 소스에 찍어 먹는다. 새콤한 맛을 좋아한다면 초록색 구아바를, 향긋하고 달달한 맛을 좋아한다면 노란색의 구아바를 선택하자.

Step 05
SHOPPING
앙코르와트를 사다

01 열쇠고리는 잊어라! 시엠립 선물 열전
02 고민 타파! 마트 쇼핑리스트
03 캄보디아, 이곳은 실크의 천국
04 품질 좋은 바디용품 한가득 담아오기

A
Good
mosquito
is
a
Dead
mosquito

SHOPPING 01
열쇠고리는 잊어라! 시엠립 선물 열전

"기념품 사와~"라고 말하는 친구들을 두고 빈손으로 돌아가기는 어렵다.
회사 동료, 친구들에게 여행 다녀온 티 팍팍 내면서도 지갑 출혈 크지 않은 아이템이 없을까.
시엠립이라 가능한, 시엠립에서 살 만한 선물들을 모았다.

앙코르 밤

이것이야말로 유레카! 두통, 근육통, 혹은 벌레에 물렸을 때 발라주면 좋다. 100% 허브로 만들어져 안심해도 된다. 하드와 스트롱 2가지가 있다. 5달러. 부티크 코쿤.
250p 참조

스카프

여러 개를 갖고 있어도 아쉬운 것이 바로 스카프다. 캄보디아 스카프는 색감이나 퀄리티가 상당히 좋다. 캄보디아산 실크 스카프는 하나쯤 갖고 싶은 아이템. 5달러. 샵676 39달러.

컵받침

커피 한잔도 그냥 마시지 않는 까다로운 직장상사에게 선물해 보자. 멋진 앙코르 사진이 인쇄된 튼튼한 컵받침 세트는 책상 위를 '있어 보이게' 한다. 케이스에 들어 있어 따로 포장이 필요 없다. 12달러. 캄볼락.

테이블 매트

요리를 즐기는 친구, 요리 사진을 즐겨 찍는 친구에게 선물해보자. 어떤 테이블에 놓아도, 어떤 그릇에 매치해도 맛이 살아난다. 6개 5달러. 올드 마켓. **245p 참조**

부채

길거리에서 나눠주는 부채는 치우자. 화려한 색감에 튼튼하게 만들어진 부채는 여름 내내 시원한 바람을 만들어 준다. 천 부채 2달러. 향나무 부채 3달러.

생수병 행거

생수를 항상 소지해야 하는 더운 나라의 필수품. 사원을 둘러볼 때 어깨에 가볍게 메고 다니면 편하다. 한국에서 메고 다녀도 좋은 아이템. 2달러. 올드 마켓. **245p 참조**

다양한 면 티셔츠와 코끼리 바지

시엠립으로 여행을 갈 때는 캐리어를 반쯤 비워두자. 저렴한 가격에 다양한 티셔츠를 살 수 있다. 티와 함께 코끼리 바지는 금상첨화. 여러 장 사서 친구들에게 나눠 줘도 좋은 아이템. 셔츠 3달러, 바지 3달러. 아트 센터 나이트 마켓.
246p 참조

지갑, 파우치, 가방

캄보디아에서 실크로 만든 파우치와 가방은 품질 좋고 컬러감이 좋아 고급스럽다. 시장이나 부티크 숍, 디자이너 숍에서 구입할 수 있다. 지갑 6달러, 파우치 5달러, 핸드메이드 가방 20달러. 메이드 인 캄보디아 마켓 **245p 참조**, 위브스 오브 캄보디아.
251p 참조

말린 과일류

올드 마켓에서는 마트보다 훨씬 저렴한 가격으로 말린 과일들을 살 수 있다. 비록 포장은 마트보다 볼품없지만 바삭하고 달콤한 맛은 훌륭하다. 직장 동료들과 나눠먹거나, 주전부리 좋아하시는 아버지에게 선물하기 좋다. 1봉지 2달러, 3봉지 5달러. 올드 마켓.
245p 참조

코코볼

코코넛 껍질에 다양한 컬러와 무늬를 입혔다. 과자를 담아 먹어도, 인테리어 소품으로도 손색이 없다. 시장마다 저렴한 제품들이 나와 있지만 캔달 빌리지의 고급스러운 숍으로 가보자. 스몰 6달러, 라지 10달러. 루이즈 루바티에르.
252p 참조

쏨바이 와인

술 한잔 함께 나누고픈 친구에게 좋은 선물. 목 넘김이 부드러워서 독한 향을 싫어하는 사람도 즐길 수 있다. 병에는 캄보디아의 젊은 아티스트들이 직접 그림을 그려 넣어, 병 때문이라도 사고 싶은 아이템. 스몰 8달러, 라지 9달러.
252p 참조

앙코르 쿠키

앙코르와트에 다녀온 티 팍팍 낼 수 있는 아이템. 캐슈넛, 파인애플, 바나나&시나몬 등 여러 가지 맛이 있다. 캄보디아 현지에서 나는 신선한 재료들을 사용했다. 커피와도 잘 어울린다. 10개 6달러, 20개 10달러, 30개 15달러.
252p 참조

SHOPPING **02**
고민 타파! 마트 쇼핑리스트

언제 어디서나 내 사랑 망고
드라이 망고 2.5달러

궁금한 캄보디아의 김치 맛
평양김치 3.8달러

입자가 곱고 끝맛이 개운해서
마시기 좋은
캄보디아 원두커피 2.95달러

캄보디아에서 직접 재배한
신선한 차 잎을 예쁜 용기에
캄보디아 차 0.95달러

바르면 모기가 덤비지 않는
끈적임 없는 로션
모기퇴치 로션 3.7달러

진한 홉의 향과 쌉싸름한 맛이
어우러진 캄보디아 대표 맥주
앙코르 비어 0.65달러

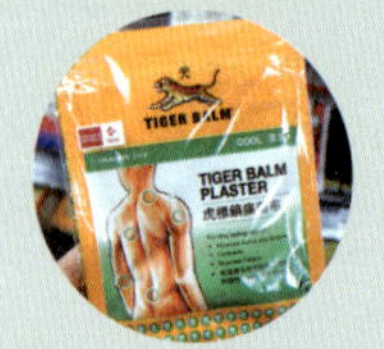

여행 중에도 피곤한 내 어깨를
위한 위로의 선물
타이거 밤 파스 2.95달러

언제 어디서나
간편하게 캄보디아의
커피 맛을 즐기고 싶다면
캄보디아 인스턴트커피
3.9달러

즉석카레와는 또 다른 맛의
동남아 커리를 직접 만들어
먹을 수 있는
커리 페이스트 1달러

시장 구석구석을 돌아다니며 흥정하는데 별 재미를 느끼지 못한다면 시내 중심지 마트에 가보자.
시원하고 쾌적한 마트에서 정찰제로 물건을 구매하니 좋다. 여행하면서 먹을 간식부터
한국에 가져갈 기념품까지 다양하고 부담 없는 아이템이 넘쳐난다.

동남아 여행자들에게 널리
알려진 미백효과가 뛰어난
달리치약 1.6달러

모기에 물렸을 때, 멍 들었을 때
사용하는 만병통치약
'호랑이연고'
타이거 밤 3.1달러

톡 쏘는 매운 맛이 일품.
안주나 간식으로 좋은
캄보디아산 육포 4.5달러

세계적으로 향과 맛 좋기로
정평난 캄폿 후추,
그중 백후추는 1순위
캄보디아 후추 3달러

직장동료들에게 하나씩
안겨줘도 부담 없는
달콤하고 고소한
바나나 칩 1.3달러

매콤한 국물과 독특한
신맛이 땡기는 날,
똠얌꿍을 컵라면으로 즐기자
컵라면 1.2달러

여행 중 간식으로, 숙소에서
안주로, 한국에서 돌아와
온 가족이 함께 나눠먹기 좋은
말린 과일 1.5달러

영화 보거나 맥주 마실 때
주전부리로 그만.
우리나라에 없는 다양한 맛
감자칩 1.5달러

Tip **어디에서 살까?**

럭키 몰 247p
시엠립에서 가장 큰 쇼핑몰.
앙코르 마켓 248p
럭키 몰보다 규모는 작지만
가격이 저렴한 편.
앙코르 트레이드 센터 248p
럭키몰이나 앙코르 마켓처럼
북적거리는 게 싫다면 여기서
쇼핑하자.

SHOPPING 03

캄보디아,
이곳은 실크의 천국

빛깔 곱고 윤기 자르르 흐르는 실크의 유혹에 못 이기는 척 넘어가 볼까.
실크는 앙코르 왕국 시절부터 크메르인들의 치장에 쓰였을 정도로 역사가 깊다.
캄보디아에 왔으니 매끄럽고 부드러운 실크를 만나보자.

최고 품질의 캄보디아 실크

아티산 앙코르 Artisans d'Angkor

아티산 앙코르의 컬렉션은 여수 엑스포에도 초청되어 캄보디아 실크의 고급스러움을 널리 알린 바 있다. 아티산 앙코르 매장에 들어가면 실크로 만든 모든 제품을 한자리에서 볼 수 있다. 의류나 액세서리, 각종 인테리어 용품이 다양하게 전시되어 있으며 보드라운 질감과 화려한 색감이 조화롭다. 아티산 앙코르의 실크 의류는 오래도록 윤기가 살아 있고, 형태가 변하지 않아 한 번 구입한 사람은 꼭 다시 찾는다고. 다양한 크기의 지갑과 파우치, 실크 스카프와 남성용 넥타이까지 다양한 아이템이 있다. 실크를 제작하는 과정을 견학할 수 있는 공방 실크팜도 운영하고 있다. 실크팜은 시엠립 시내에서 16km 떨어져 있어, 가는데 20분 정도 소요된다. 미리 예약하면 아티산 앙코르에서 무료 셔틀을 타고 방문할 수 있다. **244p**

몸에 착 감기는 실크 옷 한 벌

사마토아 실크 Samatoa silk

사마토아 실크는 자연친화적인 원단과 고급스러운 품질을 내세우는 공정무역 패션하우스다. 사마토아를 창립한 어원 드라발은 프랑스 출신의 환경운동가. 선뜻 지갑을 열기에는 가격대가 부담스럽지만, 쉽게 돌아서기엔 유혹이 만만치 않다. 실크 특유의 윤기가 반질반질한 사마토아의 블라우스와 드레스는 하나쯤 갖고 싶은 아이템. 실크 스카프와 실크 지갑, 실크 핸드백도 판매한다. 사마토아에서는 원하는 디자인과 컬러를 선택하고 피팅을 끝내면 하루 만에 내 몸에 딱 맞는 최고급 맞춤 옷을 지어준다. 앙코르 국립 박물관에도 매장이 있다.

Data 지도 209p-K 가는 법 시엠립 강변을 따라 남쪽으로 4km
주소 98 Pithnu Street, Street 26, Krong Siem Reap 전화 063-965-310 운영시간 08:00~23:00
가격 스카프 28달러, 드레스 97달러 홈페이지 www.samatoa.com

SHOPPING 04

품질 좋은 바디용품
한가득 담아오기

시엠립 시내 곳곳에서 바디용품 숍을 만날 수 있다. 피부가 약한 사람도 편하게 사용할 수 있는
마사지 오일천부터 각종 향초와 라이스 스크럽, 연 모기퇴치제까지 다양하다.
숨을 깊게 들이마시고 온몸을 향기로 가득 채워보자.

캄보디아 뷰티 용품의 대표 주자
상퇴르 당코르 Senteurs d'Angkor

상퇴르 당코르는 캄보디아 뷰티 스파용품의 대표 브랜드다. 재스민, 난초, 계피, 레몬그라스, 녹차, 망고, 연꽃 등이 함유된 이국적인 향기의 천연 수제 비누가 대표 상품이다. 그 외에도 천연재료를 원료로 하는 마사지 오일, 보디 크림, 보디 스크럽 등의 스파용품이 있다. 바나나, 망고, 오렌지 등의 과일로 만든 립밤이나 은은한 향의 고체 향수는 가격도 착한 편. 천연 재료를 넣어 핸드메이드로 만든 향초와 디퓨저는 향이 오래간다.

Data 지도 207p
가는 법 수프 드래곤 맞은편의 블루 펌킨에서 시엠립 강변 방향 50m
주소 Opposite Old Market, Siem Reap **전화** 063-964-801, 063-966-733
운영시간 07:30~22:00, 워크숍 08:00~17:30(무료)
가격 목욕 소금 6달러, 고체 향수 6달러, 마사지 오일 10달러
홈페이지
www.senteursdangkor.com

캄보디아의 글로벌 바디숍
보디아 네이처 Bodia Nature

보디아 네이처는 캄보디아 외에 파리, 방콕 등에도 있는 글로벌 바디용품 브랜드다. 세련된 포장에 다양한 제품 라인을 갖췄다. 휴대용 미니 밤과 여행용 미니 바스용품은 선물로도 좋은 아이템. 보디아 네이처의 다양한 에센셜 오일들도 눈여겨보자. 진저, 레몬그라스, 캄폿 후추, 유칼립투스 같은 천연재료의 오일은 목에 살짝 바르거나 목욕할 때 몇 방울 사용하면 컨디션 회복에 좋다. **249p**

캄보디아산 천연 재료의 향연
부티크 코쿤 Boutique Kokoon

코쿤은 상퇴르 당코르의 부티크 중 하나다. 캄보디아산 천연재료가 들어간 향초, 립밤, 비누, 향신료를 판매한다. 모기퇴치 향초는 야외에서 독한 모기향 대신 그윽한 분위기를 내준다. 대나무를 재료로 만든 수저나 포크 같은 작은 주방용품과 액세서리, 커피와 티 종류도 판다. 상퇴르 당코르와 비슷한 제품이 많지만 품목에 따라 상퇴르 당코르보다 조금 저렴하다. **250p**

Step 06
SLEEPING
앙코르와트에서 자다

SLEEPING 01

시엠립 호텔
어떻게 고를까?

시엠립은 세계적인 관광지답게 다양한 숙박시설을 갖추고 있다.
단돈 4달러에 수영장까지 갖춘 게스트하우스부터 5성급 프라이빗 풀빌라 호텔까지 고를 수 있다.
예산에 맞춰, 일정에 맞춰, 취향에 맞춰 골라보자.

시엠립 호텔, 위치를 먼저 고려하자

시엠립 시내는 동서를 가로지는 도로와 남북을 가로지르는 도로에 의해 열십자 모양을 하고 있다. 서쪽의 공항부터 동쪽의 시내까지 6번 도로가 나 있고, 남쪽 시엠립 시내부터 북쪽 앙코르 유적까지 샤를 드골 도로가 이어진다. 6번 도로와 샤를 드골 도로 근처에는 대형 호텔들이 많아 단체 관광객들이 주로 머문다. 번화가까지는 툭툭으로 편도 2~3달러 정도. 개인 여행자라면 펍 스트리트 근처에 숙소를 잡는 편이 좋다. 쇼핑, 마사지, 맥주 한잔하기에 좋은 위치이다. 속산 로드, 시바타 로드, 타풀 로드 쪽 숙소를 잡으면 펍 스트리트까지 걸어다닐 수 있다. 최근 강 건너 하드 록 카페 주변으로 호텔들이 생기는 중이다. 펍 스트리트와 가깝고 비교적 저렴하다. 시엠립 강 동쪽으로는 고급스러운 호텔부터 부티크 호텔까지 다양한 숙소가 있다. 하지만 강변에서 멀어질수록 도로 사정이 좋지 않으니 골목 깊숙한 곳의 부티크 호텔을 선택할 때는 유의하자. 대신 가격이 저렴하고 무료 공항픽업, 무료 셔틀 등의 서비스를 제공하는 곳이 있으니 잘 살펴보자.

시엠립 호텔, 일행을 배려해 선택하자

일행에 따라 호텔도 달라진다. 가족여행을 한다면 어르신이나 아이의 취향을 고려해야 하고, 커플 여행이라면 호텔의 분위기를 고려해야 한다. 가족 여행이라면 6번 도로와 샤를 드골 도로에 있는 대형 호텔을 살펴보자. 방 크기가 넓고, 큰 수영장을 갖추고 있어 어르신과 아이들이 선호한다. 친구들과 펍 스트리트에서 밤을 불태울 예정이라면 접근성 좋은 속산 로드나 하드 록 카페 근처 호텔이 좋겠다. 둘만의 시간을 보내고 싶은 커플이라면 작지만 북적거리지 않고 고급스러운 부티크 호텔을 추천한다.

시엠립 호텔, 여행의 목적을 생각하자

당신은 여유롭게 호텔에서의 시간을 즐기는 사람인가, 짐만 던져두고 잠만 자는 사람인가? 호텔 안에서 룸서비스를 시켜먹고 마사지까지 즐기고 싶은 사람이라면 시설을 꼼꼼하게 체크해보자. 진정한 휴식을 취하고 싶다면 아담하고 조용한 부티크 호텔도 추천. 허니무너에게는 둘만의 오붓한 시간을 위한 풀빌라도 좋겠다.

Tip 호텔 예약의 꿀팁!

– 시엠립은 유난히 성수기와 비수기의 가격 차가 크다. 극성수기인 12월~1월을 제외하면 각종 프로모션이 진행되어, 인터넷 서핑만 잘해도 같은 호텔을 더 저렴하게 예약할 수 있다.

– 인터넷 사이트를 통해 호텔을 예약할 때는 호텔에서 올린 사진보다 실제 여행자가 올린 사진을 보고 판단한다. 여행자들의 후기도 꼼꼼하게 읽어본다.

– 호텔 자체 홈페이지를 확인하자. 특정 기간에 프로모션을 진행하면서 자체 홈페이지에만 공지하는 경우가 있다. 특히 비수기에는 이벤트가 많다.

– 국내의 대형 여행사에서 예약을 대행해준다. 해외의 인터넷 사이트를 통해 결제하기가 어렵다면 국내의 큰 여행사를 이용하자.

– 시엠립의 한인업소를 통해 현지의 호텔 예약이 가능하다. 때로는 호텔 예약 사이트보다 저렴하다. 호텔뿐만 아니라 일일 투어, 바우처, 차량 예약 등을 함께할 수 있다.

– 장기 배낭여행자라면 처음 며칠 묵을 숙소만 예약을 해도 무방하다. 며칠 동안 숙소의 위치와 가격대를 파악할 수 있으니 눈으로 직접 확인하고 예약하면 된다.

호텔 예약 사이트

인터넷 사이트에서 손품을 팔아보자. 클릭을 하면 할수록 저렴한 가격을 찾아낼 확률이 높아진다.

트립어드바이저 www.tripadvisor.co.kr
호텔뿐만 아니라 레스토랑과 관광지를 함께 안내해서 전체적인 여행의 윤곽을 그리기 좋다.

아고다 www.agoda.com
저렴한 가격으로 실시간 예약하고 후불로 지불이 가능하다.

호텔스닷컴 www.hotels.com
10박을 하면 1박을 무료로 제공하는 등 리워드 제도가 잘 이루어져 있다.

SLEEPING 02

여행을 특별하게 만드는
특급 호텔

먼지 풀풀 날리는 시엠립 시내에도 세계적인 명성을 가진 호텔들이 있다.
최고의 시설과 최적의 서비스가 모처럼 갖는 휴식의 질을 높여준다.

사라이 리조트 앤 스파
Sarai Resort&Spa

아담하고 싱그러운 정원, 아름다운 수영장, 근사한 레스토랑, 고급스러운 인테리어의 스파, 퀄리티가 좋은 기념품 숍까지. 호텔이라면 갖춰야 할 모든 것을 갖췄다. 복층의 공간에 프라이빗 풀을 마련해 파티 피플이나 허니무너들도 많이 찾는 시엠립의 오아시스다. **254p**

소피텔 앙코르 포키트라 골프 앤 스파 리조트
Sofitel Angkor Phokeethra Golf&Spa Resort

넓은 부지에 초록이 우거졌다. 차분한 색조의 가구들과 화이트로 꾸며진 객실은 군더더기 없이 깔끔하고, 야자수로 둘러싸인 수영장은 시원하다. 18홀 골프 코스를 보유해 라운딩을 즐기는 사람들이 선호한다. **256p**

파크 하얏트 시엠립
Park Hyatt Siem Reap

시엠립에서 한 시대를 풍미했던 유럽풍 호텔 들라뻬가 리노베이션을 거쳐 우아하고 럭셔리한 호텔로 재탄생했다. 2013년에 오픈한 호텔답게 감각적인 인테리어와 부대시설을 자랑한다. **255p**

아만사라 Amansara

원래 노로돔 시하누크 왕이 세계 각국의 정상을 맞이하던 곳이다. 프라이빗 풀과 정원이 딸린 24개의 객실은 모두 우아하고 여유로운 스위트룸으로 꾸몄다. 전용 투어, 전용 벤츠, 전용 툭툭, 전용 크루즈 등 서비스도 남다르다. **257p**

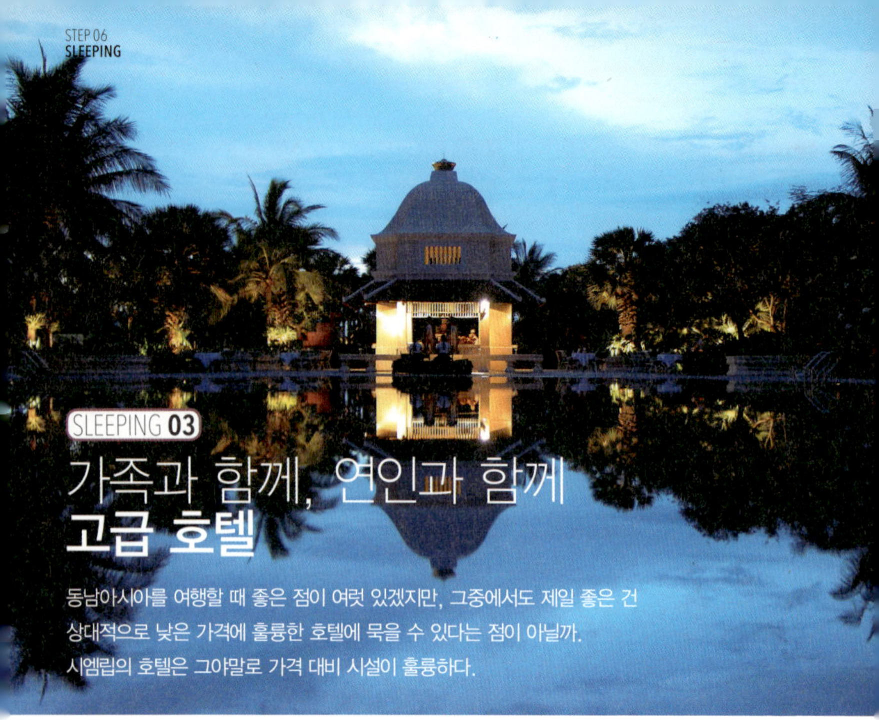

SLEEPING 03

가족과 함께, 연인과 함께 **고급 호텔**

동남아시아를 여행할 때 좋은 점이 여럿 있겠지만, 그중에서도 제일 좋은 건 상대적으로 낮은 가격에 훌륭한 호텔에 묵을 수 있다는 점이 아닐까. 시엠립의 호텔은 그야말로 가격 대비 시설이 훌륭하다.

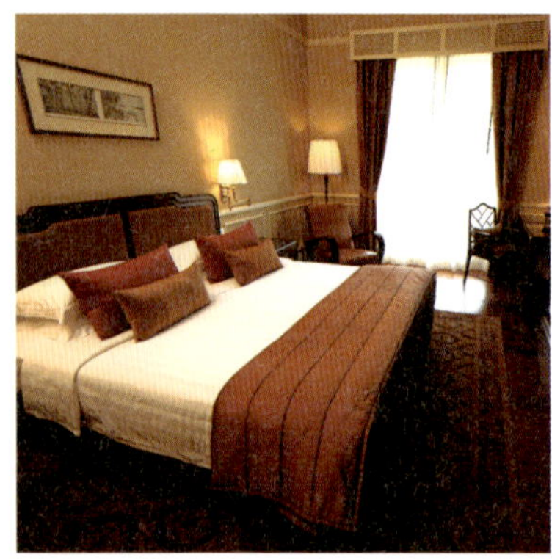

래플즈 그랜드 호텔 당코르

Raffles Grand Hotel d'Angkor

콜로니얼 스타일로 꾸며진 래플즈의 모든 객실은 천장이 높고 개별 발코니가 있다. 수영장이 내다보이는 독채 빌라도 갖추었다. 호텔 바로 앞에는 왕실 정원이 드넓게 펼쳐진다. 258p

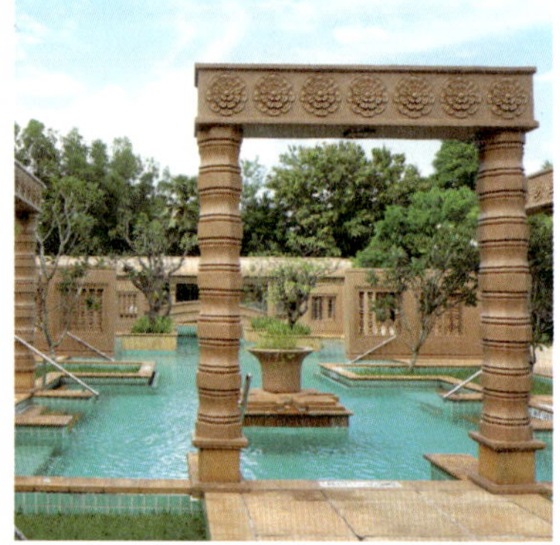

르메르디앙 앙코르

Le Méridien Angkor

자연을 그대로 들여와 싱그러운 로비, 드넓은 잔디를 감싼 야자수 가든과 앙코르 유적을 닮은 야외 수영장이 멋스럽다. 6개의 레스토랑과 스파 시설이 명성에 걸맞게 운영된다. 258p

앙코르 팰리스 리조트 앤 스파
Angkor Palace Resort&Spa

수영장 규모가 크고, 물의 깊이가 다양해서 어린이 동반 가족에게 인기. 골프연습장과 테니스장, 풀 바까지 잘 갖춰져 있다. 빌라동에서는 프라이빗한 휴가를 즐길 수 있다. **259p**

소카라이 앙코르 리조트 앤 스파
Sokhalay Angkor Report&Spa

250개의 객실을 보유한 대형 리조트로 레지던스와 호텔, 개별 빌라를 보유했다. 수영장을 둘러싼 빨간 지붕 빌라는 울창한 숲과 어울려 휴양림에 놀러온 듯한 느낌을 준다. **259p**

빅토리아 앙코르 리조트 앤 스파
The Victoria Angkor Resort&Spa

평범해보이는 호텔의 외관과 달리 내부로 들어가면 레몬 옐로우 컬러의 벽이 상큼하다. 클래식카 빈티지 시트로엥 투어 프로그램은 빅토리아만의 자랑거리. **260p**

소카 앙코르 리조트
Sokha Angkor Resort

프레아 비히어 유적을 본떠 만든 대형 해수 풀과 어린이 전용풀이 있다. 호텔 내의 자스민 스파는 해피 아워에 인기가 높고, 일식당 타케노조는 고품격 일식으로 만족도가 높다. **260p**

SLEEPING 04

감각적이거나 사랑스럽거나
부티크 호텔

부티크라는 단어는 '작은 점포, 소매점'을 의미한다.

부티크 호텔은 규모가 작더라도 독특하고 개성 있는 건축 디자인과 인테리어를 갖춘 호텔을 이른다.

시엠립에는 유명 호텔 체인 못지않게 감각적인 부티크 호텔들을 찾아볼 수 있다.

린나야 어반 리버 리조트 앤 스파
The Lynnaya Urban River Resort&Spa

강변의 정취를 잘 살린 고급스러운 부티크 호텔. 의자의 각도와 방의 조명, 온도까지 세심하게 체크해주는 등, 객실 서비스의 수준이 높아 지내기에 만족스럽다. **262p**

골든 템플 레지던스
Golden Temple Residence

펍 스트리트 인근에서 가장 럭셔리한 부티크 호텔이다. 은은한 골드 컬러에 붉은 색을 포인트로 한 인테리어가 화려하고 스파 시설도 여느 대형 리조트 못지않게 근사하다. **262p**

멀베리 부티크 호텔 Mulberry Boutique Hotel

작아서 더욱 매력적인 부티크 호텔. 야자수가 우거진 정원, 딱 알맞은 크기의 수영장, 복층으로 이루어진 패밀리 스위트룸, 미니 바와 야외 레스토랑까지 깔끔하게 고루 갖췄다. **261p**

SLEEPING 05

후회 없는 선택,
시내 중심가의 호텔

매일 펍 스트리트를 오고 가며 툭툭 요금을 쓰는 대신,
번화가와 가까운 호텔을 고르면 어떨까.
천천히 걸어다니면서 구석구석 둘러보길 좋아한다면,
접근성 중심으로 호텔을 고르는 사람이라면 이곳을 주목하자.

압사라 레지던스 호텔

Apsara Residence Hotel

통유리로 된 레스토랑은 환하고 시원하며, 와
인을 포함한 드링크리스트가 다양하다. 작지만
깔끔한 수영장, 널찍하고 모던한 방을 갖췄다.
펍 스트리트까지는 걸어서 5분. **263p**

압사라 센터폴 호텔

Apsara Centrepole Hotel

이곳에 묵으면 펍 스트리트에 나가서 식사를
하거나 나이트 마켓을 어슬렁거리기에 편하다.
수영장에는 작은 카바나를 두어 잠시 누워서
쉬기에 좋다. **263p**

FCC 호텔 앙코르

FCC Hotel Angkor

객실은 밝은 분위기로 심플하게 꾸며져 있고,
관리가 잘 된 정원과 수영장이 근사하다. 저녁
시간의 은은한 분위기 덕분에 투숙객이 아니어
도 레스토랑을 찾는 사람들이 많다. **264p**

프린스 당코르 호텔 앤 스파

Prince D' Angkor Hotel & Spa

럭키 몰이나 앙코르 마켓에서 길만 건너면 바
로 호텔로 올 수 있어 위치가 좋다. 진한 갈색
의 원목으로 가구와 바닥재를 꾸며 중후한 느
낌을 준다. **264p**

SLEEPING 06

전 세계 배낭 여행자들의 쉼터
게스트하우스

배낭여행자들에게 부담이 덜한 저렴한 호텔이 많은 시엠립이지만,
그래도 게스트하우스만의 왁자지껄한 분위기는 또 다른 매력이다.
시엠립에서는 게스트하우스도 수영장은 기본!
뒹굴뒹굴하거나 파티하기 좋은 게스트하우스를 소개한다.

호스텔543 Hostel 543

작은 호스텔에 아담한 수영장과 작은 바까지 있을 건 다 있다. 수영장에는 편안한 빈백이 놓여 있다. 모든 방은 도미토리이며 4인실부터 다인실까지 고루 갖췄다. 하루 4달러로 저렴하다.
265p

펑키 플래시패커 Funky Flashpacker

펑키한 스타일의 파티 호스텔이다. 시원한 전망을 자랑하는 스카이 바는 24시간 운영되며, 밤마다 라이브 DJ가 활약한다. 거의 매일 밤 파티가 열린다. 여성 전용 도미토리도 있다.
265p

매드 몽키 백팩커스 호스텔 The Mad Monkey Backpackers Hostel

시엠립의 대표 게스트하우스다. 100명 이상의 투숙객이 동시에 머물 수 있는 큰 규모를 자랑한다. 대낮에도 수영을 즐기며 칵테일을 홀짝거리는 여행자들이 많다. 밤이면 루프톱에 있는 비치 바에서 다양한 이벤트와 파티가 이어진다. **265p**

ANGKOR BY AREA

앙코르 지역별 가이드

1. 앙코르 유적
2. 앙코르 근교 유적
3. 시엠립 시내

01

앙코르 유적군

ANGKOR

새벽의 어스름을 몰아내는
태양이 떠오르면 신들의 도시가 살아난다.
천 년 전에는 황금빛으로 반짝였을
앙코르 왕국의 사원들이 기지개를 켠다.
앙코르 왕조 천 년의 역사가 꿈틀거린다.
시엠립 시내에서 북쪽으로 약 10km
떨어져 있는 앙코르 유적군은
세계문화유산인 앙코르와트와 고대 도시
앙코르 톰, 크고 작은 수많은 사원들을
품고 여행자들을 기다린다.

Angkor
PREVIEW

앙코르 유적군은 앙코르 왕조의 찬란한 문명을 꽃피웠던 9세기에서 13세기에 지어진 방대한 크메르의 사원들을 통칭한다. 좁게는 시엠립 시내에서 북쪽으로 10km 떨어진 앙코르와트를 중심으로 한 사원들을 말하고, 넓게는 톤레삽 호수의 북쪽에서부터 프놈 쿨렌까지 이르는 방대한 면적에 흩어진 사원들을 아우른다.

SEE

앙코르 유적군은 세계에서 가장 큰 사원 앙코르와트와 앙코르 왕조의 수도였던 앙코르 톰, 안젤리나 졸리의 영화촬영지로 유명한 타 프롬, 도굴 사건이 벌어진 반띠에이 쓰레이를 비롯해 크고 작은 사원들이 모여 있어 볼거리가 무궁무진하다. 부지런히 돌아보면 소순회 코스와 대순회 코스에 각각 하루씩 할애해 이틀 동안 주요 사원을 돌아볼 수 있다. 롤루오 그룹과 반띠에이 쓰레이까지 돌아보려면 3일 이상 필요하다.

ENJOY

하늘에서 앙코르와트를 내려다보는 앙코르 벌룬을 타고 일출을 보거나, 밀림 사이를 긴팔 원숭이처럼 날아다니는 집라인을 타거나, 캄보디아의 시골길을 달리는 쿼드바이크 투어를 즐겨보자.

EAT

앙코르 유적군을 돌아볼 때에는 앙코르와트 앞의 레스토랑, 앙코르 톰의 승리의 문 근처의 노점 식당들, 스라 스랑 주위의 레스토랑에서 식사를 할 수 있다.

 ## 어떻게 갈까?

시엠립 시내에서 툭툭을 타고 가는 방법이 가장 편리하다(052p 참조). 아침에 숙소에서 나오면 숙소 앞 주차장이나 도로에서 툭툭을 잡아 타고 갈 수 있다. 앙코르 유적군을 돌아볼 때는 보통 아침부터 저녁까지 하루 단위로 툭툭을 대절한다. 하루 대절 요금은 15~20달러 선이며, 거리가 먼 반띠에이 쓰레이나 롤루오 그룹까지 둘러보고 싶다면 5달러 정도의 추가 요금이 든다. 하루 대절을 하지 않고 앙코르와트나 타 프롬 같은 주요 사원을 한두 군데만 둘러보더라도 기본 요금은 10~13달러 정도. 시내와의 거리가 있고, 기름값이 들기 때문에 더 싸게 흥정하기가 쉽지 않다. 자전거를 빌리거나 승용차를 빌려 돌아보는 방법도 있다(054p 참조).

앙코르 유적군 관람 방법

소순회 코스 Small Tour

소순회 코스는 앙코르 유적지 중에서 가까우면서 유명한 곳을 둘러보는 코스이다. 아침 일찍 앙코르 톰의 남문에서 유적 관람을 시작한다. 오전 8시 전에 일정을 시작해야 단체 관광객들과 부딪히지 않는다. 사면상으로 유명한 바이욘과 거대한 바푸온, 왕궁터의 피미엔아카를 지나 코끼리 테라스와 문둥이왕 테라스까지 반나절이면 둘러볼 수 있다. 점심 먹고 오후에는 안젤리나 졸리 주연의 영화 〈툼 레이더〉로 유명한 타 프롬을 포함하는 소순회 코스를 마무리한다. 체력이 남으면 프놈 바켕에 들러 일몰을 감상하자.

- **오전** 앙코르 톰 남문의 고푸라 – 바이욘 – 바푸온 – 피미엔아카 – 왕궁터 – (프레아 빨릴라이) – 코끼리 테라스 – 문둥이왕 테라스
- **오후** (톰마논과 차우세이 떼보다) – 타 케오 – 타 프롬 – 반띠에이 끄데이 – 스라 스랑 – 프라삿 크라반 – (프놈 바켕)

대순회 코스 Grand Tour

대순회 코스는 앙코르 유적지를 크게 한 바퀴 도는 코스다. 앙코르 톰의 북문에서 하루를 시작한다. 거리가 멀어진 만큼 더욱 흥미진진하다. 단체 여행객들은 대부분 소순회 코스와 앙코르와트 정도를 둘러보기 때문에 개별 여행자들이 주로 돌아보는 대순회 코스는 북적거리지 않아 좋다. 게다가 대순회 코스의 오전에 둘러보는 프레아 칸, 네악 포안 같은 유적들은 개성이 뚜렷해서 둘러보는 즐거움이 배가 된다. 아침 일찍 출발해서 일정에 여유가 생기면 동 메본을 둘러본 후 반띠에이 쌈레에 다녀오는 것도 좋겠다. 점심을 먹고 나면 앙코르와트에 여유 있게 시간을 할애하자. 프레 룹은 일몰을 보기에도 좋으니 오전 코스 대신 오후 코스로 잡아도 무방하다.

- **오전** 프레아 칸 – 네악 포안 – 타 솜 – 동 메본 – (반띠에이 쌈레) – 프레 룹
- **오후** 앙코르와트

> **Tip** 편의상 코스를 오전과 오후로 나누었으나, 꼭 오전이나 오후에 가야한다는 뜻은 아니다. 오전 코스, 오후 코스는 각각 4시간 정도면 돌아볼 수 있으니 각각 반나절 여행으로 계획해보자.

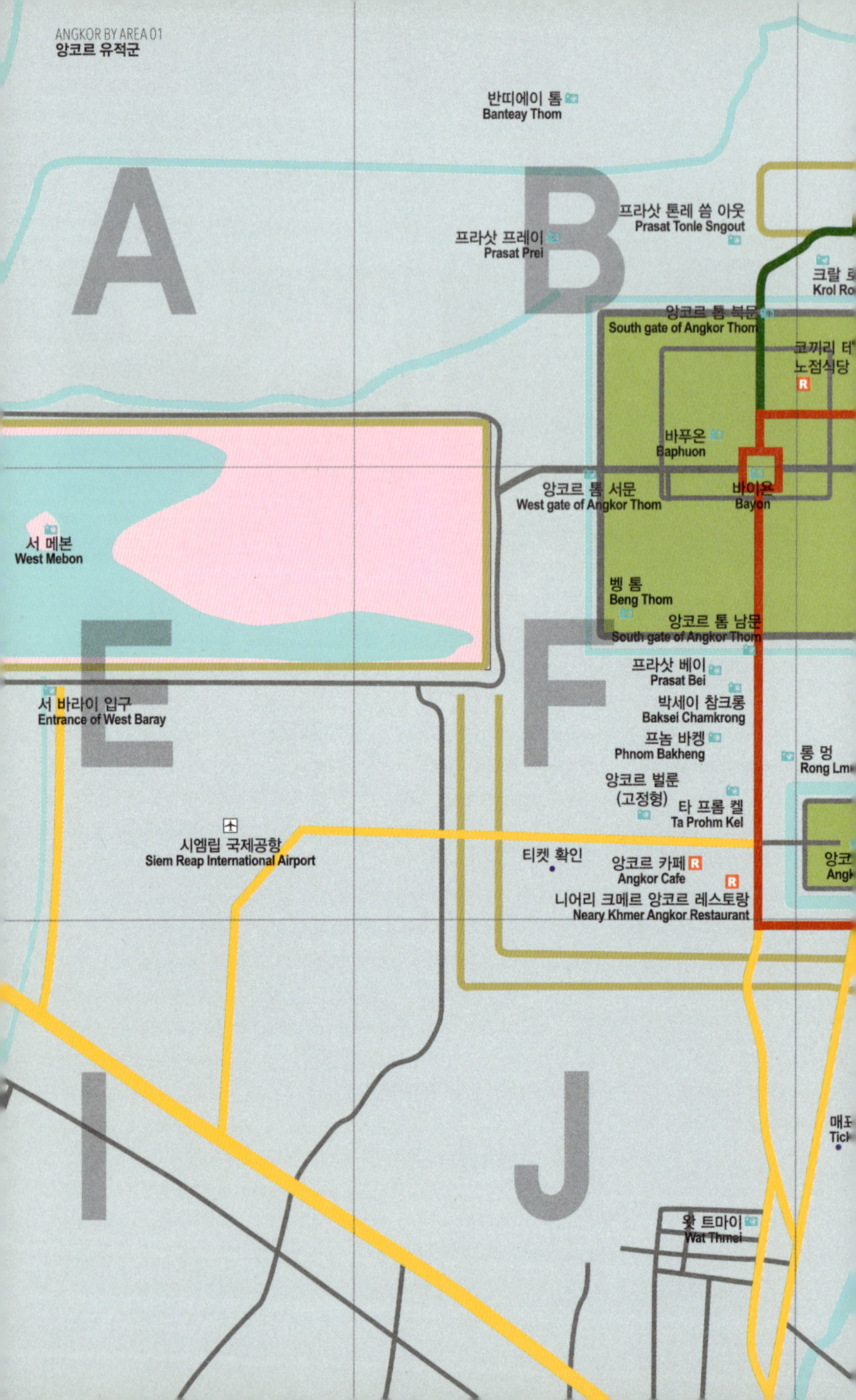
ANGKOR BY AREA 01
앙코르 유적군

A
B
반띠에이 톰
Banteay Thom
프라삿 톤레 쏨 아웃
Prasat Tonle Sngout
프라삿 프레이
Prasat Prei
크랄 로
Krol Ro
앙코르 톰 북문
South gate of Angkor Thom
코끼리 터
노점식당
R
바푸온
Baphuon
앙코르 톰 서문
West gate of Angkor Thom
바이욘
Bayon
서 메본
West Mebon
벵 톰
Beng Thom
앙코르 톰 남문
South gate of Angkor Thom
E
F
프라삿 베이
Prasat Bei
서 바라이 입구
Entrance of West Baray
박세이 참크롱
Baksei Chamkrong
프놈 바켕
Phnom Bakheng
롱 멍
Rong Lm
앙코르 벌룬
(고정형)
타 프롬 켈
Ta Prohm Kel
시엠립 국제공항
Siem Reap International Airport
티켓 확인
앙코르 카페 R
Angkor Cafe
앙코
Angk
R
니어리 크메르 앙코르 레스토랑
Neary Khmer Angkor Restaurant
I
J
매표
Tick
왓 트마이
Wat Thmei

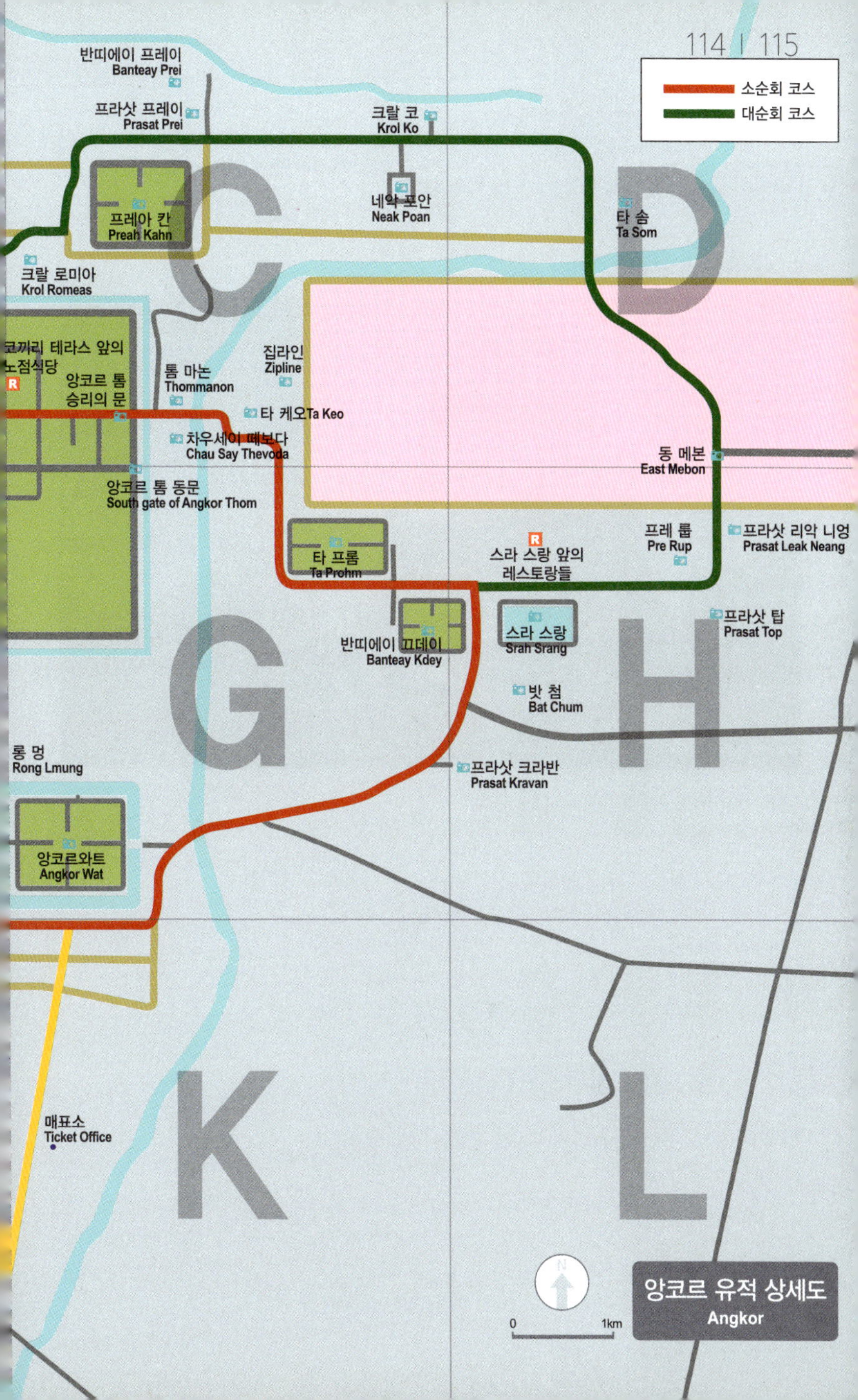
소순회 코스
대순회 코스
반띠에이 프레이
Banteay Prei
프라삿 프레이
Prasat Prei
크랄 코
Krol Ko
네악 포안
Neak Poan
타 솜
Ta Som
C
D
프레아 칸
Preah Kahn
크랄 로미아
Krol Romeas
코끼리 테라스 앞의
노점식당
앙코르 톰
승리의 문
톰 마논
Thommanon
집라인
Zipline
타 케오 Ta Keo
차우세이 떼보다
Chau Say Thevoda
동 메본
East Mebon
앙코르 톰 동문
South gate of Angkor Thom
타 프롬
Ta Prohm
스라 스랑 앞의
레스토랑들
프레 룹
Pre Rup
프라삿 리악 니엉
Prasat Leak Neang
반띠에이 끄데이
Banteay Kdey
스라 스랑
Srah Srang
프라삿 탑
Prasat Top
G
H
밧 첨
Bat Chum
롱 멍
Rong Lmung
프라삿 크라반
Prasat Kravan
앙코르와트
Angkor Wat
매표소
Ticket Office
K
L
N
0   1km
앙코르 유적 상세도
Angkor

| 소순회 코스 오전 |

12세기에 지어진 거대한 계획 도시

앙코르 톰 Angkor Thom

앙코르 톰은 12세기 앙코르 왕국의 마지막 수도였다. '앙코르'는 거대한, '톰'은 도시라는 뜻이다. 앙코르 톰은 완벽한 물 공급망과 방어 체제를 구축한 앙코르 제국 최전성기의 왕도였다. 앙코르 톰 안에는 왕궁을 비롯해 거대한 왕궁 광장과 수많은 사원 그리고 승려와 군인, 귀족이 거주하는 주택들이 있었다. 이 거대한 도시는 수리야바르만 1세가 도시의 틀을 갖추기 시작해서 자야바르만 7세가 바이욘 사원을 개축하고, 성벽과 해자, 테라스를 보충하여 완성한 계획도시다. 한 변의 길이가 3km에 달하는 정사각형에 8m 높이의 성벽으로 도시를 감쌌다. 성벽 바깥쪽의 해자에는 식인 악어를 풀어 외적의 침입에 대비했다고 한다. 앙코르 톰을 둘러보는 여정은 남문에서부터 시작한다. 앙코르 톰 남문에 도착하면 잠깐 멈춰서 사진을 찍고 바이욘으로 이동한다. 바이욘에서 부조와 사면상을 관람하고 바푸온, 피미엔아카를 지나 코끼리 테라스와 문둥왕 테라스로 걸어 나와 일정을 마무리한다. 좀 더 세심하게 둘러보는 사람들은 프레아 빨릴라이와 프라삿 수오르 프랏, 클레앙까지 섭렵하기도 한다.

Data **지도** 114p-F
가는 법 앙코르 톰 남문은 앙코르와트의 서쪽 입구에서 북쪽으로 약 2km. 시엠립 시내에서 툭툭을 타고 남문까지 약 30분 소요
운영시간 05:00~17:00, 매표소 운영시간 05:00~17:30
요금 앙코르 유적지 입장권 1일권 20달러, 3일권 40달러, 7일권 60달러

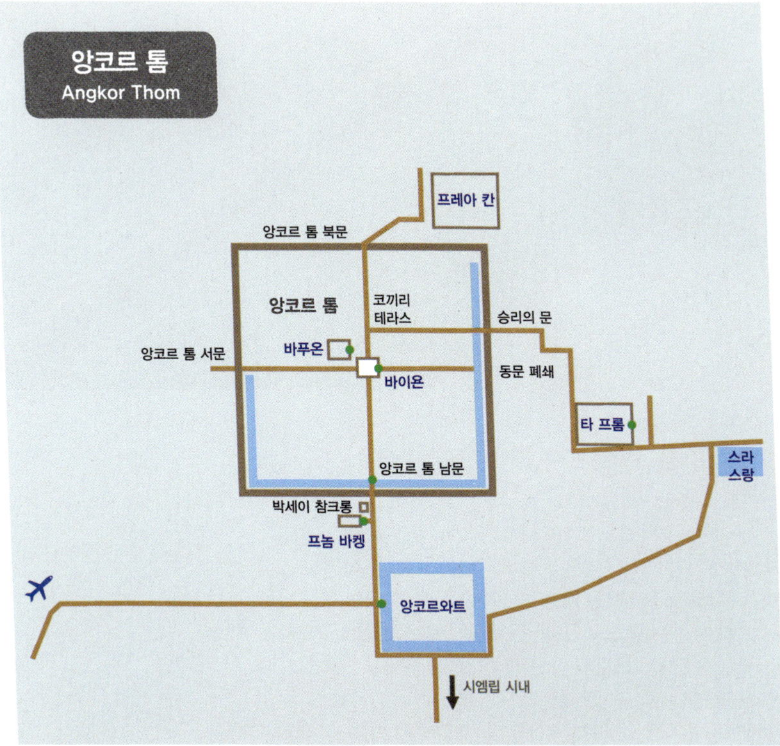

시엠립 시내에서 앙코르 유적지를 가려면 티켓 부스를 통과해야 한다. 길을 지날 때마다 항상 티켓을 검사한다. 앙코르와트를 지나 직진하면 앙코르 톰의 남문 고푸라가 반겨준다. 앙코르 톰의 중앙에 바이욘이 위치해 있고, 바이욘에서 동서남북으로 뻗어나간 길 끝에 성문이 하나씩 있다. 4개의 성문 외에도 코끼리 테라스에서 동쪽으로 뻗어나간 길 끝에 승리의 문이 하나 더 있다. 현재 관광객들이 앙코르 톰 동쪽의 유적들을 보러갈 때 이용하는 문이 바로 승리의 문. 프레아 칸이나 네악 포안 같은 대순회 코스로 볼 때는 북문을 이용한다. 서문은 서 바라이로 이어진다. 동문은 시체나 쓰레기를 내가는 문이어서 '죽음의 문'이라는 별명을 갖고 있으며, 현재 이용하지 않는다.

> **Tip** **12세기 세계 최대의 도시는 앙코르 톰?**
> 1191년에 새겨진 프레아 칸의 비문에는 '10만 명의 승려가 살았고, 10만 명의 농민과 노예가 사원 유지에 동원되었다'고 나온다. 프랑스의 역사학자인 조르주 그로슬리에는 비문의 기록을 바탕으로 당시 앙코르 톰의 인구를 70만 명 정도로 추측. 중국 송나라 수도의 인구가 80만 명 정도였음을 감안한다면 12세기의 앙코르 톰은 당대 세계 최대의 도시라 해도 과언이 아닐 것이다.

앙코르 유적의 관문
앙코르 톰 남문 South gate of Angkor Thom

앙코르 톰을 둘러싼 성벽에는 동서남북으로 4개의 문과 동쪽의
승리의 문을 더해 모두 5개의 문이 있다. 시엠립 시내에서 앙코
르 톰으로 들어가려면 남문을 지나게 된다. 보통 남문이라고 말
하지만 정확히 말하자면 앙코르 톰의 남쪽 탑문(고푸라Gopura)
이다. '고푸라'는 탑으로 된 출입문을 말하는데, 신성한 곳으로
들어가는 관문을 상징한다. 백성과 상인들은 남문을 이용했고,
왕과 귀족들은 앙코르 톰 승리의 문을 이용했다. 앙코르 톰 남
문 앞에는 해자를 건너는 다리가 있다. 다리의 서쪽에는 고깔모
자를 쓰고 온화한 표정을 짓는 선신 데바가, 동쪽에는 투구 모자를 쓰고 험악한 인상을 쓴 악신
아수라가 서 있다. 데바의 석상 54개, 아수라의 석상 54개가 문을 지키는 셈. 석상들은 다리의
난간처럼 보이는 길다란 뱀의 몸통을 들고 있다. 머리가 9개인 이 뱀은 나가의 왕인 바수키다. 데
바와 아수라, 바수키의 석상은 힌두교의 신화 '젖의 바다 휘젓기'를 상징한다. 색깔이 다른 돌들은
최근에 보수한 흔적이다.

Data 지도 114p-F
가는 법 앙코르와트
서쪽 입구에서 북쪽으로 약 2km.
시엠립 시내에서 툭툭을 타고
남문까지 약 30분 소요
운영시간 연중무휴
매표소 운영시간 05:00~17:30
요금 앙코르 유적지 입장권
1일권 20달러, 3일권 40달러,
7일권 60달러

💬 |Theme|

힌두 신화 '젖의 바다 휘젓기'란?

'젖의 바다 휘젓기'는 힌두교의 신화다. 산스크리트어로는 사무드라 만탄*Samudra manthan*이고,
한자어로는 유해교반乳海攪拌, 영어로는 *Churning of the Ocean of Milk*.
'젖의 바다 휘젓기' 신화의 주인공은 비슈누 신이다. 신화는 비슈누 신에 의해
도덕과 질서가 잡힌 세상이 창조되는 과정을 보여준다.

옛날에는 신들이 지금처럼 영생을 누리지 못했다. 선신 데바들이 악신 아수라들과의 전쟁에서 번번이 패해 세상은 점점 암흑으로 뒤덮였다. 데바들은 세상의 질서를 관장하는 비슈누 신을 찾아가 조언을 구했다. 비슈누는 젖의 바다를 휘저어서 바다 깊은 곳에 가라앉은 불로장생의 약, 암리타를 꺼내 마실 것을 조언한다. 하지만 데바들만의 힘으로는 젖의 바다를 휘저을 수 없었다. 데바는 아수라에게 암리타를 나누어 먹자고 꼬드겨, 함께 젖의 바다를 휘젓기로 한다. 그리하여 젖의 바다 한가운데 만다라 산을 옮겨와 회전축으로 삼고, 거대한 뱀 바수키의 몸통으로 산을 휘감아서 한쪽은 데바들이, 한쪽은 아수라들이 번갈아 잡아당겼다.

만다라 산이 회전하며 젖의 바다를 휘저었는데, 산이 너무 무거워 번번이 가라앉자 비슈누는 거북이로 변하여 산을 떠받쳤다. 몸이 양쪽으로 잡아당겨진 바수키는 고통스러워하며 세상의 모든 생명체를 죽일 만큼 강력한 푸른 독을 토해냈고, 시바 신은 살신성인하여 그 독을 꿀꺽 삼켜 목이 파래졌다. 젖의 바다를 휘젓는 천 년 동안 생명의 어머니인 흰 암소와 천국의 나무 파리자타, 천상의 요정 압사라, 부와 행운의 여신 락슈미 등이 바다에서 튀어나왔다. 마지막으로 암리타가 나왔는데, 비슈누는 악신 아수라들을 속이고 선신 데바들에게만 암리타를 나눠준다. 이후 암리타를 마신 데바들은 아수라와의 싸움에서 승리한다.

천 년을 지켜온 신비로운 미소
바이욘 Bayon

앙코르 톰의 동서남북 성문에서 시작된 모든 길은 중심인 바이욘으로 향한다. 바이욘은 우주의 중심인 메루산을 상징한다. 바이욘 자리에는 원래 수리야바르만 1세가 건설한 힌두 사원이 있었으나, 자야바르만 7세가 증축하여 불교 사원으로 바꾸었다. 원나라 사신 주달관이 〈진랍풍토기〉에 도성 중앙에 금탑 1좌가 있었다고 기록한 것으로 보아, 바이욘은 황금빛 나는 사원이었으리라 짐작한다. 거대한 피라미드 형태의 석조 사원 바이욘의 주 출입구는 동문이다. 동문으로 들어서서 왼쪽으로 돌아가면 1층 외부 회랑을 돌며 근사한 부조들을 감상할 수 있다. 1층 외부 회랑과 2층 내부 회랑 사이에는 불교 승려들이 거처했던 곳으로 추정되는 16개의 건물이 흔적만 남아 있다. 중앙 성소가 있는 3층에 올라가면 유명한 사면상의 얼굴을 만날 수 있다. 원래는 54개의 탑이 중앙 성소를 바라보고 세워져서 1개의 탑에 4개씩, 총 216개의 존안이 장식되어 있었다고 전해지나, 현재는 37개의 탑만 복원이 이루어졌다. 신비로운 사면상의 미소는 아무리 보아도 질리지 않을 만큼 따뜻하고 묵직하다. 수많은 여행자들이 바이욘을 앙코르 유적의 으뜸으로 치는 이유다.

Data 지도 114p-F
가는 법 앙코르 톰 남문에서 바이욘 동쪽 입구까지 약 1.5km, 시엠립 시내에서 툭툭을 타고 바이욘까지 약 40분 소요
운영시간 05:00~17:00, 매표소 운영시간 05:00~17:30
요금 앙코르 유적지 입장권 1일권 20달러, 3일권 40달러, 7일권 60달러

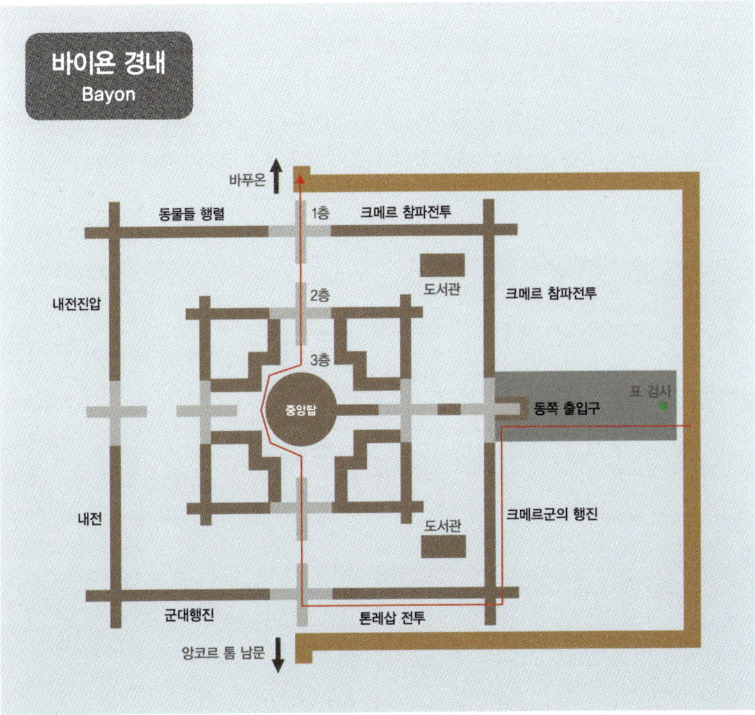

바이욘의 주 출입구인 동쪽으로 들어오면 양쪽에 사자상이 반겨준다. 직진해서 3층으로 올라가 바로 사면상을 만날 수도 있고, 왼쪽의 1층 회랑 바깥쪽을 돌며 부조를 보고 3층으로 올라갈 수도 있다. 바이욘 1층 회랑의 부조를 모두 돌아보려면 2시간 이상 소요되므로, 대부분 동쪽 벽의 '크메르군의 행진'과 남쪽 벽의 '톤레샵 전투'만 보고 3층으로 올라간다. 바이욘을 둘러보고 바푸온으로 걸어갈지, 툭툭을 타고 갈지 미리 정해서 툭툭 기사와 만날 장소를 정해두자.

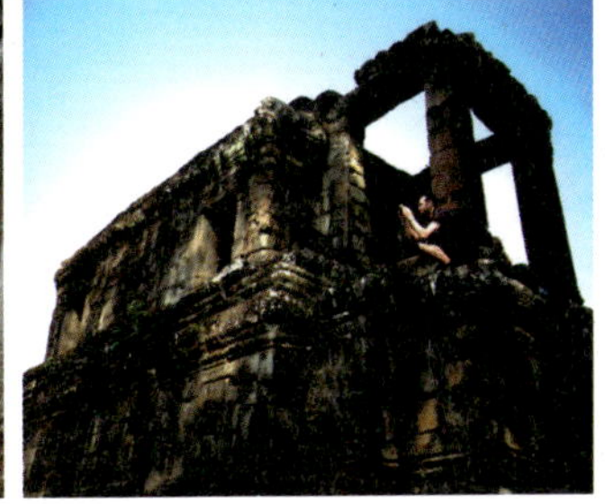

바이욘 자세히 들여다보기

앙코르 톰의 정중앙에 위치한 국가 사원인 바이욘에는 앙코르의 미소가 있다.
인간의 나라를 상징하는 1층의 외부 회랑과 자야바르만 7세의 나라를 뜻하는
3층 중앙탑을 조금 더 자세히 살펴보자.

바이욘의 1층 회랑 부조에는
어떤 내용이 있을까?

1층 외부 회랑에는 당시의 전투 장면과 일상의 모습들이 새겨져 있다. 상단은 신분이 높은 인물과 멀리 있는 곳, 하단은 신분이 낮은 평민과 가까운 곳을 보여준다. 신분을 인물의 크기로 구분해서 신분이 높은 인물은 크게, 낮은 사람은 작게 새겼다. 참파와의 전쟁이나 일상의 모습, 중국인들의 모습이 상세하게 묘사되어 있다. 부조의 장면들이 매우 현실적이고 생동감이 있으며 유머러스하다. 자야바르만 7세의 가장 큰 업적인 참파와의 전투 또한 매우 사실적으로 묘사되어 있는데, 그들은 치열한 전투 중에도 밥을 해먹고 아이를 낳는다. 1층 회랑의 부조는 당시의 생활상을 볼 수 있는 귀중한 자료이다. 안쪽 회랑에는 왕실과 관련된 이야기나 시바 신과 비슈누 신, 부처와 관련된 이야기가 새겨져 있다. 이렇게 안팎의 내용이 확연히 다른 이유는 회랑 안과 밖에서 부조를 볼 수 있는 사람의 신분이 달랐기 때문이라 추측한다.

바이욘의 사면상은 누구의 얼굴일까?

바이욘 탑에 새겨진 얼굴은 하나도 같은 표정이 없다. 보는 방향과 각도에 따라, 쏟아지는 햇살이 만들어내는 그림자에 따라 바이욘의 얼굴 표정은 천만 가지로 변한다. 이 존안에 대한 의견은 분분하다. 초기 유적을 발굴한 학자들은 힌두 신화의 브라흐마라고 주장한다. 브라흐마가 4개의 얼굴을 가진 신으로 표현되기 때문이다. 다른 의견은 자비로운 존재인 관세음보살을 새겼으리라는 것. 자야바르만 7세가 바이욘을 불교사원으로 세웠기 때문이다. 혹은 자야바르만 7세 본인의 얼굴이라고도 한다. 부처의 화신으로 스스로를 격상시키고자 했다는 추측이다. 실제로 앙코르 국립 박물관에 전시된 자야바르만 7세의 얼굴 조각을 보면 바이욘 사면상과 무척 닮았다. 최근에는 사면상이 힌두 신화의 다양한 얼굴을 표현한 것이라는 견해도 나왔다. 자야바르만 7세 이후 불교 국가에서 힌두 국가로 복귀되면서 중앙 성소에 있던 불상이 버려지고, 시바의 상징인 링가가 세워진 것처럼, 바이욘의 얼굴이 부처라면 파괴되었을 가능성이 높다는 것이다. 이 주장에 따르면 둥근 얼굴형에 살구씨 모양 눈을 가진 얼굴은 선신 데바, 각진 얼굴형에 눈이 돌출된 모습은 악신 아수라, 갸름한 얼굴에 눈꼬리가 올라간 모습은 여신 데바타라고 한다.

바이욘에는 꼭 오전에 가야 할까?

바이욘은 동쪽을 향하고 있으므로 오전에 가야 사진을 찍기에 좋다. 그러니 되도록 아침 일찍 가도록 하자. 조금 늦으면 단체 여행객들이 몰려 제대로 사원을 둘러보기 어렵다. 앙코르 톰 남문의 도로가 좁아서 최근에는 관광객이 몰리는 아침저녁 시간에 교통 체증까지 발생하고 있다. 오전 8시 이전에 도착하거나 아예 오전 11시쯤 느지막이 방문하는 편이 낫다.

지상 최대의 퍼즐 맞추기

바푸온 Baphuon

앙코르 유적지에서 앙코르와트 다음으로 큰 사원이 바로 바푸
온이다. 120x100m에 이르는 거대한 규모를 자랑하는 바푸온
은 앙코르 톰이 세워지기 200년 전부터 이곳에 자리했다. 우다
야디트야바르만 2세가 1060년경에 완성한 바푸온은 시바 신의
사원이다. 동쪽 정문으로 들어서면 길이가 약 200m에 달하는
참배로가 놓여 있다. 바푸온 1층의 바닥에는 수많은 돌기둥이
올록볼록 세워져 있다. 2층에서는 회랑을 한 바퀴 돌아 3층으
로 올라갈 수 있다. 계단의 경사가 심하니 조심히 올라가자. 시
원한 바람을 맞으며 내려다보는 풍경이 꽤 근사하다. 중앙 탑에
는 높이가 5~6m 정도인 청동 링가가 있어서 지금보다 사원이
높았다고 전해지지만 링가는 소실되었다. 바푸온의 서쪽으로 돌
아가면 2층 기단에 누워있는 75m의 와불을 볼 수 있다. 16세
기 무렵 힌두 사원에서 불교 사원으로 바뀌는 과정에서 중앙 탑
의 석재를 가져다가 와불을 만들었으리라고 짐작된다. 안타깝게
도 지반이 와불의 무게를 견디지 못해서 바푸온 사원 전체가 무
너져 내리기 시작했다. 그 후 바푸온은 '세계에서 가장 큰 퍼즐'
이라는 이름을 걸고 복원공사를 진행하는 중이다.

Data 지도 114p-B
가는 법 바이욘 북문으로 나와
200m 걸어가면 코끼리 테라스가
시작되는 지점에서 왼쪽으로
바푸온이 보인다. 걷기보다는
바이욘 동문에서 툭툭을 타고
바푸온 동문에 내리는 편이 낫다
운영시간 05:00~17:00,
매표소 운영시간 05:00~17:30
요금 앙코르 유적지 입장권
1일권 20달러, 3일권 40달러,
7일권 60달러

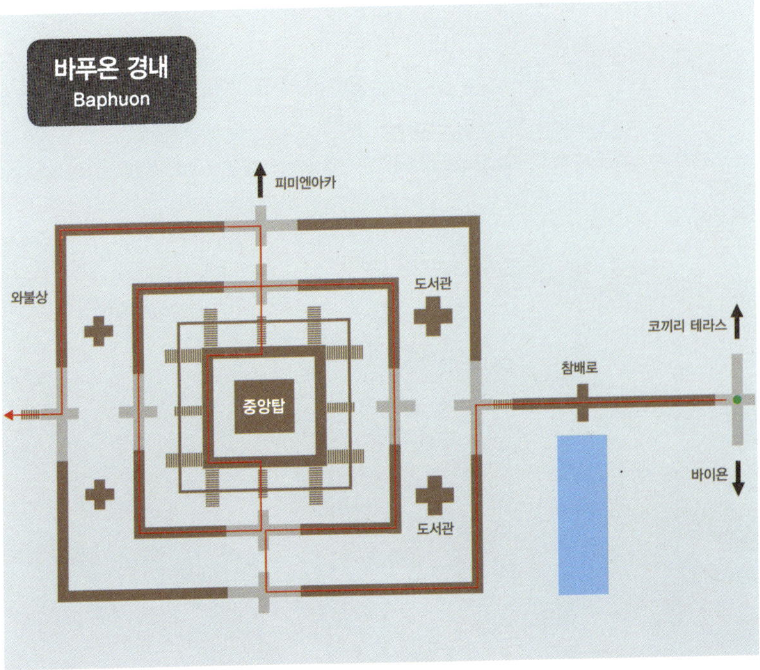

바푸온의 1m 높이의 높은 참배로를 따라 걸어가면 왕이라도 된 듯 기분이 근사하다. 참배로의 양 옆으로 여행자들이 여유롭게 해바라기를 하며 앉아 있다. 티켓을 검사하고 입구로 들어서서 왼쪽의 회랑을 따라 걷는다. 회랑을 따라 걷다 보면 자연스럽게 2층과 3층을 돌아보고 내려올 수 있으니 길을 잃을 염려는 없다. 발아래 펼쳐진 넓은 유적지를 감상하며 즐겁게 돌아보자.

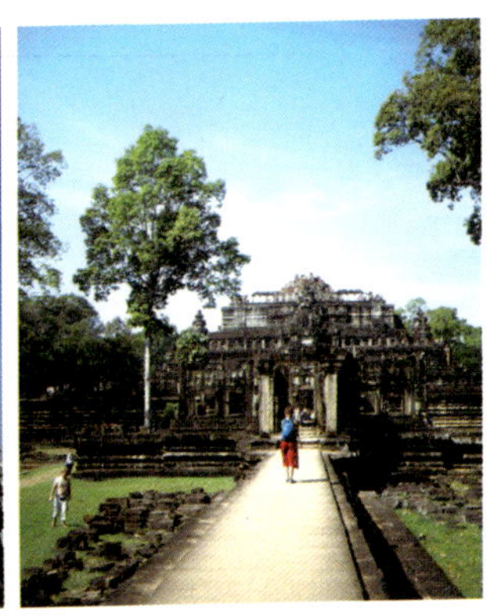

|Theme|
바푸온 사원에 숨겨진 이야기

바푸온은 그동안 복원 공사를 하다가 최근에야 공개되었다.
그동안 숨겨져 있던 바푸온의 매력을 증폭시키는, 잘 알려지지 않은 이야기들을 소개한다.

바푸온에 크메르의 왕자가 숨어 있었다고?

바푸온은 크메르의 왕자가 숨어 있던 사원이라고 전해진다. 크메르(캄보디아)의 왕과 시암(태국)의 왕은 형제지간이었다. 크메르의 왕은 아들이 없어서 동생의 아들인 시암의 왕자를 데려다 태자로 삼았다. 그런데 크메르의 왕비가 뒤늦게 아들을 낳아, 왕비는 자신의 친아들을 왕위에 올리려고 시암에서 데려온 양자를 살해했다. 소식을 듣고 화가 난 시암의 왕이 군대를 이끌고 복수를 하려 한다. 크메르의 왕비는 자신의 아들을 보호하기 위해 바푸온 사원에 숨겨 두었다. 전쟁은 일어났고 크메르가 승리했다. 하지만 전쟁이 끝나고 돌아와 보니 바푸온에 숨겨두었던 아들은 굶어 죽어 있었다고 한다. 명확하게 전해지지 않아 꾸며낸 이야기일 수도 있지만, 이 이야기를 듣고 나면 바푸온 사원을 유심히 관찰하게 된다.

바푸온의 부조는 어디에?

바푸온의 부조는 아는 사람에게만 보인다. 회랑 안쪽의 벽이 아니라 2층 고푸라 바깥쪽에 새겨져 있기 때문에 일부러 밖으로 나가 찾아보지 않으면 볼 수 없다. 난간이 없으므로 비가 오는 날이나 돌이 젖어 미끄러운 날에는 부조를 보려고 탑문 바깥쪽으로 나가지 않는 편이 좋겠다. 바푸온의 부조는 '라마야나의 랑카의 전투', '마하바라타 이야기' 같은 힌두교의 신화를 표현했다.

왕이 머리 아홉 달린 뱀과 동침하던 곳

피미엔아카 Phimeanakas

크메르의 왕은 매일 밤 '천상의 궁전'이라 불리는 피미엔아카로 향했다. 피미엔아카의 황금탑 가운데에는 머리가 9개 달린 뱀인 나기니(뱀의 몸을 가진 여성)가 살고 있었는데, 밤이면 아름다운 여인으로 변하여 왕을 유혹했다. 왕은 뱀과의 동침 후에 왕비와 후궁을 찾아갈 수 있었다. 하루라도 이를 어길 시에는 왕국에 큰 재앙이 내린다고 했다. 피미엔아카에 내려오는 이 전설은 왕실 목욕탕 옆 벽에 부조로 새겨져 있다. 크메르 왕국에서 뱀은 성스러운 동물이므로, 뱀과의 동침은 국왕의 권력을 유지하기 위해 만들어낸 이야기라고 추측한다. 왕이 밤마다 피미엔아카로 올라간 이유는 왕의 비밀 접견 장소라거나, 보물창고 혹은 천문대였으리라는 견해들이 있는데, 천문대 설이 가장 유력하다. 현재 피미엔아카는 폐허가 된 왕궁의 정중앙에 자리하고 있다. 앙코르 톰 내부에 있지만 수리야바르만 1세가 건설했다. 3층까지 올라갈 수 있는 나무 계단이 무척 가파르다. 사원의 모서리마다 서 있는 코끼리와 사자 석상의 호위를 받으며 올라가보면 신전은 거의 허물어져 예전의 영광을 찾아볼 수 없다. 신전이었던 3층에는 가장자리를 따라 좁은 회랑이 있고 중앙 성소는 자취만 남았다. 내려다보이는 무너진 왕궁터는 적요하다.

Data 지도 129p
가는 법 바푸온에서 북쪽으로 약 200m. 바푸온의 서쪽 외불 뒤쪽으로 난 오솔길을 따라 가다보면 피미엔아카가 눈앞에 나타난다
운영시간 05:00~17:00, 매표소 운영시간 05:00~17:30
요금 앙코르 유적지 입장권 1일권 20달러, 3일권 40달러, 7일권 60달러

세월의 무상함이 느껴지는 왕궁
왕궁 터와 왕실 목욕탕 Royal Palace

앙코르 톰에서 가장 화려했을 왕궁도 천 년의 세월은 이기지 못했다. 앙코르 시대에 신들의 사원은 석재로, 왕의 거처는 목재로 건축했기 때문. 왕궁은 수리야바르만 1세 때 처음 지어졌고, 자야바르만 7세가 앙코르 톰을 건설하면서 옛 왕궁 터에 자신의 왕궁을 신축했다. 지금 왕궁 터에는 왕궁의 주춧돌과 담장, 왕실의 목욕탕과 왕실 사원인 피미엔아카, 5m 높이로 쌓았던 성벽과 해자의 흔적만이 남아 있다. 왕궁의 정중앙에 피미엔아카가 있고, 피미엔아카 북쪽에 종교적 의식을 위해 사용된 왕실 목욕탕이 있다. 서쪽의 스라 스레이는 여성용, 동쪽의 스라 포로는 남성용 목욕탕. 당시 왕궁에 후궁과 궁녀가 3,000명이나 살고 있었는데, 모두 알몸으로 이곳에서 목욕을 하였다고 한다. 목욕탕 벽면에는 3단으로 나누어 제일 하단에는 바다 생물, 중간에는 신화의 왕과 나가 공주, 상단에는 가루다의 부조가 보인다.

Data 지도 129p
가는 법 바푸온에서 북쪽으로 약 200m. 목욕탕은 피미엔아카의 북쪽 방향
운영시간 05:00~17:00, 매표소 운영시간 05:00~17:30
요금 앙코르 유적지 입장권 1일권 20달러, 3일권 40달러, 7일권 60달러

여정의 중간에 쉼표를 찍고 싶다면
프레아 빨릴라이 Preah Palilay

피미엔아카에서 북쪽으로 올라가 성벽 밖의 오솔길을 따라가면 작은 불교 사원인 프레아 빨릴라이와 만난다. 관리가 되지 않아 방치되어 있는 돌 조각들이 오묘한 정취를 자아낸다. 프레아 빨릴라이는 가로세로 각 50m의 담으로 둘러싸였다. 벽에는 부다의 생애와 부다의 가르침을 받는 신도들을 조각해두었다. 높이 16m의 작은 탑 하나로 이루어진 중앙 사원을 스펑나무가 지키고 있다. 유적의 보존을 위해 베어낸 스펑나무 세 그루가 오히려 멋을 더한다. 관람객이 적어 호젓하게 유적을 관람하기에도 좋고 그늘 아래에서 휴식을 취하기도 좋다.

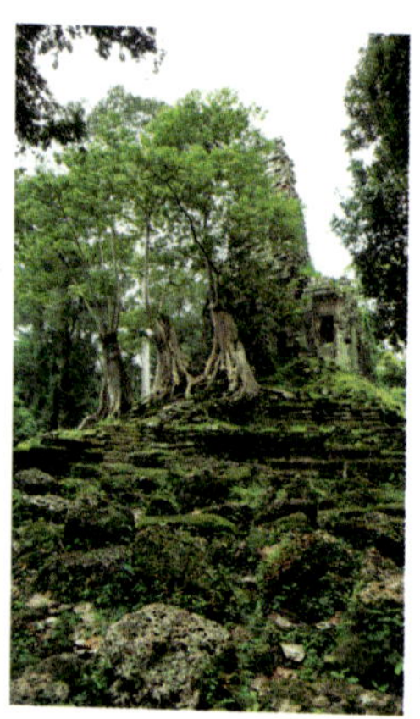

Data 지도 129p
가는 법 피미엔아카에서 북쪽으로 약 400m
운영시간 05:00~17:00, 매표소 운영시간 05:00~17:30
요금 앙코르 유적지 입장권 1일권 20달러, 3일권 40달러, 7일권 60달러

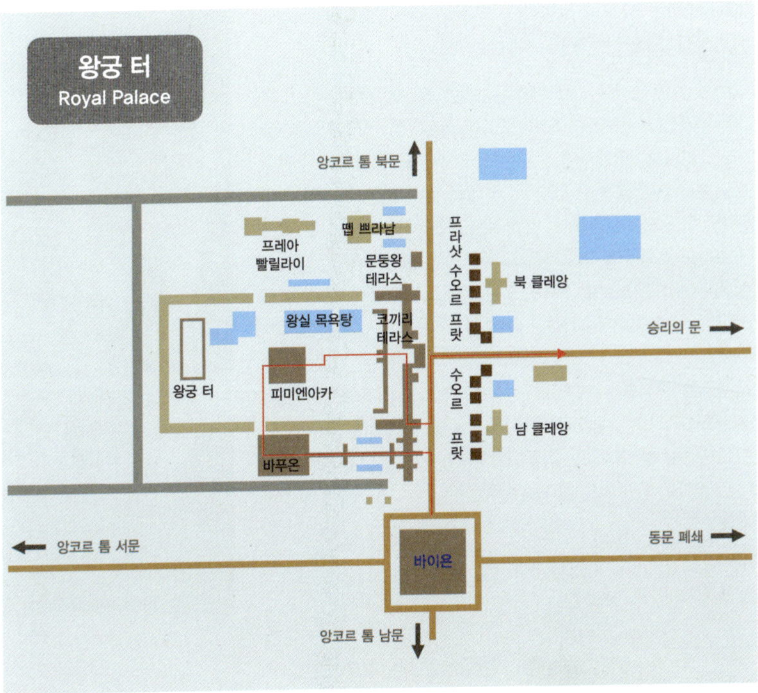

바푸온에서 와불을 보고 북쪽으로 난 오솔길을 따라가면 왕궁 터로 들어갈 수 있다. 피미엔아카에 올라가면 왕궁 터와 목욕탕이 한눈에 내려다보인다. 피미엔아카에서 목욕탕을 지나 북쪽으로 올라가면 작은 불교 사원인 프레아 빨릴라이도 만날 수 있다. 대부분은 피미엔아카에서 동쪽으로 나와 코끼리 테라스와 문둥왕 테라스를 보고 앙코르 톰을 둘러보는 것으로 소순회 코스의 오전 일정을 마친다.

힘을 상징하는 코끼리의 위엄
코끼리 테라스 Terrace of the Elephants

피미엔아카에서 동쪽 고푸라를 통과하면 눈앞에 광활한 왕실 광장이 펼쳐진다. 광장을 내려다보며 발 딛고 선 단상이 바로 코끼리 테라스다. 크메르의 왕들은 외국 사신을 만나거나 군인들의 출정식과 환영 행사, 코끼리 부대의 훈련 같은 국가의 공식 행사를 이곳에서 진행했다. 코끼리 테라스는 3m의 높이로 쌓은 긴 외벽에 코끼리 조각이 가득 새겨져 있어 붙여진 이름. 남북으로 300m의 길이이며, 북쪽으로는 문둥왕 테라스가 이어진다. 코끼리는 예로부터 신과 같은 왕이 타고 다녔고, 전쟁에서는 지휘관들이 타던 중요한 전투 병력이었다. 자야바르만 7세는 국왕의 권위를 상징하는 코끼리를 단상에 새겼고, 이후 16세기까지 계속해서 증축이 이루어졌다. 테라스 곳곳 벽면에서 머리 셋 달린 코끼리를 볼 수 있고, 가루다와 나가, 사자뿐만 아니라 머리가 5개인 말, 발라하도 찾아볼 수 있다.

Data **지도** 129p **가는 법** 피미엔아카에서 옛 왕궁의 정문인 동쪽 고푸라를 빠져나오면 발밑으로 테라스가 펼쳐진다 **운영시간** 05:00~17:00, 매표소 운영시간 05:00~17:30 **요금** 앙코르 유적지 입장권 1일권 20달러, 3일권 40달러, 7일권 60달러

문둥이 왕일까, 죽음의 신일까
문둥이 왕 테라스 Terrace of the Leper King

왕궁 앞의 테라스이니 근사한 왕의 조각이 하나쯤 있어야 할 텐데, 이상하게도 멀뚱한 석상이 떡하니 앉아 있다. 발견 당시에 코와 손, 발이 문드러져 있었고, 피부가 이끼로 뒤덮였으며, 실오라기 하나 걸치지 않은 상태가 나병 환자 같다고 하여 문둥이 왕이라는 이름을 얻었다. 그래서 단상의 이름도 문둥이 왕 테라스. 크메르의 왕 중에 야소바르만 1세와 자야바르만 7세가 나병 환자여서 이런 조각을 세웠다는 설과, 이곳이 옛 화장터여서 죽음의 신 야마(염라대왕)를 조각해두었으리라는 설이 있다. 테라스 위의 문둥이 왕 조각상은 복제품이고, 진품은 프놈펜 박물관에 소장되어 있다. 아래쪽으로 내려가 이중 벽 안에 새겨진 부조를 감상해보자. 메루 산 아래 신들의 세상이 선명하게 조각되어 있다.

Data **지도** 129p **가는 법** 왕실 광장을 바라보고 왼편, 코끼리 테라스의 북쪽 끝 **운영시간** 05:00~17:00, 매표소 운영시간 05:00~17:30 **요금** 앙코르 유적지 입장권 1일권 20달러, 3일권 40달러, 7일권 60달러

열두 탑의 용도는 무엇일까?
프라삿 수오르 프랏 Prasat Suor Prat

코끼리 테라스에서 승리의 문을 향해 동쪽으로 뻗은 길 양쪽에 6개씩 세워진 12개의 탑을 프라삿 수오르 프랏이라고 부른다. '프라삿 수오르'는 줄을 타는 춤꾼을, '프랏'은 탑을 칭한다. 국가의 행사가 있을 때 탑 꼭대기마다 줄을 연결해 줄타기를 했다는 설도 있고, 왕실의 보물 창고, 크메르 전설에 나오는 12여인의 탑이라는 설도 있다. 이름의 유래와 탑의 용도는 정확하지 않지만, 이곳에서 재판을 했다는 기록이 남아 있다. 다툼이 생기면 당사자가 각각 탑 안에 들어가서 며칠을 보내고 나오는데, 탑에서 병이 걸리는 사람이 죄인이라고 판결했다고 한다. 누군가 탑에 들어가 무죄를 주장하며 며칠을 보내는 동안, 밖에서는 줄타기를 하며 무사 기원을 했을지도 모를 일이다.

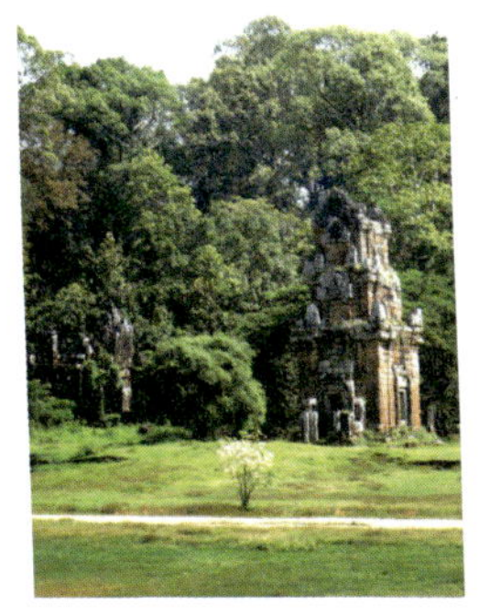

Data **지도** 129p **가는 법** 코끼리 테라스의 중앙에서 동쪽의 승리의 문 방향
운영시간 05:00~17:00, 매표소 운영시간 05:00~17:30
요금 앙코르 유적지 입장권 1일권 20달러, 3일권 40달러, 7일권 60달러

창고에서 귀빈을 모시고 연회를 열었다고?
클레앙 Khleangs

코끼리 테라스에서 바라보면 프라삿 수오르 프랏의 뒤쪽으로 북 클레앙과 남 클레앙이 보인다. 클레앙은 '창고'라는 뜻이지만 건물의 용도에 대해서는 의견이 분분하다. 왕실의 귀중품이나 무기를 보관했던 창고라는 설도 있으나, 건물의 안쪽에 새겨진 부조에 따르면 귀빈을 모시고 연회를 하거나 숙식을 제공하던 곳으로 보인다. 하지만 신을 모시는 사원도 아닌데 클레앙이 돌로 지어진 이유에 대한 의문이 제기되었다. 그러니 건물의 규모에 걸맞은 소규모 제례가 이루어지거나, 종교적인 색채가 가미된 예술작품을 보관하던 창고였으리라는 추측이 나올 법하다. 북 클레앙은 라젠드라바르만 2세가 나무로 건설한 것을 자야바르만 5세가 석조 건물로 개축했다. 남 클레앙은 북 클레앙이 만들어진 후 균형을 맞추기 위해 수리야바르만 1세 때 지었으나 미완성으로 남아 있다.

Data **지도** 129p **가는 법** 프라삿 수오르 프랏의 동쪽에 위치. 코끼리 테라스에서 승리의 문 쪽으로 가는 길 양편에 각각 북 클레앙과 남 클레앙
운영시간 05:00~17:00, 매표소 운영시간 05:00~17:30
요금 앙코르 유적지 입장권 1일권 20달러, 3일권 40달러, 7일권 60달러

| 소순회 코스 오후 |

작고 아담한 시바신의 사원
차우 세이 떼보다 Chau Say Thevoda

앙코르 톰의 동쪽에 있는 승리의 문을 지나자마자 길 양쪽으로 서로 마주보고 있는 2개의 사원이 있다. 쌍둥이 사원이라고 불리는 톰마논과 차우 세이 떼보다 사원이다. 툭툭 기사들이 보통 남쪽의 작은 사원인 차우 세이 떼보다에 먼저 내려준다. 톰마논과 차우 세이 떼보다는 규모가 작아서 건너뛰는 사람도 많지만 30분 정도 시간을 내어보자. 동향으로 지어진 차우 세이 떼보다는 시바 신을 위한 사원이다. 수리야바르만 2세가 지었다고 추측한다. 후에 자야바르만 7세가 십자형 나가 테라스를 추가하면서 부처의 이야기를 부조로 남겼다. 동쪽의 나가 테라스에서 길 양쪽에 세워진 링가를 볼 수 있는데, 이 길은 동쪽으로 뻗어나가 시엠립 강까지 이어졌다고 한다. 왕이 배를 타고 이곳까지 참배하러 왔으리라는 추측도 있다.

Data 지도 115p-C **가는 법** 앙코르 톰 승리의 문에서 동쪽으로 약 500m
운영시간 05:00~17:00, 매표소 운영시간 05:00~17:30
요금 앙코르 유적지 입장권 1일권 20달러, 3일권 40달러, 7일권 60달러

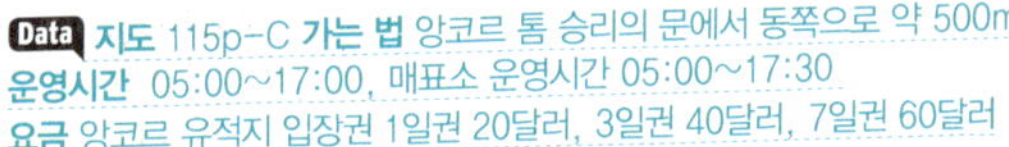

아름다운 압사라 조각과 함께 쉬어가기
톰마논 Thommanon

톰마논은 차우 세이 떼보다와 마찬가지로 시바 신을 위한 사원이다. 벵 밀리아 사원의 비문에 벵 밀리아, 반띠에이 삼레, 톰마논, 차우 세이 떼보다 사원이 모두 같은 시기에 건립되었다고 나와 있어, 수리야바르만 2세가 지었다고 추정한다. 수리야바르만 2세의 다른 사원들처럼 비슈누 신도 함께 부조되어 있다. 차우 세이 떼보다는 목재를 사용하여 훼손이 심하지만, 톰마논은 목재를 사용하지 않아 비교적 훼손이 덜하다. 탑문이 동쪽과 서쪽에만 있어서, 북쪽과 남쪽으로 빈 공간이 있는데, 이를 보고 미완성 사원이라 추측한다. 양쪽에 있어야 할 도서관도 하나밖에 없어 추측에 힘을 싣는다. 예전에는 톰마논 주위에 해자가 있었다고 하는데 지금은 찾아볼 수 없다. 관광객이 드문드문 지나가는 한적한 사원이어서 어린 아이들이 사원의 주인인 양 뛰어논다.

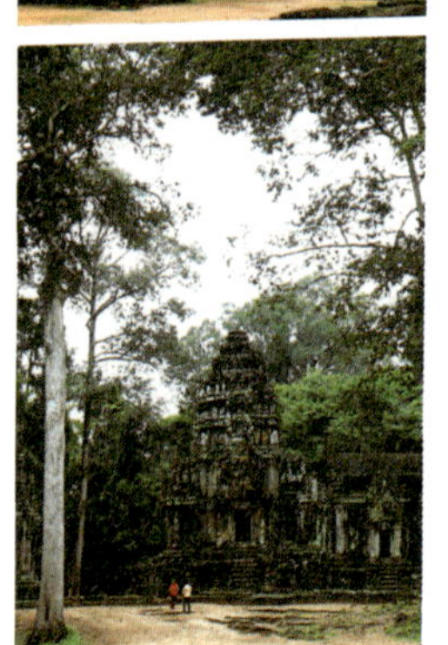

Data 지도 115p-C **가는 법** 앙코르 톰 승리의 문에서 동쪽으로 약 500m
운영시간 05:00~17:00, 매표소 운영시간 05:00~17:30
요금 앙코르 유적지 입장권 1일권 20달러, 3일권 40달러, 7일권 60달러

시바 신을 모시는 사원에는 왜 링가가 있을까?

아주 먼 옛날, 수행자들은 세상의 모든 걱정을 짊어지고 세월을 보냈다. 시바 신은 진지한 수행자들을 꿇려주려고 장난을 쳤다. 젊은 남자로 변신하여 수행자들의 부인을 유혹하여 밤새도록 같이 춤을 추며 놀았던 것. 수행자들은 젊은 남자가 시바 신인 줄 모르고, 부인들을 희롱한 젊은 남자의 성기를 잘라버리기 위해 주문을 외웠다. 시바 신에게 그런 주문이 통할 리가. 시바 신은 화가 나 자신의 성기를 스스로 잘라버리고 잠적했다. 그러자 온 세상의 생식이 멈춰버렸다. 수행자들은 깜짝 놀라, 샥티를 찾아가 의논했다. 우주의 여성적 에너지의 현인인 샥티는 이 문제를 해결하기 위해 여자의 성기 모양으로 변신해 시바 신을 유혹했다. 시바 신이 샥티의 유혹에 넘어가 자신의 성기를 도로 붙였더니 그제야 모든 생물들의 생식이 돌아왔다. 수행자들은 이 일을 계기로 시바 신의 사원에 생식의 상징인 링가와 요니를 모시기로 했다. 링가는 남자의 성기를 상징하고, 요니는 여자의 성기를 상징한다.

자야바르만 7세의 어머니를 기리는 불교 사원

타 프롬 Ta Prohm

자야바르만 7세는 왕족이 아니라 호족 출신이었다는 설이 있다. 그는 전쟁이 일어나자 호족들을 불러 모아 참파를 무찌르고 왕이 되었는데, 왕족들의 불평을 잠재우고, 자기 권력의 정당성을 주장하기 위해 국교를 힌두교에서 불교로 바꾸었다고 한다. 불교는 힌두교와 달리 누구에게나 평등했기 때문. 그래서 타 프롬 신전을 제일 먼저 짓고, 자신의 왕족 혈통을 부각시키기 위해 왕족이었던 어머니를 중앙 성소에 안치했다. 중앙 성소의 벽에 뚫린 구멍은 금, 은, 동으로 화려하게 치장하기 위한 버팀쇠를 넣었던 구멍으로 추정된다. 타 프롬은 사원이라기보다 위성도시에 가까웠다. 2,500명이 넘는 성직자와 1만 2천 명의 하급 성직자가 상주하며 사원을 관리했다. 무희가 600명이 넘었으며, 노예를 포함한 총 거주 인원이 8만 명에 가까웠다는 기록이 전해진다. 자야바르만 7세가 전국에 지은 100개 이상의 병원도 타 프롬에서 관리했다. 1939년 발견된 비문에 의하면 사원 이름이 '왕의 수도원'이라는 뜻의 '라자 비하라'였는데, 1885년 프랑스 학자가 이곳에서 머리가 5개인 브라흐마 석상을 발견한 후 타 프롬이라 불렸다.

Data 지도 115p-G
가는 법 앙코르 톰 승리의 문에서 타 프롬 서쪽 입구까지 약 2.5km. 매표소에서 타 프롬까지 약 6km. 시엠립 시내에서 툭툭을 타고 타 프롬까지 약 40분 소요
운영시간 05:00~17:00, 매표소 운영시간 05:00~17:30
요금 앙코르 유적지 입장권 1일권 20달러, 3일권 40달러, 7일권 60달러

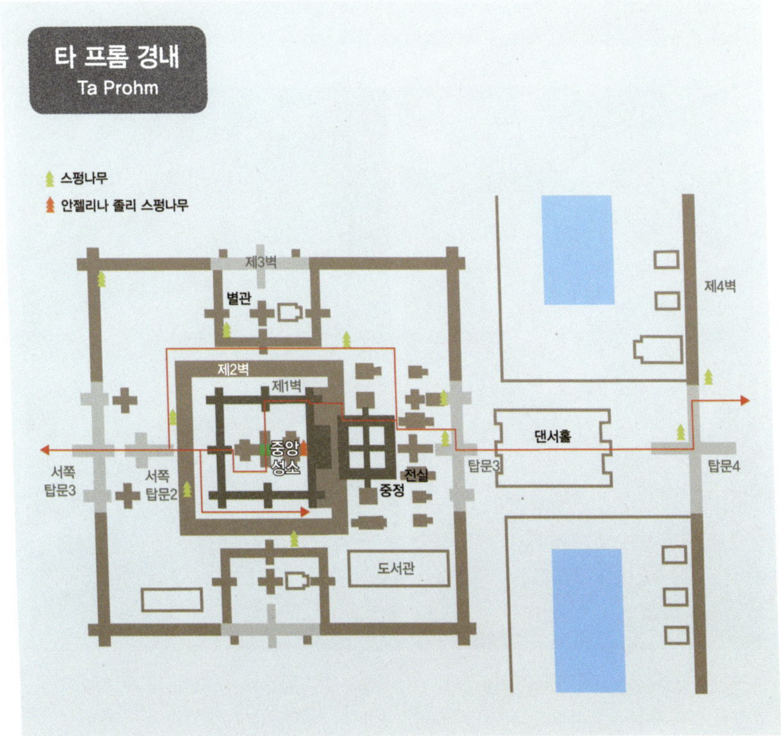

소순회 코스를 돌다가 타 프롬을 방문할 때, 보통 서쪽 출입구로 들어간다. 원래 타 프롬은 동쪽이 정문이라서 동문으로 입장하는 것이 정석이지만, 지금은 동쪽과 서쪽으로 모두 입장할 수 있으니 툭툭 기사와 어디서 만날지 미리 약속을 하고 들어가자. 타 프롬은 사원 안에 있으면 방향이 다소 헷갈리지만, 유적을 보호하고 관광객의 편의를 위해 나무 데크를 잘 깔아두었으니 화살표를 보고 움직이면 길을 잃을 염려는 없다. 곳곳에 지도가 놓여 있어 현 위치 파악도 수월하다.

타 프롬 사원의 관람 포인트!

천 년을 뛰어넘는 나무와 유적의 밀애

하늘로 죽죽 뻗은 스펑나무의 뿌리가 유적을 휘감고 있다. 한때는 폐허 속에서 긴 세월을 살아냈을 나무들이 예사롭지 않다. 타 프롬 곳곳에는 유적 위로 웃자란 스펑나무들이 있다. 나무 뿌리와 줄기가 어느 정도 자랄 때까지는 사원이 무너지는 것을 막아주지만, 나무가 많이 자라면 유적이 침식될 위험이 있다. 매년 나무에 성장억제제를 주사해서 더 이상의 붕괴를 막고 있는 실정이다. 타 프롬은 지금도 멋스러워 앙코르와트나 바이욘처럼 전체 유적을 복원하는 것이 아니라 무너진 담장이나 테라스를 쌓아올리는 부분 복원을 시도하고 있다. 나무와 유적이 어우러진 모습은 색다른 볼거리를 만들어낸다. 뿌리 사이로 살짝 얼굴을 드러낸 압사라 부조를 찾아보자. 제2벽에서 제1벽을 지나 중앙 성소로 가는 길에 사람들이 사진을 찍고 있다면 바로 그곳이다.

영화 〈툼 레이더〉에서 안젤리나 졸리가 나비를 따라 들어가는 문은?

영화 속에서 안젤리나 졸리는 팔랑이는 노란 나비를 따라 어두운 문으로 들어간다. 문 위로는 거대한 나무의 뿌리가 실커튼처럼 늘어졌다. 타 프롬 경내 지도에서 '안젤리나 졸리 스펑나무'를 찾아가보자. 오후에는 사람이 많아서 줄을 서야 사진을 찍을 수 있는 인기 장소다.

타 프롬은 언제 방문하면 좋을까?

타 프롬은 하루 종일 붐빈다. 예전의 고즈넉한 모습을 기억하는 사람에게는 지금처럼 복작거리는 모습이 실망스러울 수도 있겠다. 그래서 최근에는 소순회 코스 중간에 들르지 않고, 앙코르와트의 일출을 보고 나서 바로 타 프롬을 찾아가는 사람들이 늘었다. 이른 새벽의 어스름이 타 프롬의 신비한 매력을 더해준다. 시간을 잘 조절해서 아름다운 타 프롬의 매력을 느끼고 돌아오자. 보수공사 때문에 여기저기 가림막을 친 모습이 다소 아쉽지만. 오전에는 동쪽 문으로, 오후에는 서쪽 문으로 들어가는 편이 좋다.

타 프롬에는 아무도 모르는 비밀 장소가 있다고?

타 프롬에는 관광객이 워낙 많다 보니 현지인 호객꾼들도 종종 섞여 있다. 현지인이 비밀장소를 알려줄 테니 따라오라고 유혹하면 절대로 따라가지 말자. 안젤리나 졸리가 영화를 찍은 비밀장소를 알려 주겠다는 말에 혹해서 따라가면, 이리 돌고 저리 돌아서 결국 남들 다 줄 서 있는 스펑나무에 데려다주고는 1달러를 요구한다.

두 손과 두 발을 이용해 올라가보자

타 케오 Ta Keo

아찔하다. 아래에서 올려보아도, 위에서 내려보아도. 시바 신에게 바쳐진 사원 타 케오는 멀리서부터 꽤나 늠름한 위용을 뽐낸다. 중앙에 탑 하나와 양쪽으로 4개의 탑이 솟은 모양이다. 물이 바짝 말라 흔적만 남은 동쪽의 바라이 앞에 위치한다. 중앙 탑의 높이가 22m라는데 아래에서 올려다보면 훨씬 높아 보인다. 바콩이나 프레 룹처럼 피라미드형으로 계단이 끝도 없이 펼쳐져 있다. 게다가 두 손과 두 발을 모두 사용해 올라야 할 만큼 가파르다. 비에 젖은 돌은 미끄러울 수도 있으니 조심히 오르자. 처음 타 케오를 짓기 시작한 건 자야바르만 5세이고, 수리야바르만 1세에 이르기까지 3대왕에 걸쳐 지어졌다. 이렇게 근사한 사원에 별다른 장식이 없는 이유는 무엇일까. 선대왕에 이어 타 케오를 건축하던 수리야바르만 1세 때 사원에 벼락이 떨어졌는데, 악마의 저주라며 공사를 중단했다는 설이 가장 유력하다. 악마의 저주(?)와는 상관없이 돌멩이를 이리저리 꿰어 맞추는 복구공사가 진행 중이다.

Data 지도 115p-C
가는 법 앙코르 톰 승리의 문에서 동쪽으로 약 1km
운영시간 05:00~17:00, 매표소 운영시간 05:00~17:30
요금 앙코르 유적지 입장권 1일권 20달러, 3일권 40달러, 7일권 60달러

> **Tip** 사람마다 취향이 천차만별이라 어떤 사원의 풍경이 특별히 좋다고 말하기는 어렵지만, 저녁에 바콩이나 프놈 바켕에 올라 일몰을 볼 예정이거나, 프레 룹과 타 케오 중의 하나만 선택해 올라야 한다면 타 케오는 건너뛰어도 무방하다. 아무래도 복원 공사가 한창인 크레인이 경관을 해치는 건 사실이니.

조용하고 한적한 폐허 유적

반띠에이 끄데이 Banteay Kdey

반띠에이 끄데이의 고푸라를 보면 부처의 얼굴이라고도 하고, 자야바르만 7세의 얼굴이라고도 하는 바로 그 얼굴이 여행자를 반갑게 맞이한다. 그래서 어렵잖게 자야바르만 7세의 유적임을 알 수 있다. '반띠에이'는 성채, '끄데이'는 방이라는 뜻으로, 수 많은 방을 가진 웅장한 성을 연상할 수 있는 큰 사원이다. 자야 바르만 7세 시절, 수천 명의 승려들이 기거했던 타 프롬 사원과 구조가 매우 흡사하고, 방대한 규모나 정교한 조각으로 보아 당

Data 지도 115p-G
가는 법 앙코르 톰
승리의 문에서 약 5km
운영시간 05:00~17:00,
매표소 운영시간 05:00~17:30
요금 앙코르 유적지 입장권
1일권 20달러, 3일권 40달러,
7일권 60달러

시에 융숭했던 불교 사원이라 짐작할 수 있다. 하지만 이곳에 대한 기록이 발견되지 않아서 사원의 용도가 무엇인지, 언제 건립되었는지 정확하게 알 수 없다. 반띠에이 끄데이 안으로 스라 스랑의 물줄기가 통과했었다고 하니 물에 관련된 의식을 거하던 사원이라고 추측할 뿐. 아직 복원이 되지 않아 타 프롬이나 프레아 칸처럼 유적과 나무가 뒤엉킨 모습을 볼 수 있다. 타 프롬이나 프레아 칸에 비하면 볼거리가 많지 않지만, 한적하게 유적을 거닐며 사진 찍기에 좋다.

Tip **여전히 춤추고 있는 압사라와의 만남**
반띠에이 끄데이는 잘 부서지는 사암으로 건축되었음에도 부조들이 섬세하고 정교하다. 사원의 동쪽 부근에 춤추는 압사라 조각이 있어 '춤추는 소녀의 홀'이라 불리는 커다란 테라스가 있다. 불교 사원인 만큼 곳곳에 부처의 모습이 많이 조각되어 있었으나, 힌두교로 국교가 바뀌면서 부처의 부조는 거의 없어져버렸다. 성소 한가운데에는 주황색 가사를 두른 부처가 맞이한다.

어마어마한 크기의 왕의 목욕탕

스라 스랑 Srah Srang

반띠에이 끄데이의 동쪽 문으로 나오면 바로 앞에 커다란 저수지가 펼쳐진다. 믿을 수 없을 만큼 큰 저수지의 용도는 바로 왕의 목욕탕! 왕은 신성한 존재였으므로, 왕이 목욕한 물에 몸을 씻으면 건강해지고 복을 받는다고 믿었다. 지금까지도 캄보디아 사람들은 아이를 데리고 나와 스라 스랑에서 목욕을 시킨다. 스라 스랑에서는 언제든 아이들이 발가벗고 물속에 뛰어들어 첨벙거리는 모습을 볼 수 있다. 스라 스랑은 라젠드라바르만 2세 때 지어졌고, 자야바르만 7세가 개축했다. 현재는 동서의 길이가 700m, 남북의 길이가 350m로, 동 바라이와 달리 여전히 물이 찰랑거린다. 스라 스랑의 바닥에서도 다른 바라이들처럼 한가운데에 인공 섬을 만들고 사원을 지었던 흔적이 발견되었다. 스라 스랑의 북서쪽 코너에서는 유골함들과 유물이 발견되었는데, 근처의 프레 룹 사원에서 화장한 유골들을 이곳에 묻은 것이 아닌가 짐작한다. 스라 스랑은 가루다가 올라앉은 나가와 근사한 일출로도 유명한데, 지금은 서쪽 테라스의 복원공사 때문에 분위기가 나지 않는다.

Data 지도 115p-H
가는 법 앙코르 톰
승리의 문에서 약 5km
운영시간 05:00~17:00,
매표소 운영시간 05:00~17:30
요금 앙코르 유적지 입장권
1일권 20달러, 3일권 40달러,
7일권 60달러

> **Tip 스라 스랑 근처에서 점심 식사**
> 유적지 근처에서 점심을 먹는 경우 대부분의 툭툭 기사들이 스라 스랑 근처로 데려다준다. 스라 스랑 주변에 많은 레스토랑들이 있고, 툭툭 기사들은 손님을 데려오면 커미션을 받거나 점심을 제공받는다. 맛은 전 세계 관광객들 입맛에 맞게 평준화. 가격은 시내보다 높은 편. 스라 스랑에서 시내까지 왕복 2시간 정도 걸리므로 오전과 오후에 유적을 돌아볼 생각이라면 이 근처에서 식사하는 편이 낫다.

비슈누를 위한 아담한 사원

프라삿 크라반 Prasat Kravan

5개의 탑이 비죽 솟은 프라삿 크라반은 한눈에 들어오는 작은 유적이다. 잘 정비된 풀밭 옆에 아름드리나무가 운치를 더한다. 프라삿 크라반은 앙코르 유적지에서 최초로 비슈누 신을 위해서 만든 사원이다. 5개의 탑으로 이루어진 다른 사원들은 중앙 성소를 중심으로 사방에 4개의 탑을 쌓아올린 반면, 프라삿 크라반은 하나의 기단 위에 5개의 벽돌 탑을 일렬로 세웠다. 탑 내부의 3면에 부조를 가득 메운 것도, 벽돌 자체에 부조를 새긴 것도 독특하다. 프라삿 크라반은 하샤바르만 1세 때 마히다라바르만이라는 귀족이 건축했다. 가운데 탑을 비슈누에게 바치고 탑 안에 비슈누의 부조를 새겼다. 정면에는 팔이 8개 달린 비슈누, 왼쪽에는 난쟁이 바마나로 변신한 비슈누, 오른쪽에는 가루다를 타고 있는 비슈누를 볼 수 있다. 북쪽 탑은 비슈누 아내인 락슈미에게 바쳤다. 린텔과 안쪽 벽에 락슈미 부조가 새겨져 있고, 가운데 세워져 있던 락슈미의 동상은 사라지고 없다.

Data **지도** 115p-H
가는 법 반띠에이 끄데이와 스라 스랑에서 남쪽으로 1.3km
운영시간 05:00~17:00, 매표소 운영시간 05:00~17:30
요금 앙코르 유적지 입장권 1일권 20달러, 3일권 40달러, 7일권 60달러

Tip *비슈누와 락슈미는 어떤 신인가요?*

브라흐마가 창조의 신, 시바가 파괴의 신이라면, 비슈누는 유지의 신이다. 비슈누는 세상의 질서가 무너질 때 여러 가지 모습으로 나타나 세상을 구원하고 우주의 질서를 유지한다. 비슈누의 아내는 락슈미 혹은 슈리라고 불리는데, 비슈누가 다양한 화신으로 변할 때마다 락슈미도 그를 따라 환생하여 정절의 여인으로 숭배된다.

| 대순회 코스 오전 |

나라를 지키던 신성한 칼은 어디에 있을까
프레아 칸 Preah Kahn

프레아 칸은 '신성한 칼'이란 뜻이다. 자야바르만 2세는 신에게서 신성한 칼을 받아 후대에 물려주었는데, 자야바르만 7세가 칼을 이 사원으로 모셔와 전쟁을 승리로 이끌었다고 전해진다. 사원의 이름은 전설로 인해 붙여졌으나, 어디까지 진실인지, 칼은 현재 어디에 있는지 알려진 바가 없다. 원래 사원은 11세기에 만든 힌두교 사원이고, 이름은 '신성한 승리'라는 뜻의 자야스리였다고 한다. 자야바르만 7세는 전쟁 중에 파괴된 앙코르 톰을 복구하는 동안 이곳에 머물면서 왕궁으로 사용하다가, 앙코르 톰에 왕궁을 지은 다음 이곳을 아버지를 위한 사원으로 증축했다. 당시에는 중앙 성소에 아버지를 상징하는 관세음보살상이 안치되어 있었다고 한다. 지금은 부처상 대신에 스투파가 놓여 있다. 자야바르만 7세의 아버지가 왕족이었는지 호족이었는지 의견이 분분한데, 그의 아버지가 지방의 호족이어서 아버지를 신격화했다는 설이 있다. 아버지를 모신 사원인 프레아 칸은 어머니를 위한 사원인 타 프롬과 여러 모로 비슷하지만, 규모가 웅장하고 좀 더 남성적이다.

Data 지도 115p-C
가는 법 시엠립 시내에서 앙코르 톰을 거쳐 프레아 칸까지는 약 13km, 툭툭으로 약 40분 소요. 앙코르 톰 북문에서 프레아 칸의 서쪽 입구까지 약 1.3km
운영시간 05:00~17:00, 매표소 운영시간 05:00~17:30
요금 앙코르 유적지 입장권 1일권 20달러, 3일권 40달러, 7일권 60달러

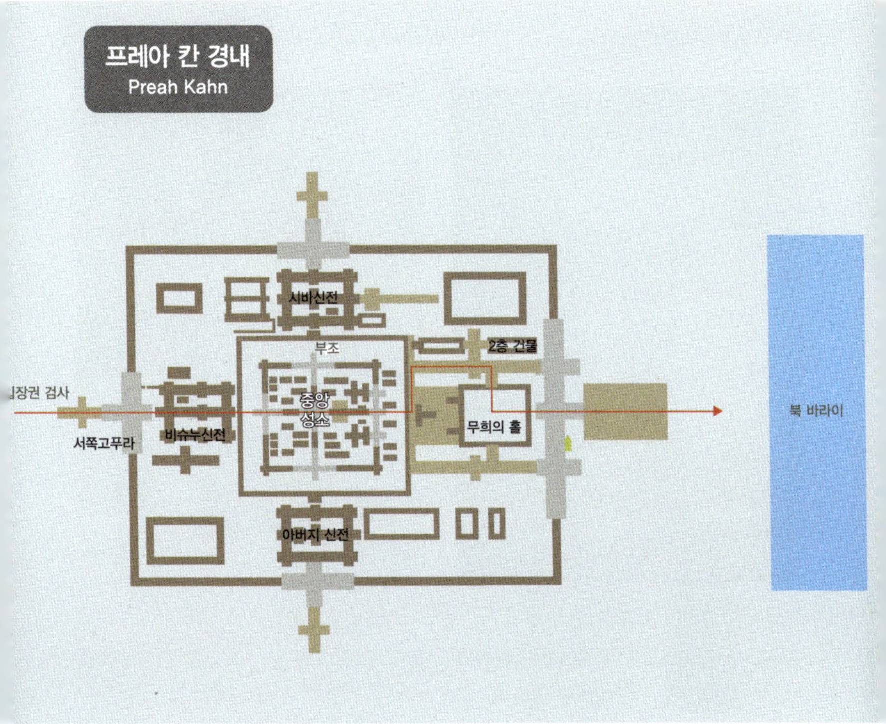

툭툭을 타고 앙코르 톰 북문을 통과하면 곧 프레아 칸의 서쪽 입구에 도착한다. 프레아 칸의 정문은 동문이다. 왕은 동문으로 출입하고, 신하들은 서문으로 출입했다고 한다. 서문으로 들어가면서 점점 작아지는 문의 크기를 온몸으로 느껴보고, 동문으로 나와 거대한 스펑나무를 감상하길 추천한다. 동문 바로 앞에 북 바라이가 펼쳐진다. 프레아 칸은 동문, 서문, 북문 모두 출입이 가능하므로 툭툭 기사와 어느 문에서 다시 만날지 분명하게 약속을 하자.

볼거리, 이야기거리가 쏠쏠한 프레아 칸

구석구석 숨겨진 프레아 칸의 볼거리!

참파와 아유타야와의 전쟁 중에 많은 불상의 머리가 희생되었다. 적군은 크메르인들의 힘이 약해지기를 바라면서 앙코르 왕국 부처상의 머리와 사자상의 꼬리를 잘라 전리품으로 가져갔다. 프레아 칸의 서쪽 입구에 서 있는 보초병이 목이 없는 이유도 마찬가지. 서쪽의 참배로를 지나 중앙 성소에는 다가갈수록 문의 높이가 낮아진다. 원근감 때문이 아니라 실제로 문이 점점 작아지면서 몸을 자연스럽게 굽히게 된다. 신에게 다가갈수록 낮은 자세를 갖추라는 뜻. 혹자는 전쟁 시에 한 번에 많은 적들이 들어오지 못하게 하기 위한 방어용 설계였다고도 한다. 중앙 성소에는 스투파가 있고 사방에 채광창이 뚫려있다. 채광창을 통해 들어오는 햇빛의 각도를 잘 맞추면, 마치 촛불을 켠 듯한 모습으로 사진을 찍

을 수 있다. 비문에 1,500톤의 청동을 프레아 칸에 사용하였다는 기록이 남아 있으니, 청동으로 반짝였을 중앙 성소를 상상해보자. 프레아 칸은 건물 바깥쪽도 매력 있다. 성소 외벽 조각의 가루다 상은 나가를 움켜잡고 있는데 프레아 칸에서만 볼 수 있다. 가루다 조각뿐만 아니라 무희의 홀, 여기저기 잘려진 스펑나무들, 그리스의 신전을 연상시키는 도서관까지 눈이 즐겁다. 그리스 신전처럼 보이는 도서관 건물은 다른 앙코르 유적에서는 볼 수 없는 스타일이다. 프레아 칸은 타 프롬보다 한가하게 거닐 수 있다.

프레아 칸의 매력적인 포토존

① 무희의 홀에서 동쪽 방향으로 뎅강 잘려진 스펑나무가 보인다. 여기에서 사진을 찍고, 무희의 홀 북쪽의 라테라이트 건물로 올라가 보자. 층계가 있어 올라가기에 어렵지 않다. 건물 옥상에서 내려다보는 프레아 칸의 모습이 근사하다. 잠시 올라서 왕의 길을 내려다 보며 멋진 사진을 찍어보자.

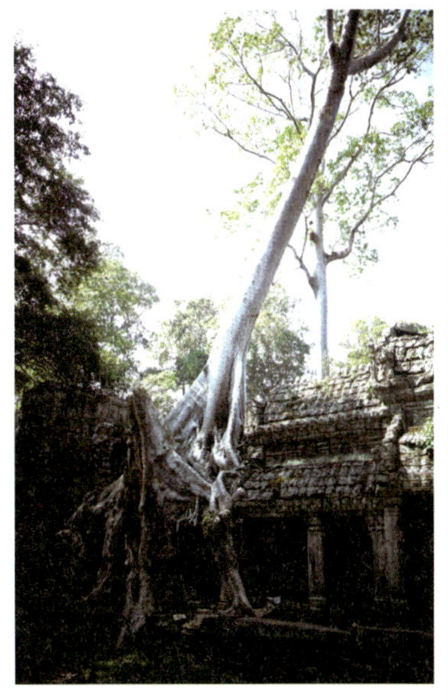

② 프레아 칸의 동쪽 고푸라 옆에는 커다란 스펑나무가 앉아 있다. 가까이에서는 한눈에 담기도 어려울 정도. 비뚜름하게 자라난 나무가 유적에 기대 쉬고 있는 듯해 애잔하기도 하다. 어떤 사람들은 이 거대한 스펑나무 한 그루로 프레아 칸을 최고의 사원으로 꼽기도 한다. 스펑나무 덕에 동쪽 문으로 나와야 할 이유가 하나 늘었다.

아픈 마음과 몸을 치유해주던 병원

네악 포안 Neak Poan

들어가는 입구가 남다르다. 자박자박하던 모랫바닥이 타박타박하는 나무 데크로 바뀐다. 좁은 나무 데크의 양쪽으로 넓은 인공 저수지가 펼쳐진다. 자야바르만 7세는 12세기에 앙코르 왕조 마지막 저수지인 자야타타카(북 바라이)를 조성했다. 동서로 3700m, 남북으로 900m에 달하는 바라이 한가운데 네악 포안이 있다. 자야바르만 7세는 왕으로 즉위한 후 전국에 102개의 병원을 만들었는데 그중 가장 잘 보존된 곳이 네악 포안. 1900년대 초반, 사원을 발견했을 때 중앙 성소 한가운데 스펑나무가 뱀처럼 또아리를 틀고 올라간 모습을 보고, '또아리를 튼 뱀'이란 뜻으로 네악 포안이라 이름을 붙였다는 설도 있고, 중앙 탑에 조각된 뱀 때문이라는 설도 있다. 스펑나무가 휘감고 있던 중앙탑이 태풍으로 무너져내려 네악 포안을 지금과 같은 모습으로 복원할 수 있었다. 네악 포안의 물은 신성한 산인 프놈 쿨렌에서 흘러온 물이기 때문에 더러운 죄와 병을 모두 씻어낸다고 믿었다. 몸이 아픈 사람들은 중앙 성소에 있는 수행자에게 진단을 받고, 작은 연못에 있는 석상의 입에서 흘러나오는 물을 먹거나 몸에 발랐다. 많게는 8천 명이 동시에 진료를 받았다고 하니 그 규모를 짐작할 수 있다.

Data **지도** 115p-C
가는 법 프레아 칸에서 동쪽으로 약 3km
운영시간 05:00~17:00, 매표소 운영시간 05:00~17:30
요금 앙코르 유적지 입장권 1일권 20달러, 3일권 40달러, 7일권 60달러

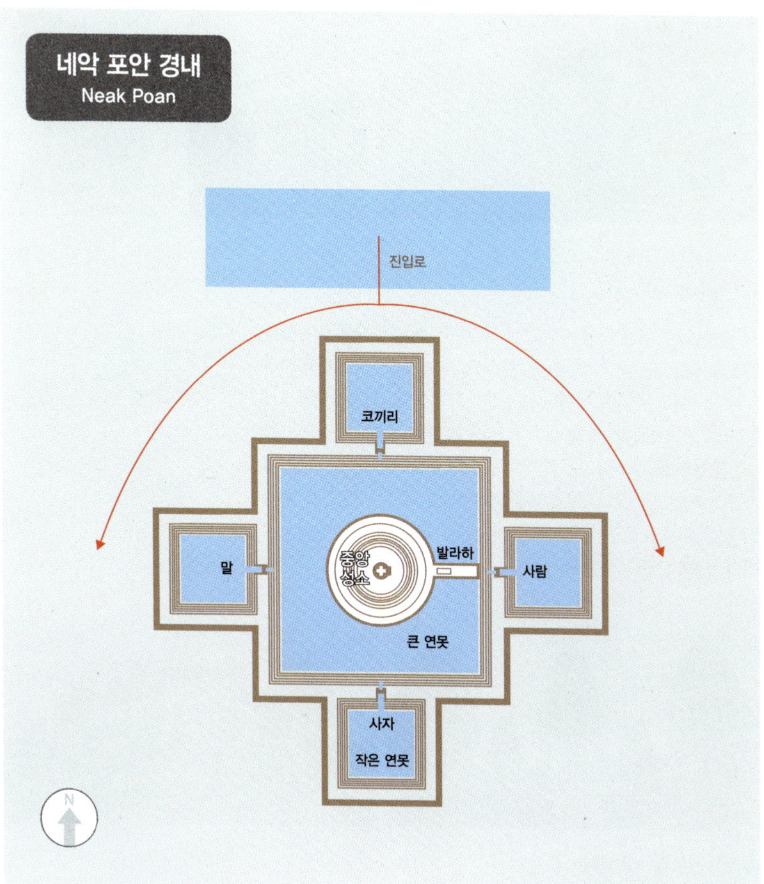

프레아 칸의 동문으로 나와 링가가 세워진 길을 따라 걷다 보면 북 바라이의 서쪽 면을 마주하게 된다. 북 바라이 또한 자야바르만 7세가 만든 인공 저수지이다. 이 저수지 한가운데에 수상 사원이자 병원이었던 네악 포안이 있다. 섬 가운데 큰 연못이 있고, 연못 한가운데 중앙 탑을 세웠다. 큰 연못은 힌두교에서 말하는 우주의 중심인 아나바타프타 호수를 상징한다. 중앙 연못을 중심으로 동서남북에 각각 가로세로가 30m 크기의 작은 연못 4개가 있다. 중앙 연못의 물은 작은 연못으로 흘러 들어가고, 작은 연못에 있는 인드라, 사자, 말, 코끼리 모양으로 조각한 네 석상의 입으로 물이 흘러나온다.

꼭꼭 숨었니, 고푸라가 보인다

타 솜 Ta Som

타 솜은 아주 작은 사원이라 그냥 지나치기 쉽지만 툭툭 기사들은 빼놓지 않고 타 솜 앞에 관광객을 내려준다. 서쪽 입구에서 자야 바르만 7세의 얼굴이 새겨진 고푸라가 반겨준다. 자야바르만 7세 는 참파와의 전쟁에서 승리한 뒤 먼저 타 솜 사원을 지었다고 한 다. 앙코르 톰이나 바이욘을 짓기 이전에, 아버지 제사를 지낼 목 적으로 지은 사원이다. 프레아 칸이 아버지를 위한 사원으로 바쳐 진 것은 이후의 일이다. 타 솜은 단층으로 지어져 더욱 아담한 느낌을 준다. 타 솜은 고푸라로 유명 하다. 이른 오전에 방문하면 동쪽 고푸라 위에 스펑나무의 사진을 멋지게 담아낼 수 있다.

Data 지도 115p-D
가는 법 네악 포안에서 동쪽으로 약 2km
운영시간 05:00~17:00,
매표소 운영시간 05:00~17:30
요금 앙코르 유적지 입장권
1일권 20달러, 3일권 40달러,
7일권 60달러

촉촉한 상상력이 필요해

동 메본 East Mebon

동 메본은 물로 둘러싸인 사원이었다. 지금은 물이 말라 넓은 평야로 보이지만, 위성사진을 보면 동 바라이가 얼마나 거대한 저수지였는지 알 수 있다. 라젠드라바르만 2세가 동 바라이 한 가운데 어머니와 조상을 위해 동 메본을 건축했다. 메본은 '은총 이 넘치는 어머니'라는 뜻. 동 메본은 3층으로 된 피라미드형으 로 길이가 100m가 넘은 거대한 사원이다. 수상 사원이라 그런 지 기단이 높고, 층마다 모서리의 코끼리 상이 근사하다. 3층에는 중앙탑을 기준으로 사방에 4개 의 탑이 서 있다. 동 메본에 올라 천 년 전의 풍경을 상상해보자. 넘실대던 물 위에서 찬란한 영광 을 비추었던 순간부터, 흙바닥이 모습을 드러낸 지금에 이르는 모든 풍경을.

Data 지도 115p-D
가는 법 타 솜에서 남쪽으로 약 3km
운영시간 05:00~17:00,
매표소 운영시간 05:00~17:30
요금 앙코르 유적지 입장권
1일권 20달러, 3일권 40달러,
7일권 60달러

하늘에 닿고 싶은 영혼들을 위한 사원

프레 룹 Pre Rup

프레 룹은 '육신의 그림자'라는 뜻. 죽은 자를 화장하던 석관이 남아 있어, 왕실의 화장터였으리라 추정한다. 일몰이 아니더라도 프레 룹의 꼭대기에서 내려다보는 광활한 평원이 마음을 시원하게 해준다. 이곳은 동 메본과 더불어 라젠드라바르만 2세가 지은 사원이다. 라젠드라바르만 2세는 북쪽의 코 케 지역과 남쪽의 야소다라푸라 지역으로 양분된 앙코르 왕조를 통일하고, 수도를 코 케에서 야소다라푸라로 옮겼다. 전대 왕인 야소바르만 1세가 야소다라푸라에 물 공급을 위해 동 바라이를 건설하고 동 바라이의 중앙에 섬을 만들었다면, 라젠드라바르만 2세는 그 섬 위에 동 메본 사원을 건설하고, 동 바라이의 남쪽을 수도로 삼는다. 라젠드라바르만 2세는 시바 신과 자신을 위해 프레 룹을 짓고, 프레 룹을 중심으로 사방 1km 정도에 도시 국가를 형성했을 것으로 추측한다. 우기에는 돌이 젖어 미끄러우니 조심해서 오르내리자.

Data **지도** 115p-H
가는 법 동 메본에서 남쪽으로 약 2km
운영시간 05:00~17:00, 매표소 운영시간 05:00~17:30
요금 앙코르 유적지 입장권 1일권 20달러, 3일권 40달러, 7일권 60달러

> **Tip** **프레 룹에서 일몰 감상하기**
> 프레 룹은 프놈 바켕보다 사람이 적어 여유 있게 석양을 볼 수 있는 곳이다. 프레 룹에서 일몰을 보려면 대순회 코스의 오후 일정을 약간 변동해 앙코르와트를 먼저 본 다음에 와도 좋겠다. 오후 4시 30분쯤에는 자리를 잡아보자. 하늘이 천천히 발갛게 물들어 가면서 사원도 붉은 색 옷으로 갈아입는다(000p 참조).

| 대순회 코스 오후 |

캄보디아의 상징, 앙코르 문명의 꽃

앙코르와트 Angkor Wat

앙코르와트는 캄보디아의 상징이자 앙코르 문명의 꽃이다. 세계 최대의 종교 건축물이며 유네스코 세계문화유산으로 지정된 건축물이다. 해자를 건너 성벽을 지나 참배로에 서면 압도적인 크기의 앙코르와트가 완벽한 대칭과 균형 감각을 뽐내며 우뚝 서 있다. 누구라도 앙코르와트를 처음 만나면 감동이 벅차오를 것이다. 앙코르와트는 수리야바르만 2세 시절, 2만 명 이상의 인원으로 최소 30년 이상 동안 지었으리라 추정된다. 이 정도의 건축물을 돌로만 쌓아 올려 40년 만에 지어낸 고대 크메르인들의 능력에 감탄하지 않을 수 없다. 현대의 건축 기술로도 이런 건물을 40년 만에 짓기 어렵다고 한다. 앙코르와트는 가로 1.5km, 세로 1.3km의 크기로 하나의 도시에 가깝다. 성벽을 감싼 해자는 폭이 200m이며, 시엠립 강에서 물을 끌어들였다. 해자는 신의 세상과 인간의 세상을 구분 짓는 경계이자 우주를 감싸는 바다를 의미. 앙코르와트의 회랑은 메루 산을 감싸는 산맥, 중앙에 우뚝 솟은 중앙 성소탑은 메루 산을 상징한다. 앙코르와트는 힌두교의 우주를 지상에 재현해냈다.

Data 지도 115p-G
가는 법 시엠립 시내에서 북쪽으로 약 8km, 툭툭으로 30분 소요
운영시간 일출~17:00, 3층 성소 07:30~16:30, 매표소 운영시간 05:00~17:30
요금 앙코르 유적지 입장권 1일권 20달러, 3일권 40달러, 7일권 60달러

> **Tip** **앙코르와트 관람 시 유의점**
> 3층 중앙 성소에 가려면 복장에 유의하자. 민소매, 반바지, 슬리퍼 차림으로는 입장이 안된다. 모자와 선글라스도 불가. 가디건이나 긴 스카프 등을 미리 준비하자. 앙코르와트는 연중무휴이지만 3층 중앙 성소는 월 4~5회 문을 닫는다. 부처님 오시는 날이나 국가의 행사가 있을 때는 중앙 성소의 출입이 금지되니 미리 체크해보자.

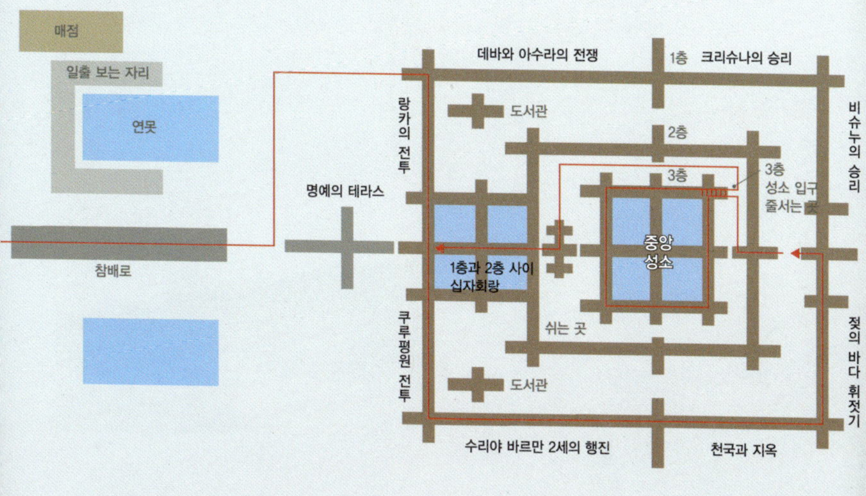

앙코르 유적 중 유일하게 서쪽을 향해 있어 태양이 사원으로 향하는 오후 시간에 방문해야 관람하기 좋다. 그러나 오후에 사람들이 많이 몰리므로 오전이나 점심시간을 이용해 방문하는 사람도 늘고 있다. 새벽에 앙코르와트에서 일출을 감상하고 사원을 돌아보면 가장 사람이 적다. 일출을 보고 3층 성소를 돌아보기 위해 줄을 서면, 그나마 기다리는 시간이 짧다. 유적 자체의 규모가 워낙 커서 구석구석 살펴보는 데 3시간 이상 소요된다. 여유롭게 일정을 잡고 가보자.

신비로운 앙코르와트, 구석구석 살펴보기

앙코르와트 앞에 서면 가슴이 두근거린다. 드디어 캄보디아의 상징,
앙코르 문명의 꽃인 앙코르와트를 만난다. 해자를 건너 왕의 문을 지나 참배로를 따라
앙코르와트의 1층 부조, 2층의 회랑, 3층의 중앙 성소에 이르는 길을 찬찬히 살펴보자.

해자를 건너 왕의 문으로

해자를 건너는 다리는 앙코르와트로 들어가는 첫 관문이다. 폭 200m의 해자 위에 250m 길이의 다리는 인간의 세계에서 신의 세계로 연결한다. 다리 중간쯤 십자형 나가 테라스에 나가와 사자상이 있다. 사자의 꼬리에 힘이 깃들어 있다고 믿었던 적군이 전쟁 때 사자의 꼬리를 잘라버려 꼬리가 온전한 사자를 찾기 어렵다. 다리 끝에 다다르면 중앙에 있는 문이 바로 왕의 문이다. 화려한 왕의 문 양쪽에는 신하의 문이 있고, 그 바깥의 양쪽으로 코끼리 혹은 마차의 문이 있다.

참배로와 도서관

왕의 문을 지나 경내로 들어오면 중앙 성소로 향하는 참배로가 이어진다. 참배로 양쪽에는 나가의 몸통으로 난간을 만들었다. 참배로에 서서 앙코르와트를 바라보면 5개 탑 중 좌우대칭을 이룬 3개만 보인다. 참배로 중간에 양쪽으로 대칭을 이룬 건물이 앙코르와트의 도서관

인데, 앙코르 유적 도서관 중에서 가장 큰 규모를 자랑한다.

명예의 테라스

참배로의 끝에서 앙코르와트 사원으로 올라가는 계단 위에 십자형으로 펼쳐진 명예의 테라스가 있다. 테라스는 국왕을 위한 의식을 거행하거나, 외국 사신을 접대하는 용도였다. 명예의 테라스도 사자와 나가로 장식되어 있다.

1층 회랑의 부조

1층의 회랑은 힌두 신화와 수리야바르만 2세의 업적에 관한 부조가 가득하다. 생동감이 넘치는 부조는 서쪽 면에서부터 남쪽으로, 반시계 방향으로 돌면서 감상하자(154p 참조).

십자형 회랑

1층 회랑의 서쪽 정문에서 2층 회랑으로 올라가는 중간에는 수십 개의 사각기둥이 떠받친 십자형 회랑이 있다. 열십자 모양으로 나뉜 회

랑은 4개의 움푹 패인 공간에 물이 채워져 있었고, 신성한 공간인 2층으로 올라가기 전에 목욕을 하면서 몸과 마음을 정결하게 했다고 전해진다. 기둥에는 산스크리트어와 크메르어로 비문이 새겨져 있다. 회랑의 북쪽으로 메아리의 방이 있다. 벽에 등을 대고 주먹으로 가슴을 치면 쿵쿵 울린다. 캄보디아 사람들은 가슴을 쳐서 소리를 울리게 하면 가슴 속 고통을 씻을 수 있다고 믿었다.

1천 불상의 회랑

십자 회랑의 남쪽은 1천 불상의 회랑이다. 불교가 전성기를 이룰 때, 앙코르와트가 불교 사원으로 바뀌면서 1천 개가 넘는 불상을 안치했다고 전해지나, 현재는 몇 개의 불상만이 남아 있다.

2층 회랑

2층은 신의 세계를 상징한다. 왕족과 성직자들만 드나들 수 있었다. 2층 회랑의 창문은 달과 별을 표현했다. 회랑의 벽면은 화려한 압사라의 조각으로 채워졌다. 1,700여 개가 넘는 압사라들은 얼굴도, 동작도, 치마 장식도, 왕관까지도 같은 모양이 하나도 없어 감탄스럽다.

3층 중앙 성소

앙코르와트의 중앙 성소는 5개의 탑으로 이루어졌다. 이는 메루 산 5개의 봉우리를 상징한다. 회랑의 모서리에 4개의 탑이 솟아 있고 그 중심에 중앙 탑이 우뚝 서 있다. 3층으로 오르는 계단의 폭은 좁고 경사는 급하다. 왕이 올랐다는 서쪽 중앙계단은 50도의 경사이며, 나머지 계단은 70도다. 엎드리다시피 네 발로 기어서 올라가면서 신에게 몸을 낮추라는 의미를 담고 있다. 관람객을 위한 나무 계단은 동쪽에 있다. 3층 중앙 성소에 올라가려면 출입증을 받아야 한다. 한 번에 100명씩만 관람을 할 수 있어서, 3층 성소를 보고 내려오는 관람객이 출입증을 반납해야 다음 사람이 올라갈 수 있다.

|Theme|
신비로운 앙코르와트, 이것이 궁금하다!

앙코르 문명의 전성기를 대표하는 국가 사원 앙코르와트는 힌두교의 신화적 세계를 잘 표현한 세계적인 걸작이다. 자칫하면 놓칠 법한 앙코르와트에 대한 궁금증을 풀어보자.

왜 앙코르와트는 서향으로 지었을까?

앙코르와트는 다른 힌두 사원들과는 달리 서쪽을 바라보고 있다. 출입구도 서쪽에 하나뿐이다. 당시에는 왕이나 왕족이 죽으면 신과 합일한다고 믿었다. 그래서 크메르의 왕들은 살아 생전에 자신이 믿는 신을 위해 사원을 건설했다. 수리야바르만 2세는 시바 신을 추앙하던 다른 왕들과 달리 비슈누 신을 믿었고, 서쪽을 관장하는 비슈누 신을 위해, 자신의 사후 세계를 위해 앙코르와트를 서향으로 지었다.

부처로 변장한 비슈누 신을 찾아볼까?

해자를 건너 중앙 문으로 들어가기 전에 오른쪽 신하의 문에 들러보자. 팔이 8개 달린 비슈누의 상이 세워져 있다. 원래 앙코르와트 3층의 중앙 성소에 세워져 있던 비슈누로 추정되는데, 힌두교에서 불교 국가로 바뀌면서 불상처럼 모신 것으로 보인다.

앙코르 사원에는 왜 도서관이 2개씩 있을까?

앙코르의 건축물에는 보통 중앙 성소 앞에 남북으로 한 쌍의 도서관이 자리했다. 도서관은 실제로 책이나 문서를 보관한 곳이 아니라 건물 외벽에 힌두 신화의 부조를 그려 넣어 글을 모르는 사람에게도 쉽게 설명해주는 곳으로, 건물 자체가 도서관의 역할을 했다고 추정한다. 그런데 앙코르와트의 도서관에는 신화가 조각되어 있지 않다. 그래서 앙코르와트 도서관은 제의 물품을 보관하거나, 제사를 준비하던 장소였으리라고 추정한다. 달이 차고 기우는 주기에 따라 앙코르와트 사원의 인력을 배분했다는 기록이 남아 있어, 달이 떠오를 때는 조상의 제사를 지내고, 달이 질 때는 신에게 제사를 지냈으리라는 추측이 있다.

앙코르와트 최고의 포토존은 어디?

참배로 중간에서 왼쪽 즉, 북쪽 도서관 쪽으로 내려오면 연못이 있다. 앙코르와트의 아름다운 모습을 사진으로 남기는 최적의 장소다. 앙코르와트의 5개 탑이 물에 반사되어 데칼코마니를 이룬다. 어두운 새벽부터 일출을 보러 온 사람들이 자리를 잡고 기다리는 곳이기도 하고, 한낮이면 앙코르와트의 반영을 보러온 관광객이 몰리는 곳이기도 하다. 연못 북쪽으로 기념품과 먹거리를 판매하는 매점이 있다.

수리야바르만 2세의 무덤은 어디에?

앙코르와트가 비슈누에게 바친 사원이자 수리야바르만 2세 본인의 무덤이라면, 과연 수리야바르만 2세의 유해는 어디에 있을까? 재미있는 사실이 있다. 1930년대에 프랑스 유적의 조사단이 3층의 중앙 성소 탑 내부에서 비밀 공간을 발견했다. 비슈누 석상 받침대 아래에 지름 1.2m의 원형 통로가 발견된 것. 당시 발표에 따르면 특별한 유물은 발견되지 않았다고 한다. 일부 학자들은 이곳이 수리야바르만 2세의 유해를 보관하던 곳이라고 주장한다. 프랑스 유적 발굴단이 프랑스 본국으로 유물을 반출한 후에 유물이 발견되지 않았다고 발표한 것이 아니냐는 의견도 분분하다. 어디까지나 가설이지만, 루브르 박물관의 이집트 미이라처럼, 프랑스 어딘가 수리야바르만 2세의 유해가 있을지도 모를 일이다.

인간의 세계를 상징하는 1층 회랑의 부조

1층 회랑은 힌두 신화와 수리야바르만 2세의 업적에 관한 내용으로 채워져 있다.
보통 서쪽면에서부터 시계 반대 방향으로 돌며 남쪽면을 보고,
동쪽까지 관람한 다음 2층으로 올라간다. 여기까지가 수리야바르만이
조각한 부조이며, 나머지 부조는 16세기의 앙찬 1세가 덧붙였다.
덧붙여진 부조는 역사적, 예술적 가치가 떨어지므로 모두 둘러보지 않아도 괜찮다.

| 1층 회랑 서쪽면 |

인도의 2대 서사시인 라마야나와 마하바라타의 부조가 벽면 가득 메워진 서쪽 회랑에는 비슈누의 화신인 라마와 크리슈나가 등장한다. 수리야바르만 2세의 입장에서, 라마 왕자와 아주르나 왕자의 편이 되어 감상해보자.

〈라마야나〉 신화의 하이라이트, '랑카의 전투'

서쪽 회랑의 부조는 사실적인 전투 장면이 압권이다. 서쪽 회랑 북쪽에는 랑카의 전투가 부조되어 있다. 랑카의 전투는 힌두교의 대서사시 〈라마야나〉의 클라이맥스에 해당한다. 이야기의 주인공은 비슈누의 화신인 라마 왕자. 악마의 왕 라바나가 라마 왕자의 부인인 시타를 납치해가며 사건이 시작된다. 라마 왕자는

하누만을 타고 있는 라마

부인을 찾기 위해 전투를 벌이고, 원숭이 장군 하누만이 라마를 도와 시타를 구출한다. 왼쪽에서 오른쪽으로 공격하는 원숭이들과 오른쪽에서 왼쪽으로 공격하는 투구를 쓴 악마들 사이에서 비슈누의 화신인 라마 왕자를 찾을 수 있다. 라마 왕자는 하누만을 타고 3발의 화살을 쏘고 있다. 라바나는 머리가 10개, 팔이 20개 달려 있다. 주요 인물들은 크게 조각되어 있어 찾기 쉽다. 수리야바르만 2세는 자신을 신적 존재와 동일시하기 위해 비슈누를 주인공으로 하는 힌두교 신화를 조각했다.

악마 라바나

〈마하바라타〉 신화 속 '쿠루 평원의 전투'

서쪽 회랑의 남쪽은 힌두교 대서사시 〈마하바라타〉에 등장하는 쿠루 평원의 전투를 묘사했다. 마하바라타는 '위대한 바라타의 후손들'이라는 의미. 바라타는 아들이 아니어도 좋으니 자격을 갖춘 자에게 왕위를 물려주겠다고 선언했다. 때문에 바라타 왕의 후손들은 왕위를 놓고 오랫동안 전쟁을 벌였다. 전쟁터에 뛰어든 바라타 왕의 후손 중 아르주나는 스승과 친척들을 죽일 수 없다며 번민한다. 이때 비슈누 신은 크리슈나로 변해 활을 잘 쏘는 아르주나의 마부로 활약하며, 아르주나에게 정의가 중요하므로 우주의 질서를 유지해야 한다고 가르친다. 오랜 망설임 끝에 신의 가르침을 받아들인 아르주나는 군대를 이끌고 전쟁에서 승리한다. 왼쪽에서 오른쪽으로 움직이는 카우라바 100형제는 악한 편, 오른쪽에서 왼쪽으로 움직이는 판다바는 선한 편으로 묘사되어 있다. 중앙에 활시위를 당기는 거대한 인물이 판다바 5형제 중의 셋째인 아르주나이고, 그 앞에 전차를 모는 사람이 비슈누의 화신 크리슈바이다. 작은 할아버지를 죽이고 왕이 된 수리야바르만 2세가 자신의 왕권을 정당화하기 위해서 친척들을 죽이고 왕이 된 아르주나의 전쟁 장면을 묘사했다.

크리슈나가 모는 전차에 올라탄 아르주나

I 1층 회랑 남쪽면 I

1층 남쪽 회랑의 주인공은 수리야바르만 2세다. 수리야바르만 2세가 19명의 대신들에게 충성 서약을 받는 장면으로 부조는 시작되며, 이들과 함께 펼치는 군사 퍼레이드가 벽면 전체에 펼쳐진다. 100m의 회랑에 국왕의 권위를 사실적으로 묘사했다. 남쪽 회랑 동쪽 면에는 천국과 지옥을 새겨 넣었다.

수리야바르만 2세의 행진

수리야바르만 2세는 자신의 업적을 기리기 위해 왕궁에서 직무를 보는 모습과 행진하는 모습을 조각했다. 회랑의 정중앙에는 15개의 양산을 받쳐 쓴 수리야바르만 2세의 모습을 볼 수 있다. 수리야바르만 2세가 이끄는 크메르 왕국의 군대는 용맹스럽게 행군한다. 말과 코끼리를 탄 지휘관과 창, 방패로 무장한 병사들이 보인다. 행렬의 선두에는 흐트러진 모습의 태국 용병들을 조각해두었다. 이외에도 승려와 악사, 곡예사, 여성 등의 다양한 사람들이 행렬에 동참하고 있다.

충성 서약을 받는 수리야바르만2세

앞쪽의 군기 빠진 시암의 용병

위는 천국 아래는 지옥

공주에게 인사를 하면서 선물을 바치는 장면

천국과 지옥

남쪽 회랑 동쪽 면에는 천국과 지옥이 부조되어 있다. 아무런 정보가 없이 보아도 천국과 지옥임을 알 수 있을 정도로, 묘사가 적나라하다. 상단에는 37가지의 천국이 묘사되어 있고, 중단에는 죽음의 신 야마의 판결을 기다리는 사람들, 하단은 32가지의 지옥이 묘사되어 있다. 회랑 중앙의 윗부분을 보면 물소 위에 앉아 18개의 팔에 몽둥이를 들고 판결을 내리는 죽음의 신인 야마를 볼 수 있다. 천국으로 간 사람들은 비슈누의 화신인 사자와 가루다가 떠받치고 있는 천상의 궁전에서 안락하고 평화로운 삶을 누리고, 지옥으로 떨어진 자는 온갖 형벌과 고문을 받으며 고통을 당한다. 짐승에게 잡아먹히고, 눈과 혀를 뽑히고, 온몸에 못이 박히는 장면들이 매우 사실적으로 조각되어 있다.

젖의 바다 휘젓기 회랑

| 1층 회랑 동쪽면 |

1층 회랑 동쪽면의 남쪽에는 '젖의 바다 휘젓기'가 부조되어 있다. 앙코르와트 회랑 부조의 백미라고 불린다. 보통 젖의 바다 휘젓기 부조를 보고 나면 바로 2층으로 이동한다.

젖의 바다 휘젓기

동쪽은 생명의 방향이자 창조의 방향이다. 앙코르와트의 동쪽 면에는 힌두교의 창조 신화라 불리는 '젖의 바다 휘젓기'가 조각되어 있다(119p). 49m에 달하는 회랑에 묘사된 젖의 바다 휘젓기는 상단과 하단, 왼쪽과 오른쪽의 절묘한 균형으로 압도적인 장면을 연출한다. 부조의 중앙에는 젖의 바다 한가운데에 자리 잡은 만다라 산과 비슈누의 모습이 보인다. 비슈누의 화신인 거북이 쿠르마가 빗살무늬의 만다라 산을 지탱하고 있다. 산에 휘감긴 뱀 왕 바수키가 양쪽 회랑의 끝까지 뻗어나갔다. 왼쪽에는 바수키의 머리를 잡고 있는 아수라 왕 발리와 몸통을 잡아당기는 92명의 악신이 보인다. 오른쪽에는 바수키의 몸통을 잡고

있는 88명의 선신 데바가 있다. 비슈누로부터 영원한 젊음을 얻게 되는 흰 얼굴의 원숭이 하누만이 맨 끝에서 바수키의 꼬리를 잡고 있다. 상단에는 젖의 바다 휘저을 때 생겨난 6억 명의 압사라가 춤을 추며 천상으로 올라간다. 하단에는 물고기, 악어, 뱀, 거북이와 같은 바닷속 생명체가 조각되어 있다.

양쪽을 조율하는 비슈누

코끼리를 타고 진격하는 아수라

아수라와의 전쟁에서 승리하는 비슈누

동쪽 회랑의 북쪽에는 젖의 바다 휘젓기와 연관된 부조가 이어진다. 젖의 바다를 천 년 동안 휘저었더니 영생불사의 명약인 암리타가 나왔다. 암리타를 차지하기 위해 데바와 아수라가 다시 전쟁을 벌였고, 결국 데바가 승리한다. 비슈누는 회랑의 중앙에 가루다의 어깨에 올라타고 활을 쏘는 모습으로 나타난다. 양쪽에서 덤벼드는 악마 아수라의 무리는 커다란 새나 용, 말이 끄는 수레를 탄 모습으로 다양하게 표현된다. 아수라의 장군은 코끼리를 타고 있다. 수리야바르만 2세가 죽은 뒤 400년 후에 앙찬 1세가 조각을 했으나 전체적으로 섬세함과 표현력이 크게 떨어진다.

| 1층 회랑의 북쪽면 |

1층 회랑 북쪽 면의 동쪽에는 악마와 싸우는 비슈누의 모습을, 서쪽에는 악신 아수라와 싸우는 선신 데바의 모습을 새겨두었다.

악마 바나와의 전투에서 승리하는 크리슈나

북쪽 회랑 동쪽 면에는 크리슈나로 변신한 비슈누의 모습을 볼 수 있다. 악마의 왕 바나와 싸워 이긴 비슈누의 화신 크리슈나를 부조하

8개의 팔과 천개의 얼굴을 가진 크리슈나

였다. 역시 앙찬 1세 때 완성된 부조로, 정교함이 떨어진다. 크리슈나는 8개의 팔에 화살, 창, 원반, 소라, 곤봉, 번개, 활, 방패를 휘두르며 공격하고 있고, 바나는 천 개의 팔을 휘두르며 맹렬하게 싸우는 모습으로 나타난다. 크리슈나가 던진 원반에 맞아 팔이 2개만 남은 바나는 전투에서 패하게 된다. 그러나 크리슈나는 시바 신을 찾아가 바나를 살려달라고 요청한다. 시바는 용서와 화합을 위해 바나의 목숨을 살려준다.

선신 데바와 악신 아수라의 전쟁

북쪽 회랑 서쪽 면에도 '젖의 바다 휘젓기'를 의미하는 부조가 새겨져 있다. 100m에 가까운 벽에는 21명의 선신 데바와 21명의 악신 아수라가 전쟁을 벌이고 있다. 선을 상징하는 21명의 신은 동쪽에 있으며 악을 상징하는 21명의 아수라는 서쪽에 있다. 비슈누는 신들의 중앙에서 2마리의 말 사이에 서 있는 가루다를 타고 전쟁을 총 지휘하고 있다. 이에 맞서는 7개의 머리를 가진 악마 칼라네미는 활과 곤봉과 검을 휘두르고 있다. 마침내 데바들이 아수라를 물리치면서 우주의 질서가 바로 잡힌다는 내용이다.

가루다를 탄 비슈누

전쟁의신 스칸다

천개의 팔을 가진 바나

Tip 눈으로만 봐주세요!
1층 회랑의 부조는 군데군데 반질거리며 까맣다. 사람들이 많이 만져서 그런 것이 아니라 탁본에 의해 기름기가 남아 있어 그런 것. 남들도 만졌는데, 나도 한 번 만져보자며 손을 대는 일은 삼가자. 회랑의 기둥에는 낙서도 종종 보인다. 심지어 무른 사암을 긁어내어 흔적을 남겨놓기도 했다. 우리나라의 남대문에 외국인 관광객이 그런 짓을 한다면 정말 화날 일이다. 천 년의 역사를 간직한 세계인의 문화유산을 함께 아껴주자.

|Talk|
천 년을 하루같이 떠오르는 찬란한 태양
앙코르와트의 일출 감상

깜깜한 새벽, 앙코르와트에 도착하면 고개 들어 하늘을 올려다보자. 별들은 초롱초롱 저마다의 존재를 뽐낸다. 낭만적인 사람이라면 별이 그득한 밤하늘을 바라본 것만으로도 앙코르와트에 온 보람을 느낄 만하다. 연못 앞에는 수많은 사람이 모여 있다. 새벽부터 커피를 파는 호객꾼, 그림을 늘어놓은 장사꾼, 스카프를 파는 현지인들이 일출을 보러 온 관광객을 맞이한다. 서향 사원인 앙코르와트의 등 뒤에서 해가 떠오른다. 앙코르와트의 일출을 보는 일은 태양 그 자체가 아니라 시시각각 미세하게 변화하는 하늘의 색조, 황금빛 햇살을 등에 진 앙코르와트의 실루엣, 물에 비친 앙코르와트의 쌍둥이 그림자를 만나는 일이다. 수백 가지 태양빛의 스펙트럼을 감상해보자.

> **Tip** 일출을 보는 다른 명소는 어디일까?
>
> **• 앙코르 벌룬에서 일출 보기**
> 20달러만 투자하면 벌룬을 타고 하늘 위에서 내려다보는 앙코르와트의 일출을 즐길 수 있다. 날씨에 따라 만족도가 달라지지만, 비교적 저렴한 비용에 일출을 즐길 수 있으니 시도해보자. 예약은 필수. 앙코르 유적 179p
>
> **• 스라 스랑에서 일출 보기**
> 앙코르와트의 일출만은 못하지만 햇살이 반사되는 물빛을 즐길 수 있다. 서쪽 면이 현재 공사 중이어서 아쉽지만, 저수지 근처 잔디밭에 앉아 새벽의 어스름한 물안개를 즐기는 것만으로도 좋다. 앙코르 유적 140p

| 앙코르와트 일출의 모든 것 |

일출을 보러 갈 때 챙겨야 할 것은?

손전등이 있으면 좋지만 핸드폰 조명으로도 충분하다. 맨 앞자리에서 일출을 보려면 연못 가까이 앉아야 하는데, 모래가 젖어 있을 공산이 크다. 신문지나 잡지, 종이를 들고 가서 깔고 앉자. 깔개는 꼭 쓰레기통에 버린다. 모기가 많으니 긴 바지와 모기 퇴치제는 필수. 새벽엔 쌀쌀하니 겉옷을 준비하자. 연못 옆에서 커피나 차를 판다. 보온병에 커피를 담아 오는 것도 좋은 생각이다.

일출을 보기에 가장 좋은 자리는?

앙코르와트를 바라보고 연못 왼쪽 가장자리가 일출의 포인트다. 5개의 탑이 모두 보이는 자리여서 자리다툼이 엄청 치열하다. 맨 앞쪽을 차지하고 삼각대를 세우려면 훨씬 일찍 와야 한다. 일 년에 2번 앙코르와트의 중앙탑 위로 해가 떠오를 때가 있는데, 그때는 참배로에서 해가 촛불처럼 떠오르는 사진을 찍을 수 있다.

시내에서 몇 시에 출발하면 좋을까?

매표소는 오전 5시에 연다. 일출을 보려면 새벽 5시에는 매표소에 줄을 서 있어야 한다. 혹은 매표소에서 오후 4시 45분부터 5시 30분까지 다음날 표를 판매하니, 좋은 자리에서 일출을 보고 싶다면 전날 티켓을 사놓고 시내에서 4시 30분이 되기 전에 출발한다. 매표소에서 앙코르와트 출입구까지는 10분 정도 걸린다. 앙코르와트 입구에서는 5시부터 티켓을 검사한다.

새벽에도 툭툭을 잡을 수 있을까?

툭툭은 전날 미리 섭외해두자. 그날 이용한 툭툭 기사에게 다음날 일출을 보러가겠다고 말하면 몇 시까지 호텔 앞으로 오겠다고 할 것이다.

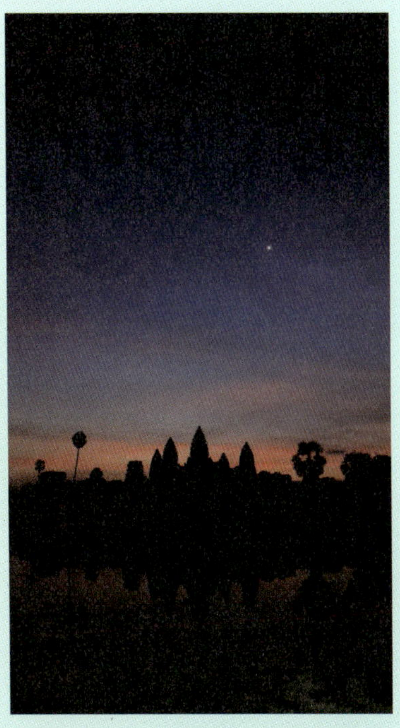

좋은 포인트에서 사진을 찍고 싶다면 툭툭 기사가 제안한 시간보다 30분쯤 먼저 출발하는 편이 좋다. 혹시 툭툭 기사가 미덥지 못한 경우 호텔에 부탁하면 약간 요금이 비싸지만 정확하게 약속을 지키는 툭툭 기사를 불러 준다.

일출을 보러온 김에 앙코르와트를 둘러볼까?

앙코르와트를 가장 한적하게 둘러볼 수 있는 시간이 바로 일출을 보고 난 아침 시간. 일출을 본 다음 1층과 2층을 한 바퀴 둘러보고, 오전 7시 40분까지 3층 성소 앞으로 가자. 3층 성소는 입장객 수를 제한하기 때문에 하루 종일 줄이 길다. 평균 30분은 줄을 서야 하나, 3층 성소의 문을 여는 아침 시간이 그나마 기다리지 않고 관람할 수 있는 시간이다.

산 위에 건설된 세상의 중심

프놈 바켕 Phnom Bakheng

프놈 바켕은 앙코르와트보다 200년이나 먼저 건축된 산상 사원이다. 앙코르 왕조 초기의 수도는 앙코르 유적군의 남서쪽에 위치한 롤루오 지역이었는데, 당시 가장 강력한 왕권을 행사했던 야소바르만 1세는 롤루오 지역에서 만족하지 못하고 지금의 앙코르 지역으로 수도를 옮겨, 프놈 바켕을 중심으로 한 새로운 도시 야소다라푸라를 세웠다. 프놈 바켕은 테라스로 만든 5단과 중앙 성소까지 총 7단으로 이루어진 피라미드형 사원이다. 67m의 야트막한 산 정상을 깎고 다듬어 피라미드를 쌓았다. 탑의 숫자는 모두 108개이고, 사원의 어느 쪽에서 바라보아도 33개의 탑이 보이도록 만들었다. 탑이 무너지긴 했지만 웅장했던 모습을 쉽게 상상할 수 있다. 계단 입구에는 시바가 타고 다니는 성스러운 소 난디가 있고, 층마다 사자가 지키고 있으며, 탑 내부에는 시바를 상징하는 링가가 놓여 있다. 다른 사원들은 신을 맞이하는 동쪽으로만 문이 열려 있는 반면, 프놈 바켕은 세상의 중심이라고 여겼기 때문에 사방으로 문이 열려 있다. 프놈 바켕에는 저녁마다 일몰을 보려는 관광객이 몰린다. 더위에 지친 몸으로 동산을 올라가, 땡볕 아래 일몰을 기다리면서 사람들에게 치이면 체력이 방전될 수 있으니, 몸과 마음의 여유가 충분한 날 일몰을 감상하자.

Data **지도** 114p-F
가는 법 앙코르와트의 서문에서 앙코르 톰 남문으로 1.25km, 앙코르 톰 남문에서 남쪽으로 약 400m
운영시간 05:00~17:00, 17:00시 이후에는 입장 제한. 매표소 운영시간 05:00~17:30
요금 앙코르 유적지 입장권 1일권 20달러, 3일권 40달러, 7일권 60달러

|Talk|
사원이 붉은 빛으로 물드는 프놈 바켕의 일몰

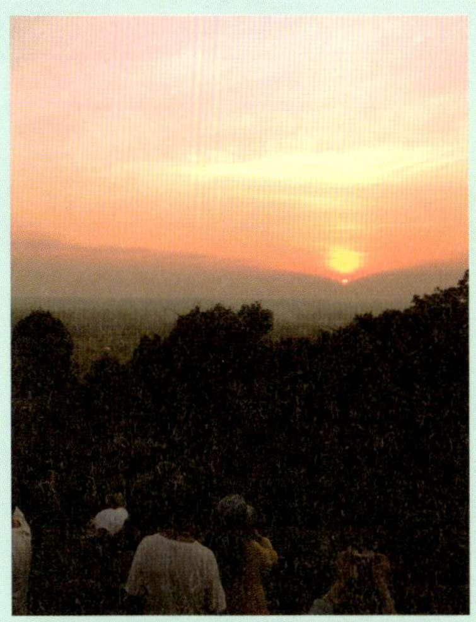

반짝이는 햇살 아래 앙코르 유적의 아름다움과 섬세함에 감탄했다면, 저녁 무렵에는 하늘이 붉게 물드는 일몰을 즐겨보자. 열대 밀림으로 둘러싸인 사원에 길게 드리워지는 붉은 햇살은 앙코르에서만 즐길 수 있는 선물이다. 앙코르 유적지에서 일몰로 가장 유명한 곳은 프놈 바켕 사원이다. 끝없이 펼쳐지는 대평원 아래로 해가 저무는 풍경을 보러 여행자들이 몰려든다. 최근에는 단체 관광객들이 많이 몰리는 바람에 사람이 더 적은 프레 룹이나 바콩으로 가는 추세다. 건기인 11월부터 4월까지는 일출과 일몰을 거의 매일 볼 수 있지만, 우기인 5월에서 10월까지는 행운이 따라줘야 한다. 보통 일몰이 아름다운 날은 다음날의 일출도 제대로 볼 수 있다고 하니 날씨를 잘 살펴보자. 앙코르의 일몰은 대략 6시 전후로, 일년 내내 시간이 비슷하다.

Tip 일몰을 보는 다른 명소는 어디일까?

• **프레 룹**
프놈 바켕과 더불어 일몰 포인트로 손꼽힌다. 프놈 바켕보다는 비교적 한적한 분위기에서 일몰을 즐길 수 있다. 발아래로 펼쳐지는 넓은 평원이 인상적. 따뜻하고 고즈넉한 분위기를 느끼려면 일몰이 시작되기 전 올라가보자.
앙코르 유적 149p

• **바콩**
롤루오 유적에 있는 바콩은 중앙 성소탑에서 일몰을 즐길 수 있다. 피라미드 형태의 중앙 성소탑에 올라서면 주위를 둘러싼 밀림 속으로 해가 지는 풍경을 볼 수 있다. 관광객이 적어 분위기가 차분하다.
앙코르 유적 177p

• **앙코르 벌룬**
가장 높은 곳에 올라 석양을 바라보자. 사방으로 탁 트인 높은 곳에서 하늘 끝이 조금씩 붉게 물드는 모습을 보면 마음도 붉게 물들어간다. 바람 한 점 없이 맑은 날 도전해보자.
앙코르 유적 179p

Tip 아름다운 일몰을 제대로 감상하려면?
일몰을 볼 수 있는 시간은 대략 6시 전후이지만 소문난 일몰 명소들은 오후 4시부터 사람들이 몰리기 시작한다. 그러니 일몰을 제대로 감상하려면 늦어도 4시 반까지는 도착해야 한다. 보통 1~2시간을 사원에 앉아 일몰을 기다리게 된다. 이때 가장 난감한 것이 화장실. 사원에 올라가기 전에 미리 화장실을 다녀오도록 하자. 해가 질 때쯤이면 여행자들이 한꺼번에 사원을 내려가기 시작한다. 난간이나 계단을 오르내릴 때 안전사고에 유의해야 한다. 특히 비가 오는 날에는 돌이 미끄러우니 조심하자. 유적지에서 시엠립 시내로 돌아올 때는 길이 막힐 것을 각오해야 한다.

훔치고 싶은 크메르의 붉은 보석

반띠에이 쓰레이 Banteay Srei

앙코르 유적 중에서 아름답기로 손꼽는 사원이 바로 반띠에이 쓰레이다. 프랑스의 복원가들에게 '크메르 예술의 극치'라고 불렸고, 붉은 사암이 발하는 색감 때문에 '크메르의 붉은 보석'이라 칭송받았다. 10세기 후반에 지어진 반띠에이 쓰레이는 아름답고 섬세하지만 다른 사원에 비해 규모가 작다. 왕이 지은 것이 아니기 때문. 이 사원은 라젠드라바르만 2세의 대사제였던 야즈나바라하가 지었다. 야즈나바라하는 왕족 출신의 브라만 계급으로, 자야바르만 5세 때 반띠에이 쓰레이에서 제를 지내거나 환자를 돌보

Data **지도** 017p-C
가는 법 시엠립 시내에서 약 37km 정도, 앙코르 톰에서는 약 27km 떨어져 있다. 시엠립 시내에서 툭툭으로 편도 1시간 소요
운영시간 05:00~17:00, 매표소 운영시간 05:00~17:30
요금 앙코르 유적지 입장권 1일권 20달러, 3일권 40달러, 7일권 60달러

았다고 한다. 반띠에이 쓰레이의 부조는 앙코르 유적 중에서 가장 정교하고 화려하며, 양각이 깊이 있게 조각되어 입체감이 뛰어나다. 특이하게도 시바와 비슈누를 같이 모시는 사원인데, 힌두 신화를 조금만 알면 더 재미있게 관람할 수 있다(168p 참고). 반띠에이 쓰레이는 '여인의 성채'라는 뜻으로, 사원에 조각된 아름다운 데바타들 때문에 이런 이름을 갖게 되었다. 앙코르 유적 중에서 최초로 복원된 사원이며, 찾는 사람도 많아 정비가 잘 되어 있다. 입구에 작은 카페와 기념품 숍이 있고, 깔끔한 화장실과 레스토랑도 갖췄다. 유적지 내부에는 물소들이 유유자적 돌아다닌다.

> **Tip** **반띠에이 쓰레이에 가는 방법은?**
> 반띠에이 쓰레이는 놓치기 아쉬운 사원이지만, 다른 앙코르 유적군과 멀리 떨어져 있어 반나절 정도 시간을 내어 방문해야 한다. 승용차를 빌려 프놈 쿨렌이나 코 케에서 돌아오는 길에 들르면 이동이 편리하다. 시간 여유가 있다면 반띠에이 쓰레이에서 시엠립 시내로 돌아오는 길에 반띠에이 쌈레를 들르면 동선이 편리하다.

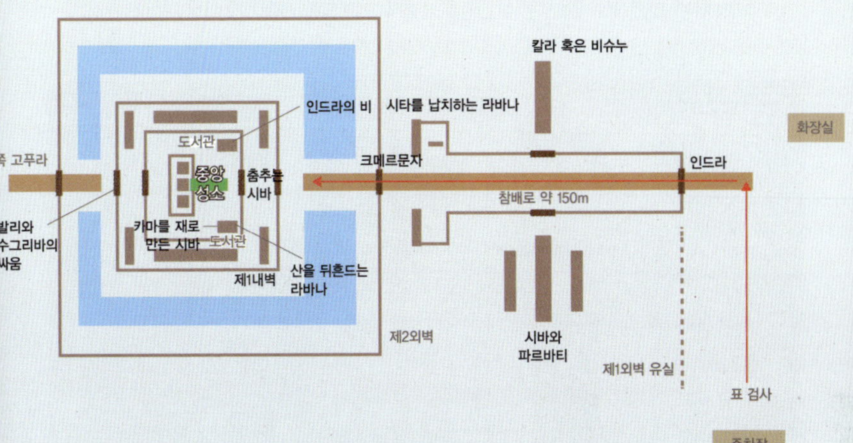

반띠에이 쓰레이의 사원 출입구는 서쪽과 동쪽에 있으나, 주로 동쪽 입구로 들어와 관람을 시작한다. 부조를 살펴보고 사원 서쪽의 문을 통해 나오면 사원 북쪽이나 남쪽의 산책로를 걸어 입구로 돌아온다. 반띠에이 쓰레이 사원의 북쪽에는 보트 타는 곳, 산책로가 조성되어 있다.

> |Theme|
> ## 반띠에이 쓰레이의 조각에 얽힌 이야기들
>
> 반띠에이 쓰레이는 살아 있는 듯한 세심한 조각이 일품이다.
> 아름다운 조각을 보고 있으면 앙드레 말로가 왜 데바타 조각을 훔치려 했는지
> 이해할 수 있을 것도 같다. 힌두 신화를 알면 부조에 담긴 이야기가 더욱 재미있다.

힌두 신화가 섬세하게 살아 있는
반띠에이 쓰레이의 부조를 살펴보자

반띠에이 쓰레이의 모든 문 위에는 힌두 신화의 부조가 화려하게 조각되어 있다. 신화를 알면 부조 하나하나의 스토리가 쏙쏙 들어온다. 인드라가 새겨진 동쪽 입구의 프론톤을 지나 사원 안으로 들어오면 참배로가 이어진다. 참배로 바깥으로는 석등이, 안쪽으로는 링가가 있다. 참배로 중간의 오른쪽과 왼쪽에 있는 건물에도 재미있는 조각이 있다. 오른쪽에는 칼라 혹은 비슈누로 추정되는 조각, 왼쪽에는 난디를 탄 시바와 얼굴이 사라진 그의 아내 파르

바티가 보인다. 해자를 지나 사원으로 들어가면 중앙에는 3개의 탑이 나란히 서 있다. 탑에는 앙코르 유적의 여신상 중에서 가장 아름답다는 여신상이 정교하게 새겨져 있다. 탑 앞에는 인간의 몸에 원숭이가 결합된 모양을 한 수문장들이 서 있다. 아쉽게도 출입이 금지돼 가까이 들여다보기 어렵지만 바깥쪽을 돌며 아름다운 부조를 감상해보자. 인드라의 폭우를 막는 크리슈나 이야기, 원숭이 나라의 왕인 발리와 수그리바 이야기, 사랑의 신 까마를 불에 태우는 시바 이야기, 라바나를 발끝으로 눌러 꼼짝 못하게 한 시바 이야기가 새겨져 있다.

아름다운 조각들을 자세히 보고 싶다면?

붉은 사암을 섬세한 손길로 깎아낸 세밀한 부조를 보고 있노라면 절로 감탄이 나온다. 힌두 신화에 대해 잘 알고 있는 가이드와 동행한다면 더욱 자세한 설명을 들을 수 있다. 투어 프로그램이 싫다면 단체 관광객을 이끄는 가이드 옆에서 귀를 쫑긋해보자. 아름다운 부조를 가까이 들여다보고 싶다면 앙코르 국립 박물관에 가보는 것도 좋은 생각. 반띠에이 쓰레이에서 멀리 떨어져서 보아야 했던 근사한 린텔과 프론톤을 코앞에서 볼 수 있다.

프랑스의 작가 앙드레 말로는 도굴꾼?

반띠에이 쓰레이는 1914년 프랑스의 지리청 소속 장교가 처음 발견했다. 그는 사원에 있던 시바와 파르바티의 조각을 수습해 프놈펜 박물관으로 보냈다. 그 후 앙리 파르망티에가 반띠에이 쓰레이에 방문하고 사원에 대한 논문을 남겼다. 사원에 대한 논문을 읽은 앙드레 말로는 사원의 유물을 보호하기 위한 특별한 법이 없다는 사실을 알고는 1923년 반띠에이 쓰레이에서 데바타 조각 2점을 포함해 총 6점을 훔쳐서 달아나다가 프놈펜에서 체포되었다. 골동품 불법 반출 혐의로 기소된 그는 6개월 뒤에 실형을 선고받았고, 그의 아내는 프랑스로 돌아와 남편의 구호활동을 했다. 결국 말로는 집행유예로 풀려났고, 조각은 제자리로

돌아갔다. 앙드레 말로는 1930년에 자신의 도굴 경험을 토대로 〈왕도의 길〉을 집필했으며 후에 유명한 작가이자 예술 비평가로 활동하며 프랑스 문화부 장관에 올랐다. 앙드레 말로에게는 문학적 재능이나 정치적 역량과는 별개로 언제나 '도굴꾼'의 꼬리표가 따라붙었다. 반띠에이 쓰레이는 앙드레 말로의 도굴 사건 때문에 더욱 유명해졌다. 앙코르 유적군에서 멀리 떨어져 있어 도굴의 위험이 높다는 이유로 1931~1936년에 앙코르 유적 중 가장 먼저 해체 복원 방식으로 복원되었다.

💬 |**Theme**|

반띠에이 쓰레이의 부조로 만나는 힌두교의 신화

북쪽 도서관의 동쪽 면 부조,
인드라의 폭우를 막는 크리슈나

힌두교의 주요 신은 브라흐마, 비슈누, 시바 신이다. 힌두교에는 이외에도 3억이 넘는 신이 있는데, 이런 신들의 수장이 바로 인드라 신이다. 반띠에이 쓰레이의 가장 바깥쪽 입구에서 인드라의 부조를 만날 수 있다. 부조에서는 머리가 셋 달린 흰색 코끼리인 아이라바타를 탄 모습으로 표현된다. 인드라는 번개와 비를 관장하고 약한 자를 보호하는 신이어서, 목동들은 인드라 신을 숭배해왔다. 비슈누의 화신인 크리슈나는 목동들에게 겨우 비나 내리는 인드라 대신에 위대한 비슈누를 섬기라고 말한다. 인드라는 화가 나서 비를 퍼붓기 시작했다. 7일 동안 퍼부은 비로 인간들이 다 떠내려갈 지경이 되자 크리슈나가 고바르다나 산을 들어 올려 비를 막았다. 인드라는 결국 비를 거두고 크리슈나에게 경의를 표했다.

중앙 성소탑의 북쪽 면 부조,
원숭이 나라의 형제, 발리와 수그리바

원숭이 나라에 왕자인 발리와 수그리바가 있었다. 형 발리는 악마와 싸우기 위해 동굴에 들어갔고, 한참 후 동굴 속에서 발리의 비명 소리가 들렸다. 이를 들은 수그리바는 형이 죽었다고 여겼다. 형을 죽인 악마가 동굴에서 튀어나올지도 모른다고 생각한 수그리바는 동굴의 입구를 막았다. 그리고 자신이 왕위를 이어받았다.

몇 년 뒤 살아돌아온 발리는 동생이 왕이 되기 위해 일부러 동굴의 입구를 막은 것이라고 오해하여 수그리바를 내쫓았다. 쫓겨난 수그리바는 비슈누의 화신인 라마 왕자를 만나 억울한 사정을 이야기했다. 수그리바와 라마 왕자는 함께 발리를 만나러 갔으나 다시 싸움이 벌어졌다. 라마가 쏜 화살에 발리가 맞았고 발리는 아내의 품에서 죽어갔다.

남쪽 도서관의 서쪽 면 부조, 사랑의 신 까마를 불에 태우는 시바

시바의 아내인 샥티는 히말라야의 산신인 자신의 아버지가 남편 시바를 모욕하자, 화가 나서 자살한다. 시바는 아내를 잃은 슬픔에 빠져 카일라스 산에 들어가 명상에 잠겼다. 천 년의 세월이 흘러 샥티는 파르바티로 환생하여 남편인 시바를 애타게 불렀지만 시바는 계속 명상만 할 뿐이었다. 파르바티는 사랑의 신 까마를 불러 자신이 왔음을 시바에게 전해달라고 부탁한다. 까마는 파르바티를 도와주려고 시바의 심장에 사랑의 화살을 쏜다. 시바는 명상을 방해한 까마에게 화가 나서 빛을 뿜는 제3의 눈으로 까마를 태워 죽였다. 그 후 시바는 파르바티와 사랑에 빠진다. 파르바티는 자신을 도우려다 죽은 까마를 살려달라고 시바에게 부탁했다. 시바는 재로 날려버린 것은 되돌릴 수 없지만 대신 까마를 영원히 존재하게 해주겠다고 약속했다. 그래서 힌두교에서는 사랑이 눈에 보이지 않지만 영원한 것이라고 여긴다.

남쪽 도서관의 동쪽 면 부조, 라바나를 발끝으로 눌러 꼼짝 못하게 한 시바

라바나는 머리가 10개, 팔이 20개인 아수라의 왕이었다. 시바를 추종하던 라바나는 시바를 자신이 사는 랑카에 데리고 가기 위해 시바가 있는 카일라스 산을 찾아갔다. 그런데 카일라스 산을 지키는 원숭이 수문장이 라바나를 들여보내주지 않았다. 라바나는 화가 나서 수문장을 때려죽였다. 수문장은 죽으면서 라바나가 원숭이 손에 죽게 될 것이라며 저주를 내린다. 그러자 라바나는 더욱 화가 나 카일라스 산을 들어 흔들었다. 이에 노한 시바는 라바나를 발끝으로 눌러 꼼짝 못하게 했다. 라바나는 시바를 찬양하는 노래를 천 년 동안 부르고 나서야 겨우 풀려났다.

앙코르와트의 미니어처 버전이랄까

반띠에이 쌈레 Banteay Samre

사람이 너무 뜸해서일까, 고양이들은 늘어져서 낮잠을 자고 유적지를 지키는 경비원들은 삼삼오오 모여 그늘에서 쉬고 있다. 그만큼 한가롭고 여유로운 곳. 부조들이 많이 허물어지고 둥글어졌으나, 남아 있는 부조들은 하나도 같은 모습이 없을 정도로 다양해, 예전의 화려함을 짐작할 수 있다. 춤추는 시바, 라마야나의 랑카의 전투, 아이라바타와 인드라, 우주의 바다에서 아난타에 기대어 잠자고 있는 비슈누, 비슈누의 배꼽에서 탄생하는

브라흐마 같은 부조들이 새겨져 있다. 흥미로운 부조들을 힌두 신화에 맞추어 해석해보는 재미가 있다. 정확한 축성 연대나 용도가 밝혀지지 않았지만 12세기 초에 수리야바르만 2세가 건축하고, 이후 증축했으리라 추정한다. 중앙 성소는 앙코르와트의 3층 중앙 성소를 작게 축소한 것처럼 비슷하다. 중앙 성소는 연꽃 봉우리처럼 만들었고, 내벽 안쪽에는 나가 난간이 있다. 난간을 따라 중앙 성소 주변을 한 바퀴 돌아볼 수 있다. 앙코르와트를 짓기 전 연습 삼아 지었다는 설도 있고, 앙코르와트의 모델이 되었다는 설도 있다. 다만 압사라 부조가 없고, 부조를 깊게 양각한 점이 앙코르와트와는 조금 다르다.

> **Tip** **반띠에이 쌈레에 편하게 가는 방법은?**
> 대순회 코스를 오후 4시 이전에 마무리한다면 반띠에이 쌈레를 돌아보고 올 시간이 충분하다. 동 메본이나 스라 스랑에서 출발해 반띠에이 쌈레를 관람하고 돌아오는데 약 1시간 정도 소요. 프놈 쿨렌이나 코 케에 다녀오는 길, 혹은 반띠에이 쓰레이에서 돌아오는 길에 들르면 동선이 편리하다.

동남아 최고의 인공호수로 소풍을 떠나자

서 바라이 West Baray

바라이는 '저수지'라는 뜻이다. 옛 크메르의 왕들은 수도를 정할 때마다 거대한 저수지를 만들었는데, 저수지의 크기로 당시의 왕권이 얼마나 강력했는지 짐작할 수 있다. 동 바라이는 저수지의 흔적도 없이 바짝 말라버렸으나, 서 바라이는 여전히 물이 가득하고 '이게 진짜 사람이 만든 인공 저수지 맞아?' 싶을 정도로 어마어마하다. 동 바라이보다 후대인 수리야바르만 1세 시절 건립되었으며 동서 8km, 남북 2.2km, 평균 깊이 7m로 거대하다. 기계도 없던 시절, 오로지 사람의 손으로 이런 저수지를 만들었다니 놀랍다. 바라이의 한가운데 서 메본이라는 인공 섬이 있고, 섬 안에 가로세로 각 100m의 사원을 지었다. 왕이 서 메본에서 기도를 드릴 수 있도록 프놈 바켕에서부터 서 바라이 동쪽까지 도로와 다리가 놓여 있었다는데 지금은 소실되어 찾아볼 수 없다. 배를 빌려 서 메본으로 들어가볼 수 있지만 거의 폐허가 된 사원은 한창 복원 공사 중이어서 방문해도 조금 실망스럽다. 서 바라이에는 가족끼리 수영을 하러 오는 현지인들이 많다. 물장구를 치는 아이들의 웃음소리가 호수에 반사되는 햇살처럼 반짝거린다. 현지인들처럼 해먹 하나를 빌려 흔들흔들 낮잠도 자고, 달콤한 과일도 실컷 먹고 돌아오자.

Data **지도** 016p-A
가는 법 시내에서 13km 거리. 6번 국도를 타고 공항 방면으로 가다가 오른쪽. 승용차로는 20~30분 거리
요금 입장권 없음. 돗자리와 해먹을 빌리는 데 하루 2달러. 튜브나 구명조끼 대여 요금 1달러. 서 메본으로 들어가는 배삯은 보통 1인 10달러.

서 바라이 여행이 더욱 즐거워지는 팁!

서 바라이까지
자전거 타고 갈 수 있나요?

한강고수부지의 잘 다듬어진 자전거 도로에 익숙한 사람에게는 비포장 자갈길이 꽤 험난할 수 있다. 한국에서 자전거 좀 타봤다 하는 사람도 다녀오고 나면 엉덩이가 아프다고 투덜댄다. 6번 도로까지는 괜찮지만 6번 도로에서 빠져나와 바라이를 가는 길이 조금 험하다. 서 바라이에서 앙코르 톰 쪽으로 빠져나오는 길도 마찬가지. 자전거로는 가는 데 1시간, 오는 데 1시간 정도를 달려야 하니 체력을 고려해 선택하자.

서 바라이는 길거리 음식의 천국!

현지인들이 주로 찾는 소풍 장소인데다, 해먹을 치고 여유롭게 물놀이를 하고, 풍경을 보러 관광버스들도 줄기차게 들락거린다. 관광객들을 대상으로 인기 있는 집은 꼬치구이 집과 과일 가게다. 꼬치구이 집에는 돼지고기, 소고기, 닭고기뿐만 아니라 커다란 생선, 개구리와 작은 새처럼 평소에 보기 힘든 꼬치들도 많아 눈길을 끈다. 앙코르 비어에 곁들이면 안주로 좋다. 게다가 과일만큼은 시엠립 시내보다도 더 저렴하고 맛있으니 평소에 먹고 싶었던 과일이 있었다면 골라보자. 과일은 kg단위로 파는데 과일의 종류에 따라 kg당 1~2달러. 큰 과일들은 조금 더 비싸다. 과일을 고르면 깎아서 담아 준다. 평상에 앉아서 먹고 갈 수도 있고, 스티로폼 박스에 포장해 갈 수도 있다.

함께 둘러보면 좋을 근처의 관광명소는?

이왕 여기까지 나왔으니 전쟁 박물관에 들러보자(047p 참조). 캄보디아 내전 때 사용된 각종 무기와 자료들을 살펴볼 수 있다. 서 바라이에서 시엠립 시내로 돌아가는 길에 맛집으로 소문난 니어리 크메르에 들러 식사를 하는 것도 좋겠다(183p 참조). 시내에서는 굳이 여기까지 나와서 식사를 할 일이 없겠지만, 서 바라이를 둘러보고 돌아가는 길이라면 부담이 없다. 맛있는 크메르 음식을 즐겨보자.

앙코르 왕국 최초의 도시

롤루오 유적군 Roluos Group

크메르 초기의 왕들은 롤루오 지역에서 왕국의 기틀을 다졌다. 자야바르만 2세는 앙코르 왕국을 건국한 후 집권 말기에 롤루오 지역에 정착해서 '하리하랄라야'라는 이름의 도시를 세운다. 시바와 비슈누에게 바쳐진 이 도시는 앙코르 문명을 최초로 꽃피웠다. 롤레이, 프레아 코, 바콩과 같은 유적들에서 앙코르 왕국 초기의 세련된 예술 감각을 엿볼 수 있다. 앙코르 유적지를 연대기 순으로 돌아보고자 한다면 롤루오 지역을 가장 먼저 돌아보아야 하는데 문제는 롤루오 유적지로 가는 방향에 입장권을 구입할 수 있는 티켓부스가 없다는 것. 롤루오 유적지는 앙코르 유적지 통합 입장권이 필요하다. 앙코르 유적 입장권을 구입하려면 앙코르와트 방향인 시엠립 북쪽으로 가야 하고, 롤루오 그룹은 시엠립 동쪽으로 가야 한다. 그러니 동선을 고려해 롤루오 유적의 방문 일정을 짜도록 하자. 롤루오 유적군은 시엠립 시내에서 동쪽으로 약 13km 떨어져 있어 툭툭을 이용할 때 추가요금이 든다. 연대기 순으로 돌아본다면 프레아 코-바콩-롤레이 순으로 방문하고, 일몰을 보려면 롤레이-프레아 코-바콩 순으로 돌아보면 된다.

신성한 소가 경의를 표하는 사원

프레아 코 Preah Ko

롤루오 유적군의 사원들은 방문객이 많지 않아서 한적하다. 무너져 내린 참배로를 따라 프레아 코에 들어서면 사자상이 지키고 있는 3개의 탑이 정면으로 보이고, 그 뒤로 나란히 3개의 탑이 더 있다. 탑 앞에 시바가 타고 다니는 흰 소인 난디를 조각해 두어 시바 신을 위한 사원임을 짐작케 한다. 난디의 조각 때문에 '신성한 소'라는 의미의 프레아 코라는 이름이 붙여졌다. 프레아 코는 시바 신에게 바친 사원이지만 선조들을 모시는 사원이기도 하다. 인드라바르만 1세는 가운데 세워진 가장 큰 탑을 선왕인 자야바르만 2세에게, 왼쪽은 자신의 친부에게, 오른쪽은 외조부에게 바쳤다. 그 뒤로 나란히 세워진 3개의 탑은 앞쪽 3개의 탑과 쌍을 이루는데 각자의 아내를 위한 탑이다. 뒷줄의 탑 3개는 앞줄의 탑보다 조금 작다. 남성을 위한 앞줄의 탑 3개에는 남성 문지기인 드바라팔라가 조각되어 있고, 여성을 위한 뒷줄의 탑 3개에는 여성 문지기인 데바타가 조각되어 있다. 프레아 코의 기둥과 문틀의 조각은 오랜 세월에도 불구하고 형태가 살아있다. 프레아 코에는 다양한 조각이 있는데 그 중에서도 칼라와 가루다의 부조가 볼 만하다.

Data 지도 017p-L
가는 법 시엠립 시내에서 6번 국도를 타고 동쪽으로 약 13km. 툭툭으로 약 30분 소요
운영시간 05:00~17:00, 매표소 운영시간 05:00~17:30
요금 앙코르 유적지 입장권 1일권 20달러, 3일권 40달러, 7일권 60달러

최초의 피라미드형 왕실 사원

바콩 Bakong

인드라바르만 1세는 프레아 코를 건설해 조상을 기린 다음, 바콩을 지어 왕실 사원으로 삼았다. 바콩은 당시의 수도였던 하리하랄라야의 한가운데에 세워졌다. 시바가 사는 메루 산이자 우주의 중앙을 상징한다. 인드라바르만 1세는 데바라자를 위한 최초의 피라미드 형태 국가 사원을 지음으로써 위대한 군주인 자신을 신격화했다. 바콩에는 롤레이, 프레아 코에서는 볼 수 없었던 나가가 최초로 등장한다. 뱀의 머리 부분이 2m가 넘고, 몸통의 지름이 1m 정도로 어마어마하게 크고 비늘까지 선명하다. 바콩으로 들어가는 길에는 나가뿐만 아니라 물이 있는 최초의 해자도 볼 수 있고, 꼬리가 선명하게 남은 사자상도 볼 수 있다. 5층으로 만들어진 바콩은 동서남북의 출입문 양쪽에 사자상이 서 있고, 3층까지는 각 모서리에 코끼리상이 서 있다. 4층과 5층에는 12개의 탑과 주 탑이 있다. 5층의 중앙탑은 12세기 초 수리야바르만 2세 때 무너져 복원했다. 중앙 신전에서 내려다보면 각 방향마다 2개씩, 8개의 탑이 주변을 감싸고 있다. 동쪽의 탑 2개는 무너져 현재는 6개의 탑이 남아 있다. 8개의 탑은 시바의 8가지 형상을 상징한다. 바콩에서는 한적하게 일몰을 즐길 수 있다.

Data **지도** 017p-L
가는 법 시엠립 시내에서 6번 국도를 타고 동쪽으로 약 13km.
툭툭을 타고 약 30분 소요.
프레아 코에서 남쪽으로 400m
운영시간 05:00~17:00,
매표소 운영시간 05:00~17:30
요금 앙코르 유적지 입장권
1일권 20달러, 3일권 40달러,
7일권 60달러

풍년을 기원하던 수상 사원

롤레이 Lolei

롤레이 사원은 롤루오 유적 중에서 가장 마지막으로 지어졌지만, 사원의 기반인 저수지가 가장 먼저 만들어졌기 때문에 최초의 사원이라 불린다. 롤루오 지역에 정착한 인드라바르만 1세는 당시의 수도였던 하리하랄라야에 식수와 농업용수를 공급하기 위해, 크메르 왕국 최초의 인공 저수지를 만들어 다모작을 가능하게 했다. 인드라바르만 1세의 아들 야소바르만 1세는 아버지가 이룩한 수도의 영광을 뒤로 하고 새로운 수도인 야소다라푸라를 지어 프놈 바켕 쪽으로 천도한다. 야소바르만 1세도 아버지처럼 프놈 바켕 동편에 거대한 인공 저수지인 야소다라타타카(동 바라이)를 지어 백성들이 농사에 전념하도록 도왔다. 그리고 선왕의 공덕을 기리기 위해서 아버지가 축조한 저수지 한가운데에 수상 사원인 롤레이를 지었다. 현재 저수지는 메마르고 흙으로 메워졌다. 롤레이는 원래 6개의 탑이 있었던 것으로 추정되나, 4개의 탑만이 남아 있다. 4개의 탑 중앙에 시바의 상징인 링가와 요니가 있고, 탑 사이를 가로질러 사방으로 물관이 뻗쳐 있다. 링가에 물이 떨어지면 물이 홈을 타고 저수지로 흘러드는 구조다. 힌두교를 믿는 사람들은 링가의 윗부분에 물을 부어 흘러내린 물을 먹거나 바르면 시바의 은총을 받는다고 믿었다. 왕은 매년 이곳에서 링가의 윗부분에 물을 부으며 사방의 풍년을 기원했다고 한다.

Data 지도 017p-H
가는 법 시엠립 시내에서 6번 국도를 타고 동쪽으로 약 13km.
툭툭을 타고 약 30분 소요
운영시간 05:00~17:00,
매표소 운영시간 05:00~17:30
요금 앙코르 유적지 입장권
1일권 20달러, 3일권 40달러,
7일권 60달러

둥실둥실 하늘에서 내려다보는 앙코르와트

앙코르 벌룬

높은 곳에 올라 앙코르와트 유적지의 모습을 한 눈에 내려다보고 싶다면 열기구에 도전해보자. 둥실둥실 하늘을 날며 앙코르와트의 장관을 내려다보는 기분이 그만이다. 특히 찬란한 해가 유적지에 떠오르는 아침이나 붉은 석양이 평원을 곱게 물들이는 저녁에는 평화롭고 잔잔한 감동을 느낄 수 있다. 시엠립에서 탈 수 있는 열기구는 두 종류가 있다. 하나는 제자리에 고정되어 아래위로만 움직이는 고정식 벌룬이고, 하나는 바람을 타고 하늘을 날다가 착륙하는 이동식 열기구다. 앙코르와트의 서쪽에는 땅에 고정된 벌룬이 항시 대기하고 있다. 앙코르와트의 일출을 하늘에서 볼 수 있어서 일출 시간에는 예약이 꽉 찰 만큼 인기 있다. 바람이 조금만 불어도 벌룬을 띄우지 않으므로 열기구를 타고 싶다면 날씨를 미리 체크하는 편이 좋겠다.

Data 앙코르 벌룬(고정식)
지도 114p-F
가는 법 앙코르와트 서문에서 서쪽으로 약 1km. 시내에서 툭툭으로 20분 소요 **전화** 012-520-810
운영시간 일출 1시간 전부터 일몰 이후까지 **가격** 1인당 20~100달러 (10~20분 탑승). 건기에 가격 상승. 예약 필수

앙코르 핫 에어 벌룬(이동식)
주소 Sivatha Road, Alley old market area, Siem Reap (날씨에 따라 열기구가 뜨는 위치는 달라진다. 전화로 예약하면 차량을 호텔로 보내서 당일 위치로 픽업해준다)
전화 069-558-888
운영시간 12월 1일~3월 15일, 건기에만 하루 2번 운행, 일출 06:10~6:40, 일몰 17:00~17:30
가격 1인당 125달러
홈페이지
www.angkorballooning.com

Tip 다른 나라에 비해 열기구 투어가 비싸지 않은 편이다. 하지만 이미 열기구를 나본 경험이 있다면 가격 대비 만족도는 고정형 벌룬이 높다. 앙코르와트 유적지의 상공에는 비행이 금지되어 있어서 헬기 투어, 경비행기 투어, 열기구 투어 모두 유적에서 멀리 떨어져서 비행하기 때문.

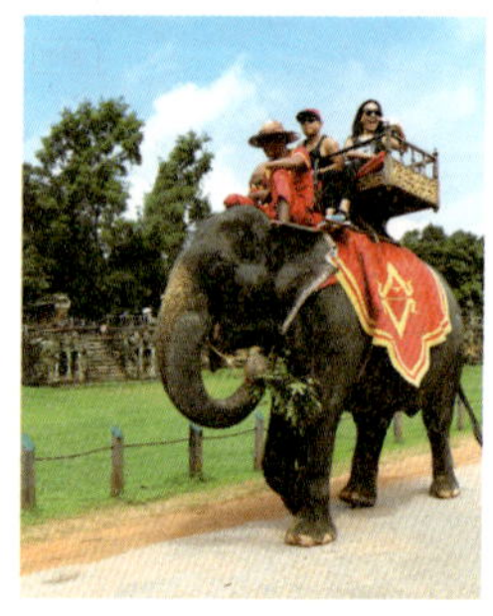

앙코르 유적지를 왕처럼 돌아보자

코끼리 타기

코끼리는 예로부터 힘과 권력의 상징이었다. 왕의 교통수단이 되기도 하고, 전쟁터에서는 지휘관의 탈 것이 되기도 하고, 심지어 전쟁의 무기로, 혹은 돈벌이의 수단으로 이용되었다. 앙코르 유적 내에서는 코끼리를 타고 왕도를 돌아볼 수 있는 곳이 두 군데 있다. 앙코르 톰의 남문과 프놈 바켕의 입구다. 오전에는 앙코르 톰 남문에서 코끼리를 타고 유적지로 들어갈 수 있다. 코끼리를 타고 앙코르 톰의 해자를 건너 남문의 고푸라를 지나서 바이욘의 동문 앞까지 이동한다. 오후가 되면 코끼리들은 프놈 바켕의 언덕 밑에 모인다. 일몰을 보기 위해 프놈 바켕의 동산을 오르는 사람들에게 코끼리는 꽤 매력적인 탈 것이다. 걸어 올라가도, 코끼리를 타고 올라가도 똑같이 20분 정도 걸리는데, 지친 여행자들은 산길을 걸어 올라가는 것보다는 편안하게 코끼리 타고 올라가기를 선택한다. 프놈 바켕 아래의 코끼리를 타려면 줄을 서서 기다려야 한다. 오후 4시가 넘어서 코끼리를 타게 되면 일몰이 잘 보이는 프놈 바켕의 중앙 성소 앞 명당자리를 놓칠 수 있다.

Data 지도 114p-F
운영시간 앙코르 톰 남문에서 7:30~10:30.
프놈 바켕에서 15:00~일몰 시
요금 앙코르 톰 남문에서 1인 15달러, 프놈 바켕 올라갈 때 1인 20달러, 내려올 때 1인 15달러

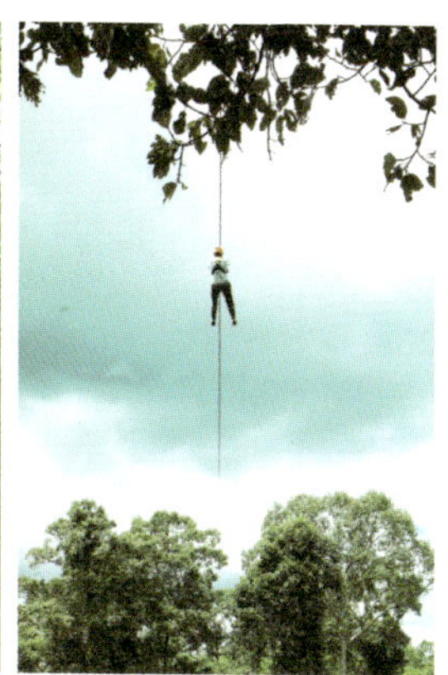

밀림을 나는 긴팔원숭이처럼

집라인

쭉쭉 뻗은 밀림의 나무와 나무 사이를 맘껏 날아보자. '긴팔원숭이의 비행'이라 불리는 집라인이다. 심장이 쫄깃해지는 이 액티비티는 건물과 건물, 혹은 나무와 나무 사이를 케이블을 이용해 이동한다. 앙코르 유적지의 집라인은 모두 15트리로 나무 사이에 놓인 스카이브릿지를 4번 건너고, 집라인을 이용한 활강을 10번 하는 2시간짜리 코스다. 가장 긴 활강 코스가 300m 정도여서 온몸으로 바람을 가르는 스릴을 느낄 수 있고, 나무 위에서 지상에 내려올 때는 50m 수직 하강까지 경험할 수 있다. 5살 이상, 몸무게 126kg 이하, 키 1m 이상이라면 누구나 체험이 가능하다. 한 팀당 2명의 스카이레인저가 앞뒤로 따라다니며 안전띠 착용에서부터 착지까지 꼼꼼하게 살펴준다. 안전띠와 와이어를 착용해야 하니 무릎 밑으로 오는 바지를 입는 편이 좋다. 슬리퍼 대신 운동화를 추천한다. 가져간 짐은 대기실의 사물함에 보관할 수 있다. 작은 카메라는 소지할 수는 있지만 떨어뜨리지 않게 조심하자. 체험 시간 1시간 전에 시내에서 출발해야 한다. 최대한 아침 일찍 시작하는 팀에 합류해야 대기 시간이 길지 않다.

Data **지도** 115p-C
가는 법 타 케오에서 북쪽으로 약 1.5km. 타 프롬 서쪽 입구에서 북쪽으로 약 3km. 시엠립 시내에서 툭툭을 타고 약 40분 소요
전화 969-999-101
요금 5트리 30달러, 8트리 40달러, 15트리 99달러. 앙코르 유적 티켓 별도
홈페이지 www.treetopasia.com

> **Tip** 집라인은 총 15트리이지만 4트리, 8트리 체험도 가능하다. 하지만 중간에 스카이브릿지가 있기 때문에 제대로 된 활강 체험을 하려면 15트리가 제격. 미리 한인업체에서 바우처를 구입하면 저렴하게 이용할 수 있다. 현장에서는 15트리 구매만 가능하다. 집라인 체험장 내에 화장실이 없으므로 미리 화장실에 들르는 편이 좋겠다.

시엠립의 맨 얼굴을 들여다보는 시간

4륜 오토바이 쿼드바이크

평화로운 농촌 풍경에서 시원한 바람을 안고 달리며, 길 한복판에 누워 있는 흰 소를 만나거나 개울에서 발가벗고 수영하는 아이들을 만나보면 어떨까. 쿼드바이크를 타고 먼지 풀풀 날리는 시골길을 달리며 캄보디아의 속살을 들여다보자. 우리나라의 관광지에서 타던 작은 ATV와 달리 훨씬 크고 힘이 좋다. 그만큼 속도도 빠르고 스릴이 있다. 쿼드바이크 사무실에 도착하면 운전하는 방법을 찬찬히 알려준 다음, 뒤에 안내인을 태우고 가까운 거리를 돌아본다. 능숙하게 운전하면 혼자 탈 수 있고, 어렵겠다 싶으면 뒤에 보조자가 동승한다. ATV 행렬의 맨 앞에는 오토바이가, 맨 뒤에는 보조자가 따라와서 길을 잃거나 헤맬 염려는 없다. 긴바지와 운동화를 추천한다. 우기에는 빗물에 흙길이 울퉁불퉁 패여 위험하니 운전에 자신이 있더라도 속도를 늦추는 편이 좋겠다. 1시간 프로그램부터 1박 2일 여행하는 프로그램까지 다양하다. 체력을 고려해 선택하자.

Data 쿼드 어드벤처 캄보디아
Quad Adventure Cambodia
지도 209p-K
가는 법 예약하면 호텔에서 무료로 픽업
주소 Country Rd Laurent, Krong Siem Reap **전화** 017-784-727
가격 1시간 일몰투어 30달러, 2인 1대 40달러. 2시간투어 60달러, 2인 1대 75달러 등
홈페이지 www.quad-adventure-cambodia.com

캄보디아 쿼드 바이크
Cambodia Quad Bike
가는 법 예약하면 호텔에서 무료로 픽업
주소 Salakomreuk, Sangkat Salakomreuk, Siem Reap
전화 012-893-447
가격 2시간 30분 일출투어 65달러, 2인 1대 75달러. 2시간투어 55달러, 2인 1대 70달러 등
홈페이지 www.cambodiaquadbike.com

시엠립 쿼드 바이크 어드벤처
Siem Reap Quad Bike Adventure
가는 법 예약하면 호텔에서 무료로 픽업
주소 #169 Wat Damnak Road, Wat Damnak Village, Sala kam reuk commune, Siem Reap
전화 012-324-009
가격 1시간 30분 투어 45달러, 2인 1대 55달러, 1박 2일 투어 2인 1대 650달러 등
홈페이지 www.srquadbikeadventure.com

EAT

앙코르와트 앞 깔끔한 레스토랑
앙코르 카페 Angkor Cafe

시엠립 시내의 블루 펌킨에서 운영하는 레스토랑 겸 카페이다. 에어컨 바람이 시원하고, 깔끔하고 분위기도 좋아서 땀 흘리며 사원을 돌아다닌 여행자들의 발걸음을 절로 끌어당긴다. 메뉴도 시내의 블루 펌킨 카페와 유사하다. 크메르 전통 메뉴, 샌드위치와 베이커리, 커피와 각종 주스들까지 다양한 메뉴를 선보인다. 아이스크림 쇼케이스가 있어 취향에 따라 골라먹을 수 있다. 레스토랑 한쪽에는 아티산 앙코르에서 운영하는 기념품 숍이 있어, 식사 전후에 구경하는 재미가 있다.

Data 지도 114p-F
가는 법 앙코르와트 서문 맞은편 주차장
주소 Angkor wat road(opposite Angkor wat), Siem Reap
전화 017-692-370 **운영시간** 07:00~18:00 **가격** 크메르옐로우치킨커리 6달러, 비프버거세트 9달러, 수박주스 3달러, 아이스크림 2달러

없는 것 빼고 다 있다
니어리 크메르 앙코르 레스토랑

Neary Khmer Angkor Restaurant

니어리 크메르 앙코르 레스토랑은 앙코르 카페 바로 뒤편에 있다. 한국인들 사이에서는 유명하지 않지만 현지 가이드와 외국인들에게는 꽤 알려진 레스토랑이다. 시원하게 탁 트인 내부에서 휴식을 취하거나 배를 채우기 위해 많이 몰린다. 베트남, 태국, 크메르 음식까지 다양한 메뉴를 제공한다. 예쁘게 접어 테이블에 올린 빨갛고 노란 냅킨이 식탁보와 조화를 이룬다. 코코넛껍질에 담겨져 나오는 아목과 커리가 인기메뉴. 6번 국도를 타고 공항 쪽으로 가는 길에 분점이 있다.

Data 지도 114p-F
가는 법 앙코르 카페 바로 뒤편
주소 Angkor wat road(opposite Angkor wat), Siem Reap
전화 012-422-247 **운영시간** 6:00~17:00
가격 치킨커리 코코넛 6달러, 아목피시 코코넛 6.5달러, 아이스커피 3달러
홈페이지 www.nearykhmerrestaurant.com

앙코르 유적 관람 중 점심식사는 여기에서

코끼리 테라스 앞 노점 식당

코끼리 테라스와 문둥이 왕 테라스까지 앙코르 톰을 둘러보는 여정을 마치고 나면 툭툭 기사가 기다리는 곳으로 이동하는데, 그 뒤편으로 식당들이 늘어섰다. 시엠립 시내까지 왕복 1시간 이상 걸리므로 오후에도 계속 유적을 돌아볼 예정이라면 이 근처에서 식사하자. 툭툭 기사가 안내하는 식당으로 가도 크게 실망할 일은 없다. 식당의 맛과 가격대는 거의 동일. 보통 툭툭 기사는 식당에 손님을 안내하고 점심을 대접받는다.

Data **지도** 115p-C
가는 법 문둥이 왕 테라스 맞은편, 툭툭 주차장 뒤편
가격 가격이 저렴하지는 않음. 점심과 음료를 주문 시 평균 1인 10달러 선

스라 스랑 앞 레스토랑들

호수처럼 거대한 스라 스랑의 주위에 레스토랑이 늘어섰다. 대순회 코스의 오전 일정을 마치면 보통 스라 스랑 근처의 레스토랑에서 점심을 먹는다. 오후에도 계속 유적을 돌아볼 예정이라면 이곳에서 점심을 먹는 편이 효율적. 대부분의 식당에는 에어컨이 나오고, 큰 식당들은 단체 관광객을 받기도 한다. 어차피 근처의 식당들은 메뉴와 맛과 가격대가 비슷하니 툭툭 기사가 안내하는 식당으로 가면 무난하다.

Data **지도** 115p-H
가는 법 스라 스랑을 빙 둘러 레스토랑들이 이어진다
가격 가격이 저렴하지는 않음. 점심과 음료를 주문 시 평균 1인 10달러 선

Tip **물 조심!**
물은 반드시 생수를 사 마시고, 식당에서 제공하는 얼음은 웬만하면 먹지 않는 편이 좋다. 예민한 사람이라면 얼음이 들어간 아이스커피나 생과일 주스도 조심하자. 자칫 물갈이로 고생할 수 있다.

앙코르 유적지 노점상에선 무엇을 파나?

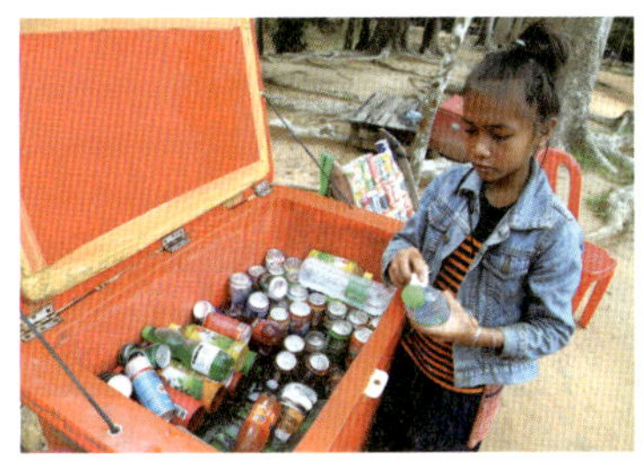

생수와 음료수

뜨거운 태양 아래를 걸어다니면 땀 나고 갈증
도 난다. 사원을 둘러보고 나오는 길에 아이
스박스에 담긴 물이나 캔 음료를 1~2달러,
시원한 맥주는 보통 2달러에 판다.

코끼리 바지

일명 코끼리 바지라고 불리는 이 바지는 통이
넓고 시원하며 걷기에 편하다. 옷차림이 제한
되는 사원에 갈 때는 무릎을 덮는 바지가 필
요하니, 한 벌쯤 사 입어도 좋겠다. 7부 소매
의 면 티셔츠도 시원하다. 시내 곳곳의 마켓
보다 사원 근처의 노점에서 사면 좀 더 저렴
하게 흥정하기 좋다. 바지 3~8달러, 면 티
셔츠 3~5달러 정도.

스카프

유적지에서 파는 스카프는 실크라며 판매하
지만 진짜 실크는 찾기 어렵다. 그래도 급히
두를 만한 스카프를 찾는다면 3~5달러 정도
에 구입할 수 있다. 선물용으로 좀 더 퀄리티
있는 스카프를 찾는다면 시엠립 시내 마켓에
서 구입하자.

그림

사원 앞이나 안에서 수채화 그리는 사람들을
종종 볼 수 있다. 가끔씩 수준 높은 그림 실
력에 깜짝 놀랄 정도. 즉석에서 그린 그림을
판매한다. 가죽에 구멍을 뚫어 그림을 새긴
작품이라던가, 앙코르와트의 부조를 판화처
럼 찍어낸 작품을 팔기도 한다. 화려한 금박
을 입힌 그림이나 나무로 만든 불상도 볼 수
있다. 가격은 천차만별.

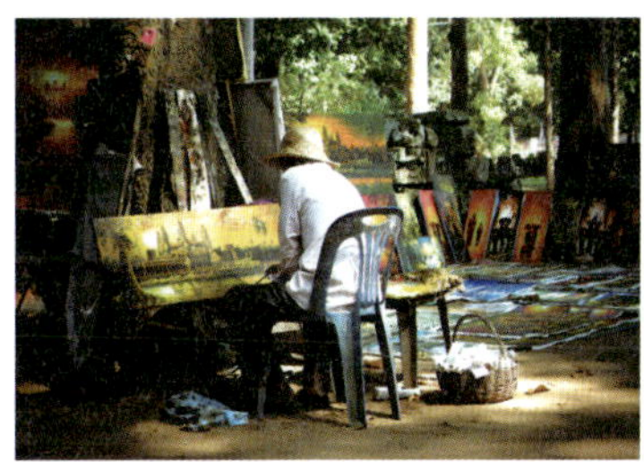

액세서리

모자나 선글라스 같은 액세서리들이 먼지를
뒤집어쓰고 놓여 있다. 값이 저렴한 만큼 질
도 저렴하므로 한국에서 준비해오는 편이 좋
겠다. 엽서나 열쇠고리, 자석 같은 기념품은
보통 1달러.

02

앙코르 근교 유적
SUBURBS OF ANGKOR

앙코르 왕조의 찬란한 문화 유산은
시엠립 근교에서도 빛을 발한다.
북쪽의 수도였던 코 케,
허물어진 모습도 아름다운 벵 밀리아,
크메르의 젖줄 톤레삽과
신성한 산인 프놈 쿨렌까지.
하루가 아쉽다.

Suburbs of Angkor
PREVIEW

앙코르 유적지의 매력에 푹 빠진 사람이라면 놓치고 싶지 않을 법한 근교 유적들이 있다.
시엠립 시내에서 출발해 짧게는 반나절, 길게는 하루를 꼬박 소요해야 하지만,
일부러 시간을 내어 둘러봐도 좋을 만큼 독특하고 개성 있는 여행지들이다.

SEE

프라삿 톰을 보러 코 케 지역으로 가보자. 거대한 프라삿 톰 외에도 프라삿 프람 같은 아기자기한 사원들을 둘러보는 재미가 있다. 예로부터 성스러운 산이라고 일컬어지던 프놈 쿨렌 나들이도 즐겁다. 바위 위에 조각된 와불도 만나고, 물속에 조각된 천 개의 링가도 보고, 영화 '툼 레이더'의 배경이었던 폭포를 배경으로 사진도 찍어보자. 세계에서 네 번째로 큰 호수이자 동양에서 가장 큰 호수인 톤레삽도 빼놓을 수 없다. 크메르 왕조의 젓줄이었던 톤레삽은 아직도 수상가옥촌 사람들이 살아가는 삶의 기반이다. 톤레삽 호수를 붉게 물들이는 노을을 놓치지 말자. 타 프롬과 프레아 칸에서 나무와 유적이 얽혀 있는 모습에 반한 사람이라면 벵 밀리아로 가보자. 벵 밀리아만의 독특한 정취를 느낄 수 있다.

EAT

코 케 지역에는 여행자들이 갈 만한 레스토랑이 발달하지 않았다. 시내에서 도시락을 사가거나, 돌아오는 길에 벵 밀리아 앞의 레스토랑에 들러 점심을 먹는 편이 좋겠다. 벵 밀리아 앞에는 최근 부쩍 많아진 단체 관광객 때문에 레스토랑이 많이 늘었다. 프놈 쿨렌에는 여행자들을 위한 레스토랑이 두세 군데 있다. 물놀이터 앞의 평상에 앉아서 도시락을 먹어도 좋겠다. 톤레삽에 가면 수상 레스토랑을 이용할 수 있다. 수상 레스토랑에서 간단한 요리와 맥주, 음료를 즐길 수 있다.

Suburbs of Angkor
GET AROUND

어떻게 갈까?

앙코르 근교 유적에 다녀오려면 차를 렌트하는 것이 좋겠다. 시엠립에서 코 케는 약 120km, 벵 밀리아는 70km, 톤레삽의 캄퐁 플럭은 30km, 프놈 쿨렌은 50km 떨어져 있는데다 중간중간 비포장도로가 있어 툭툭으로 다녀오기 어렵다. 차량을 대여할 때는 보통 시엠립에서 오전 8시쯤 출발해서 저녁에 시내로 돌아오기까지를 하루 일정으로 잡는다.

어떻게 다닐까?

코 케는 벵 밀리아와 묶어서 하루 일정으로 돌아보면 편하다. 아침 일찍부터 서두른다면 코 케와 벵 밀리아, 롤루오 유적군까지 하루에 다 돌아볼 수 있다. 부지런한 여행자라면 프놈 쿨렌 가는 길에 지뢰 박물관에 들르고, 돌아오는 길에 반띠에이 쓰레이와 반띠에이 쌈레까지 들러 볼 수 있다. 벵 밀리아나 톤레삽 호수는 각각 반나절이면 가능. 차량을 렌트한다면 프놈 쿨렌 다녀 오는 길에 톤레삽을 들르거나, 벵 밀리아를 보고 톤레삽을 보아도 좋겠다. 톤레삽 호수는 시엠립에 서 출발하는 다양한 반나절 투어를 이용하면 편하다. 톤레삽 투어에 벵 밀리아를 포함하기도 하니 꼼꼼히 살펴본 후에 예약하자.

SEE

반역의 도시? 링가의 도시!

코 케 Kor Keh

자야바르만 4세는 수도인 앙코르보다 더 찬란한 새로운 수도를 만들겠다며 천도를 감행했다. 커다란 저수지 라할을 짓고, 라할을 중심으로 거대한 도시, 링가푸라를 건설했다. 링가푸라는 '링가의 도시'라는 뜻으로 현재의 코 케 지역을 뜻한다. 코 케 일주도로에 들어서면 바로 왼쪽에 프라삿 프람이 나타난다. 요정이 나타날 만큼 아름다운 유적이니 놓치지 말자. 프라삿 톰으로 들어가면 난디의 머리, 바닥에 누운 나가, 목 없는 부처, 나뒹구는 요니 등 참배로의 자취를 찾아볼 수 있다. 이곳의 수많은 동

Data **지도** 191p
가는 법 시엠립 시내에서 북동쪽으로 약 120km. 소요시간 약 2시간
운영시간 05:00~17:00,
매표소 운영시간 05:00~17:00
요금 코 케 입장료 10달러,
벵 밀리아 5달러. 매표소에서 벵밀리아 티켓과 코 케 티켓을 동시에 구입 가능

적인 조각들은 '코 케 스타일'이라 불릴 만큼 시대를 반영하는 독특한 양식으로 인정받고 있지만, 많은 조각들이 훼손되고 약탈당하였다. 남아 있는 유물들은 프놈펜의 국립 박물관에 보관 중이다. 7층 높이의 웅장한 프라삿 톰의 꼭대기에 오르면 앙코르와트나 앙코르 톰을 짓기 전에 이렇게 거대한 건축물을 지은 고대 앙코르인의 저력에 감탄하게 된다. 행정구역상으로 시엠립 주가 아닌 프레아 비히어 주에 위치하고 있어 앙코르 유적지 티켓과 별도의 티켓을 구매해야 한다.

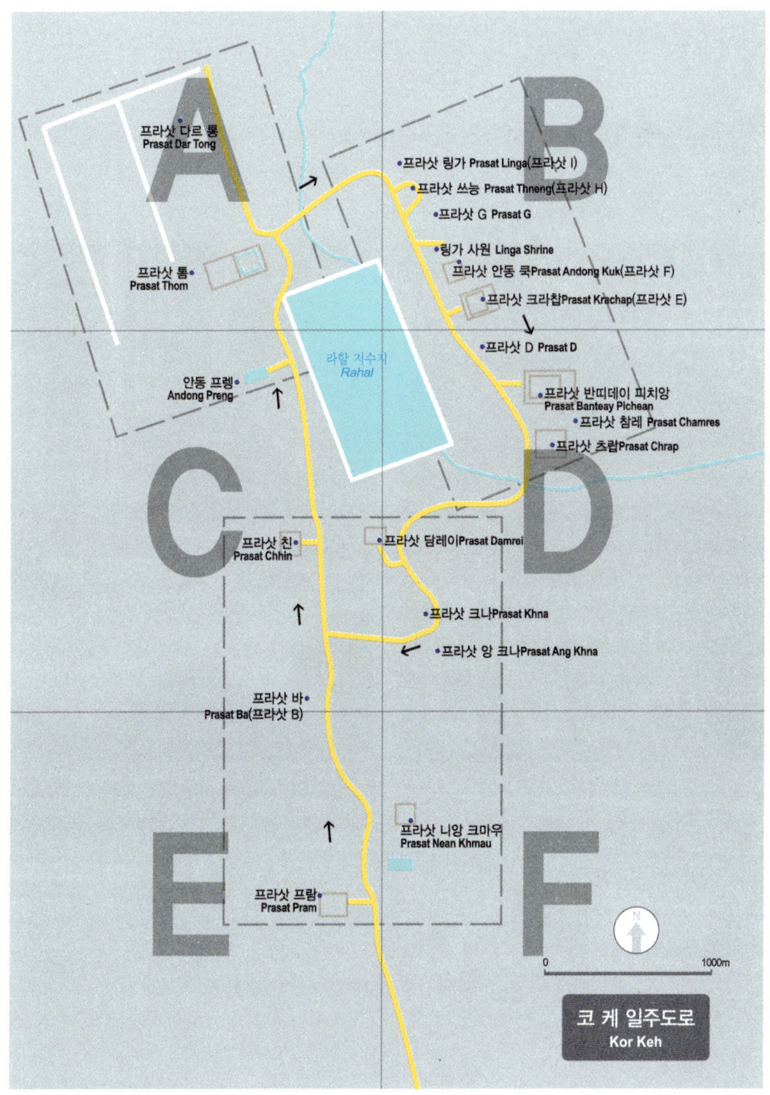

코 케 지역은 시엠립 시내에서 북동쪽으로 약 120km 떨어진 곳이다. 2013년 이후 벵 밀리아에서 코 케에 이르는 대부분의 도로가 포장되어 접근하기에 편해졌다. 코 케에서는 일주도로를 따라 프라샷 프람, 프라샷 톰, 프라샷 링가 같은 사원들을 둘러보자.

|Theme|
코 케 꼼꼼하게 둘러보기

코 케를 여행할 때는 코 케 일주도로를 따라 드라이브를 하면서 사원 앞에 내려 둘러보고 이동하기를 반복한다. 아기자기한 사원들 각각의 매력을 발견하는 재미가 있다.

나무가 탑을 너무나 사랑하는
프라삿 프람 Prasat Pram

코 케에 도착하면 가장 먼저 방문하는 사원이 프라삿 프람이다. 프라삿 프람은 '5개의 사원'이라는 뜻으로 5개의 탑으로 이루어졌다. 나란히 서 있는 3개의 탑은 힌두의 주요 3신인 브라흐마, 비슈누, 시바를 상징한다. 타 프롬이나 벵 밀리아를 둘러보며 유적과 나무의 조화로움에 감탄했던 사람이라면 이 작은 사원에도 반해버릴 것이 분명하다. 나무 한 그루가 탑 하나를 꼬옥 감싸 안았다.

왕이 오르내렸던 피라미드형 사원
프라삿 톰 Prasat Thom

왕의 권위를 나타내기 위해 지은 프라삿 톰은 7층으로 된 피라미드 형태의 사원이다. 1층의 높이가 35m, 길이는 55m나 된다. 프라삿 톰의 제일 꼭대기에는 지름이 5m, 높이 18m의 거대한 링가가 놓여 있었다고 전해진다. 지금은 링가가 사라지고 그 자리에 구멍이 휑하게 뚫려 있다. 링가푸라라는 이름에 걸맞게 프라삿 톰 주변의 담장 위에도 용의 몸통이 올려져 있고, 링가들이 세워져 있다.

자야바르만 4세는 왜 이렇게 먼 곳으로 수도를 옮겼을까?

여기에는 두 가지 설이 있다. 자야바르만 4세가 반역을 꾀했다는 설과 정당하게 왕위를 물려받아서 천도를 했다는 설이다. 어떤 역사학자들은 하샤바르만 1세와 자야바르만 4세의 재위 기간이 몇 년 겹치는 기록을 두고 자야바르만 4세가 반역을 도모했다고 주장한다. 이에 따르면 자야바르만 4세는 하샤바르만 1세와 다투다가, 왕권을 상징하는 링가를 탈취해 코 케 지역에서 나라를 세운 것. 앙코르 왕조는 하샤바르만 1세가 통치하는 남쪽 왕조와 자야바르만 4세가 통치하는 북쪽 왕조로 분열되었다고 본다. 어떤 역사학자들은 자야바르만 4세가 정당하게 왕위를 물려받고 자신의 고향이었던 코 케에 새로운 수도를 세웠다고 주장한다. 어느 쪽 주장이 맞는지는 아직 밝혀지지 않았다. 자야바르만 4세가 죽은 뒤, 아들인 하르샤바르만 2세가 왕위에 올랐으나 3년 만에 죽음을 맞는다. 이후 자야바르만 4세의 조카였던 라젠드라바르만 2세가 왕위를 이어받아 원래의 야소다라푸라 지역으로 다시 수도를 옮겼고, 코 케의 시대는 16년 만에 막을 내린다.

코 케와 함께 둘러볼 만한 사원은?

Tip 시엠립에서 코 케를 오가려면 하루를 잡아야 한다. 오가는 길에 벵 밀리아를 들르는 동선이 편하다. 시간 여유가 있다면 롤루오 유적군도 들렀다가, 바콩 사원에서 일몰을 보는 것도 좋다. 우기에는 코 케로 출발하기 전에 도로 사정을 살피고 출발하자.

프라삿 톰에는 어떻게 올라가나요?

중앙계단으로 정상에 오르는 길은 더 이상 사용되지 않는다. 사원을 바라보고 오른쪽 방향에 새로 놓인 계단으로 올라갈 수 있다. 우기에는 계단까지 가는 길이 질척한데, 조금 돌아가더라도 사원 왼쪽에서부터 시계 방향으로 돌아가면 좀 덜하다. 질척함을 무릅쓰고 가로질러 가면 신발이 빠질 수 있으니 주의할 것.

개미를 조심하세요!

코 케의 작은 프라삿들을 둘러볼 때는 개미를 주의하자. 작은 유적들에는 사람의 발길이 거의 닿지 않아 야생이 살아 있다. 개미들의 행렬을 자주 볼 수 있는데, 신발 위로 올라와 물기도 한다. 샌들보다는 운동화, 트레킹화를 신는 편이 좋다. 차에서 내릴 땐 벌레 퇴치제를 충분히 뿌리도록 하자.

자연과 하나되어 자연스러운 유적

벵 밀리아 Beng Mealea

벵 밀리아가 처음 관광객에게 개방되었을 때만 해도 이곳은 흡사 영화 '인디아나 존스' 체험장 같았다. 사원 안에서 마주치는 사람은 열 손가락에 꼽을 정도였고, 심지어 유적 관리인이 늘어진 나뭇가지에 여행자들을 앉혀 그네를 태우기도 했다. 아쉽게도 이제 벵 밀리아는 더 이상 한적하지 않다. 관광객들을 위한 통로가 잘 정비된 건 좋은 일이지만, 단체 관광객이 붐비기 시작했다. 사원 앞의 식당들도 늘어났다. 다행이라면 독특한 분위기가 아직 살아있다는 점. 유적과 나무가 빚어내는 매력적인 분위기를 좋아하는 사람이라면 오래도록 시간을 보내고 싶을 것이다. 벵 밀리아는 건축 연대와 용도 등에 대한 자료가 발견되지 않았다. 건축 양식으로 보아 앙코르 중기 정도라고 짐작한다. 앙코르와트가 중앙 성소로 갈수록 피라미드형인 것과 달리 벵 밀리아는 단순 평면 형태이며 규모가 작다. 건축 연대는 앙코르와트보다 앞선 11세기 말에서 12세기 초에 수리야바르만 2세에 의해 만들어진 것으로 추정하고 있는데, 학자에 따라서는 수리야바르만 2세의 선대왕이 만들었다고 주장하기도 한다. 중앙 성소를 포함해 대부분의 돌들이 무너져 내렸지만 내부에 나무 데크를 잘 깔아두어 다니기에 위험하지 않다.

Data 지도 015p-A
가는 법 시엠립 시내에서 동북쪽으로 70km. 툭툭으로 갈 경우 2시간, 승용차로 갈 경우 1시간 30분 소요
운영시간 05:00~17:00, 매표소 운영시간 05:00~17:00
요금 벵 밀리아 입장료 5달러. 앙코르 유적지 티켓과 별도의 티켓을 구매해야 한다

벵 밀리아 사원의 체크 포인트!

벵 밀리아의 사진 포인트는?

벵 밀리아의 무너진 진입로 앞에 서서 오른쪽 귀퉁이 쪽을 돌아보자. 거대한 나무가 외벽 위에 앉아 있다. 미야자키 하야오가 이 나무를 보고 〈천공의 성, 라퓨타〉를 그렸다고 한다. 외벽 바깥에서 보아도 근사하지만, 벵 밀리아를 둘러보고 나오는 길에 사원 안쪽에서 보는 모습이 더 멋지다.

벵 밀리아에 가면 식사는 어디서?

시엠립에서는 이른 아침 유적지로 출발하는 사람들을 위해 조식을 도시락으로 제공하는 호텔이 많다. 호텔을 예약할 때 조식을 포함했다면, 추가요금 없이 도시락으로 바꿀 수 있는지 미리 체크해보자. 보통 오전 6시부터 도시락을 제공한다. 도시락 서비스를 못 받았다면 벵 밀리아로 가는 길에 대나무 찹쌀밥이나 바게트로 만든 샌드위치를 사가자. 꽤

든든한 한 끼가 된다. 코 케와 함께 둘러보는 경우 코 케 근처에는 식당이 마땅치 않으니 벵 밀리아 앞의 식당을 이용한다. 가격대는 시내보다 약간 높다.

벵 밀리아와 함께 둘러볼 만한 유적지는?

코 케와 묶는 하루 일정이나 롤루오 유적군과 함께 둘러보는 일정, 혹은 캄퐁 플럭 수상 가옥촌과 묶어서 둘러보는 일정이 가능하다. 아침 일찍 출발하여 바쁘게 움직이면 코 케에 갔다가 돌아오는 길에 벵 밀리아와 롤루오 유적군까지 들러볼 수도 있다. 오전에는 롤루오 유적군, 점심쯤 벵 밀리아를 돌아본 후 톤레삽 호수에 들러 일몰을 감상하고 시내로 돌아오는 방법도 있다.

아이들이 따라 붙는다면?

벵 밀리아에 지금처럼 나무 데크가 깔려있지 않았을 때에는 아이들이 여행자들에게 길을 안내해주고 1~2달러씩 용돈을 벌어가곤 했다. 지금은 사람도 많아지고, 길도 있지만 여전히 유적 내에 아이들이 돌아다닌다. 자신이 무언가를 보여주겠다며 끊임없이 말을 붙이지만, 웃으며 거절하는 편이 좋겠다.

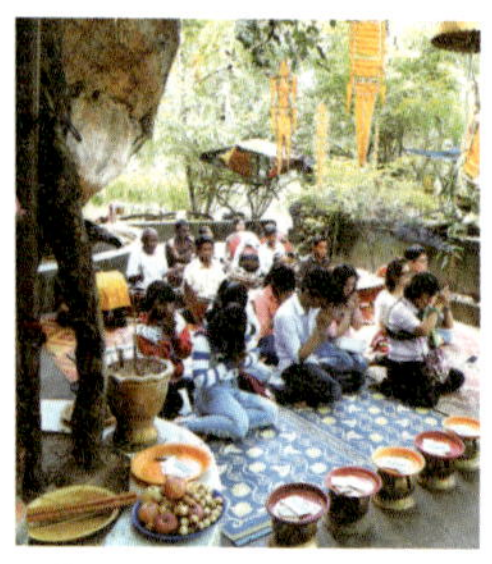

앙코르의 역사가 시작된 신성한 산

프놈 쿨렌 Phnom Kulen

프놈 쿨렌의 옛 이름은 '마헨드라파르바타'였다. 마헨드라파르바타는 신들이 모여 사는 신성한 궁전의 이름이다. 크메르 인이 프놈 쿨렌 산을 얼마나 신성하게 생각했는지 알 수 있다. 자야바르만 2세가 프놈 쿨렌에서 데바라자 의식(왕위에 오를 때 거행하는 신왕일치 의식)을 거행하고 크메르 제국을 창시한 사실만 보아도 그렇다. 크메르 인들은 프놈 쿨렌을 시바 신이 거하는 축복받은 땅이라고 생각하여, 프놈 쿨렌에서 발원한 물은 신성하고 영험한 힘을 가지고 시엠립까지 흘러간다고 믿었다. 산 아래엔 채석장이 있는데 앙코르와트를 짓기 위한 사암을 이곳에서 가져갔다고 한다. 산을 올라가는 길은 아직 비포장도로다. 프놈 쿨렌은 마치 종합선물세트 같다. 산도 좋고 물도 좋다. 구불구불 산을 올라가 바위에 조각된 열반에 든 부처를 만나고, 현지인들이 기도하고 있는 프레아 앙토 사원을 둘러보며, 졸졸 흐르는 냇물 바닥에 새겨진 1천 개의 링가와 요니를 감상하고, 영화 〈툼 레이더〉에서 안젤리나 졸리가 뛰어내렸던 거대한 폭포도 감상하자.

Data 지도 017p-C
가는 법 시엠립에서 북쪽으로 약 50km. 차량으로 편도 약 2시간. 프놈 쿨렌 산길은 일방통행이어서 오전에는 올라갈 수만 있고, 오후에는 내려올 수만 있다
요금 별도 입장권 필요. 성인 1인 20달러

프놈 쿨렌 여행을 위한 깨알팁!

프놈 쿨렌에는 빨간 바나나가 있다고?

프놈 쿨렌을 오르는 길에 빨간 바나나를 파는 집이 두세 군데 있다. 앙코르와트 주변에도 팔기도 하지만 원조는 프놈 쿨렌. 맛은 일반 바나나와 비슷하다. 더욱 희귀한 바나나는 물소의 뿔처럼 생긴 버팔로 바나나. 신기하게도 프놈 쿨렌에서 빨간 바나나 나무를 가져다 다른 곳에 심으면 노란 바나나가 자란다고. 빨간 바나나는 한 송이에 1달러.

물티슈를 꼭 챙겨가자!

프레아 앙 톰 사원에 올라갈 때는 신발을 벗고 올라가야 한다. 어디서나 굴러다니는 모래 흙먼지가 사원 안이라고 없을 리 없다. 게다가 신발을 신고 벗는 곳이 사원과 멀리 떨어져 있어 어쩔 수 없이 땅을 딛게 된다. 깔끔한 기분으로 신발을 신고 싶다면 물티슈를 챙겨가도록 하자.

물놀이나 수영이 가능한가요?

현지인들은 원두막을 대여하고 가장 위쪽 개울에서 물놀이를 즐긴다. 중간 폭포는 물살이 심해 물놀이를 하기 어렵고, 가장 낮은 쪽의 웅장한 폭포 앞에는 주로 서양 관광객들이 물놀이를 즐긴다. 큰 폭포 앞에 작은 탈의실이 있어 1달러를 내고 이용할 수 있다.

반짝이는 돌, 저게 금이라고?

프놈 쿨렌에는 사원을 짓기 위한 채석장이 있었다. 기념품 가게에는 원석도 많고, 돌 조각품도 많다. 특히 사금을 함유하여 번쩍거리는 돌멩이들이 많다. 캄보디아에서는 새 집을 짓는 사람에게 이렇게 사금이 함유된 돌을 선물하면서 잘 살기를 기원한다고 한다.

프놈 쿨렌의 매력에 퐁당 빠져볼까?

신성한 산 위에 누워 있는 부처를 만나러

프레아 앙 톰 Preah Ang Thom

프레아 앙 톰 사원으로 올라가는 계단 앞에는 기도를 하는 현지인들이 앉아 있다. 이들에게 돈을 나누어주면 복을 받는다고 하여 계단 밑에서 1달러를 100리엘, 1천 리엘짜리로 바꾸어 주는 사람이 있다. 사원으로 들어서면 거대한 부처의 발자국이 있다. 프놈 쿨렌이 신성한 산이 된 이유는 1천 개의 링가뿐만 아니라, 부처의 발자국 때문이기도 하다. 먼 옛날 부처님이 바다를 넘어 톤레삽 호수로 올라올 때 프놈 쿨렌을 밟고 들어간 자국이라 전해진다. 프레아 앙 톰 사원은 열반에 드는 부처의 와상으로 유명하다. 약 20m 높이의 거대한 바위를 그대로 두고, 바위의 윗부분에 길이 8m, 높이 2m의 누워 있는 부처상을 조각했다. 11세기 무렵에 조각했다고 추정된다. 와불을 보러가려면 신발을 벗고 계단을 올라가야 한다. 꼬마 아이들이 여행자들의 신발을 맡아준다. 계단 끄트머리에 천장이 있는 건축물은 비바람에 와불 조각상이 손상될까봐 후대에 지어 올렸다. 기도하는 사람들의 목소리가 나직하게 울려 퍼진다.

1천 개의 링가를 어떻게 조각했을까?

크발 스핀 Kbal Spean

퐁퐁 솟아난 샘물은 1천 개의 링가를 지나며 성스러운 기운을 머금고 앙코르 톰 지역을 거쳐 톤레삽 호수로 흘러든다. 11세기에 조각된 1천 개의 요니와 링가 그리고 압사라의 부조가 마모되지 않고 물속에 살아 있다. 건기에는 물속의 링가가 손에 닿을 만큼 잘 보인다. 힌두교도들은 링가의 윗부분에 물을 부어서 요니 부분으로 흘려내리는 물을 먹거나 바르면 시바 신의 은총을 받는다고 믿었다. 그래서인지 이 물이 문둥병 치료에 이용되었다는 설이 전해진다. 물속에 새겨진 압사라 부조는 중간 폭포로 내려가기 전, 평상이 놓인 개울쪽에서 찾을 수 있다. 압사라 부조를 보려면 물에 들어가야 하는데, 우기에는 무릎 위까지 흐르는 물살이 꽤 빠르므로 미끄러지지 않도록 주의하자. 개울의 아래쪽으로 내려오면 나오는 4~5m 높이의 중간 폭포가 나오고 그 옆에 계단을 따라 내려가면 높이 20m의 큰 폭포가 나온다. 영화 〈툼 레이더〉에서 안젤리나 졸리가 몸을 날리던 그 폭포. 철 계단 덕분에 예전보다 접근이 용이해졌지만 난간과 손잡이가 미끄럽고 경사가 심하니 조심하자.

동남아에서 가장 큰 호수
톤레삽 Tonle Sap

톤레삽은 세계에서 네 번째로 크고, 아시아에서 가장 큰 민물 호수이며, 앙코르 유적을 낳은 원동력이자 캄보디아 국토 면적의 15%를 차지하는 넓은 호수이다. 물에 잠겨 있다가 건기에 모습을 드러내는 땅은 볍씨를 휘휘 뿌리기만 해도 쌀농사가 가능할 정도로 비옥하다. 또한 톤레삽에서 잡히는 물고기의 양은 1년에 약 400~500만 톤이나 된다고 한다. 앙코르 왕조는 톤레삽이 제공하는 넉넉한 군량미와 풍부한 물고기 덕분에 인도차이나 전체를 호령하는 대제국으로 성장할 수 있었다. 톤레삽에는 자연과 더불어 살아가는 수상마을, 신비로운 맹그로브 숲, 호수를 물들이는 일몰을 보기 위해 끊임없이 관광객들이 밀려든다. 여행자들이 많이 찾는 수상가옥촌은 네 곳이 있다. 총크니어, 캄퐁 플럭, 메찌레이, 캄퐁 클레앙. 각기 장단점과 개성이 다르니 잘 비교해보고 떠나자.

시엠립 시내에서 가장 가까운 수상가옥촌

총크니어 Chong Khneas

톤레 삽에는 40여 개의 수상마을이 있는데 그중에서 시엠립과 가장 가까운 수상마을은 총크니어다. 시엠립에서 남쪽으로 16km 떨어져 있어 툭툭을 타고 방문하거나 패키지 투어에서 짧은 일정으로 갈 수 있다. 하지만 개별 여행자들이 방문하는 경우에는 매표소에서 뱃삯을 제멋대로 올려 부르는 경우가 많고, 배를 모는 사람들은 대놓고 팁을 요구하기도 한다. 툭툭 기사나 승용차 기사에게 돈을 주고 매표를 부탁하는 편이 좋다. 총크니어의 수상가옥촌에서 제일 먼저 마주치는 것은 각종 봉사단체의 간판과 새로 지어진 학교들이다. 보트를 모는 현지인은 밥을 굶는 아이들을 위해 쌀을 구입해달라고 말하며 쌀가게로 유인하지만 쌀값은 터무니없이 비싸고, 구입한 쌀이 진짜로 아이들에게 배달되는지 알 수가 없으니 바가지를 쓰지 않도록 조심하자. 총크니어에서는 캄보디아 수상가옥촌의 진면목을 만나기 어려워졌기 때문에, 최근에는 여행자들이 주로 캄퐁 플럭으로 가는 추세다. 그래도 가까운 총크니어에 들를 예정이라면 호수는 여전히 드넓고, 일몰은 여전히 곱다는 사실로 위안을 삼자.

Data 지도 200p-A
가는 법 시엠립 남쪽으로 15km.
툭툭으로 약 30분 소요
관람시간 2~3시간
요금 입장료를 포함해 작은 보트 20달러, 큰 보트 25달러 선.
쪽배 요금은 별도

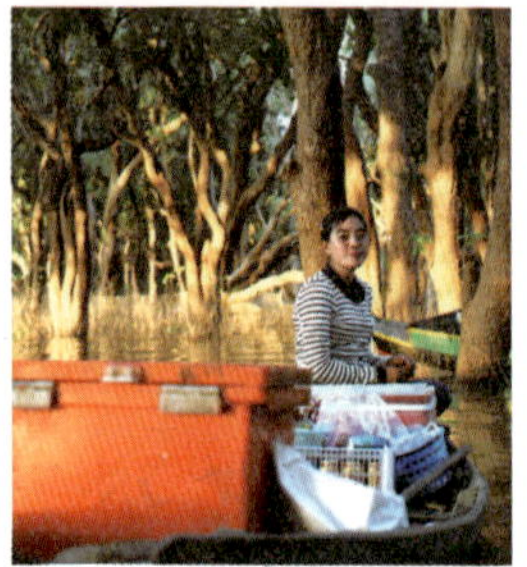

하늘을 찌를 듯한 수상가옥과 신비로운 맹그로브 숲

캄퐁 플럭 Kompong Phluk

보트 타고 한참을 굽이굽이 들어가면 어느 순간 높이 솟은 나무 집들이 등장한다. 수상촌이 아니라 하늘촌 같은 느낌이다. 우기가 되면 3층 높이로 지은 나무 집의 가장 꼭대기 층만 남고 물이 차오른다. 해먹에 누워 잠을 자는 사람, 그물 다듬는 사람, 발가 벗은 채 뛰어다니는 아이들이 마을의 풍경을 이룬다. 남루해보이지만 집집마다 초록빛이 싱그럽다. 마을 안에는 작은 사원과 학교가 있고, 길을 따라 높은 나무집들이 끝없이 펼쳐진다. 보트를 타고 마을 빠져나가면 망망대해 같은 호수가 나타난다. 호수 끝의 수상 레스토랑에 내리면 맹그로브 숲을 탐험하는 쪽배를 탈 수 있다. 해 질 무렵이 되면 호수 한가운데로 나아가 하늘과 호수가 붉게 물드는 광경을 감상하자. 캄퐁 플럭에는 전기가 들어오지 않으므로 완전히 해가 지기 전에 돌아와야 한다. 돌아오는 길에는 하루를 마무리하는 캄퐁 플럭의 속살을 엿볼 수 있다. 이곳 역시 개별 여행자들에게 입장료를 바가지 씌우는 일이 흔하다.

Data **지도** 200p-A
가는 법 시엠립에서 약 30km
요금 소형 보트 1척 대여 20달러, 중간 보트 1척 25달러, 큰 보트 1척 35달러, 입장료 1인 1달러 선. 맹그로브 숲 쪽배 1인 5달러 (팁 별도)

Tip 3월~6월에는 캄퐁 플럭으로 들어가는 길이 물에 잠길 수 있으니 방문 가능 여부를 꼭 확인하자. 쪽배는 7월 중순~3월 초순까지 탈 수 있다.

넓디넓은 톤레삽, 어디로 갈까?

메찌레이 수상촌과 캄퐁 클리앙 수상촌

총크니어와 캄퐁 플럭 수상촌과는 달리 메찌레이 수상촌과 캄퐁 클리앙 수상촌에는 아직 관광객이 적다. 그만큼 순수함이 많이 남아 있는 지역. 메찌레이 수상촌은 철새 도래지로 유명해서 1월에서 2월 사이에 철새 관찰을 포함한 다양한 에코투어가 이루어진다. 캄퐁 클리앙은 시엠립 시내에서 멀리 떨어져 있어서 찾는 사람이 별로 없지만 규모가 꽤 큰 수상촌이다. 건기에 넓은 녹두밭과 땅콩밭이 펼쳐진다.

투어로 갈까, 개별로 갈까?

개별 여행자들은 툭툭이나 승용차를 대절하는 비용에 보트를 대여하는 비용이 따로 든다. 문제는 얼마나 흥정을 잘하느냐에 따라 가격이 천차만별이라는 점. 바가지가 걱정된다면 투어 프로그램으로 다녀오는 것이 좋겠다. 시엠립 시내의 투어 회사들은 오전과 오후로 나누어 톤레삽 투어를 진행하며, 총크니어와 캄퐁 플럭뿐만 아니라 메찌레이까지 포함한 다양한 지역을 선택할 수 있다. 한인 업소에서도 저마다 개성 있는 투어를 제공한다. 삼겹살을 구워먹기도 하고, 맥주를 무제한으로 제공하기도 하니 취향대로 골라보자.

착한 여행의 시작은
삶에 대한 존중에서부터

톤레삽의 수상 가옥을 보면 마음이 착잡해진다. 호수에서 잡은 물고기를 먹으면서도 호수에 쓰레기를 버리고, 호수에서 용변을 보고, 그 물로 몸을 씻는다. 그들은 그렇게 자신들의 삶을 관광객에게 공개하는 대가로 살아간다. 가끔 눈을 돌릴 수밖에 없는 민망한 장면과 마주칠 때는 슬쩍 카메라를 내려놓자. 어떤 경우에도 삶은 존중받아 마땅하니까. 어려움 속에서도 웃음을 잃지 않는 그들에게 예의를 지키며 수상마을을 방문하자.

03

시엠립 시내
SIEM REAP

아침부터 저녁까지 앙코르 유적을
둘러본 여행자들은 시엠립 시내로 돌아와
하루를 마무리하고, 내일을 계획한다.
펍 스트리트와 올드 마켓으로 대표되는
여행자 거리는 매일 밤 세계 각국의
여행자들로 북적인다. 흙먼지 풀풀 날리는
작은 골목과 번쩍거리는 상점이 공존하는
이곳에서 여행자들은 압사라 댄스와
캄보디아 BBQ를 즐긴다.

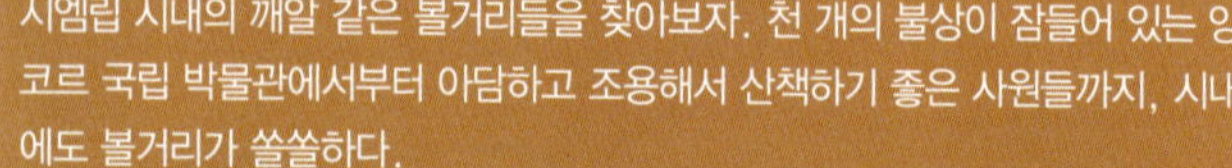

Siem Reap
PREVIEW

누군가에게는 앙코르의 유적지만큼이나 매력적인 보물로 가득 찬 작은 도시이기도 하고,
누군가에게는 유적지에서 쌓인 피로를 풀어주는 오아시스이며, 누군가에게는 밤마다 즐길 거리가
가득한 화끈한 여행자의 거리이기도 하다. 시엠립의 표정은 꽤나 다채롭다.

SEE

시엠립 시내의 깨알 같은 볼거리들을 찾아보자. 천 개의 불상이 잠들어 있는 앙코르 국립 박물관에서부터 아담하고 조용해서 산책하기 좋은 사원들까지, 시내에도 볼거리가 쏠쏠하다.

ENJOY

캄보디아의 다양한 소수민족과 흥을 나누는 민속촌, 천상에서 내려온 듯한 압사라의 공연과 캄보디아의 전통 서커스, 저렴하면서도 퀄리티 높은 마사지까지, 시엠립 시내에는 즐길 거리가 많다.

EAT

여행자들을 위한 도시인 시엠립에서는 캄보디아 음식뿐만 아니라 인도, 태국, 베트남, 일본, 중국 음식과 서양식까지 세계 각국의 음식을 만날 수 있다. 먹고 싶은 음식을 고르기만 하면 된다.

BUY

시장이나 마트에서 알뜰하게 기념품을 쇼핑하는 재미가 있다. 캄보디아만의 실크나 핸드메이드 숍도 여럿, 수준 높은 부티크와 디자이너 숍도 즐비하다.

SLEEP

시엠립 시내에는 휴양을 즐길 만한 럭셔리한 호텔부터 가족들과 지내기 좋은 고급 호텔, 커플들에게 추천하고픈 부티크 호텔, 젊은 여행자들이 선호하는 저렴한 호스텔까지 다양한 가격대와 서비스를 제공하는 호텔이 많다.

어떻게 갈까?

시엠립은 행정 구역상으로는 꽤 크지만 여행자들이 주로 다니는 번화가를 중심으로 보면, 반경 3km 정도 내에서 모든 걸 해결할 수 있다. 가까운 거리는 웬만하면 걸어다닐 수 있지만 더위가 문제. 걷기 힘들면 언제든 툭툭을 잡아타면 된다. 시내에서 조금 떨어진 민속촌까지도 편도 3달러면 충분하다. 시내에서 움직일 때는 편도 1~2달러 정도로 툭툭을 탈 수 있다.

그린 이바이크
Green e-bike
수프 드래곤
The Soup Dragon Restaurant
앙코르 왓?
Angkor what?
왓 프레아 프롬 라쓰 입구
Entrance of Wat Preah Prom Rath
해피 피자
Happy Pizza
주립병원
바나나 리프 레스토랑
Banana Leaf Restaurant & Bar
캄보디안 바비큐 레스토랑
Cambodian BBQ Restaurant
버거킹
Burger King
텔 스테이크 하우스
Tell Steak House
템플 클럽
Temple Club
보디아 스파
Bodia Spa
왓 프레아 프롬 라쓰
Wat Preah Prom Rath
부티크 코쿤
Boutique Kokoon
미스 웡 칵테일 바
Miss Wong Cocktail Bar
블루 펌킨
The Blue Pumpkin
앙코르 트레이드 센터
Angkor Trade Center
푸라 비다 마사지
Pura vida
르 말로
Le Malraux
런더리 바
Laundry Bar
뉴 리프 북카페
New Leaf Book Café
그레인즈 드 캄보주
Graines de Cambodge
레드 토마토
The Red Tomato
앙코르 나이트 마켓
Angkor Night Market
나이트마켓 거리
르 티그르 드 파피에
Le Tigre de Papier
보디아 네이처 Bodia Nature
상퇴르 당코르
Senteur d'Angkor
바디튠 마사지
Body Tune
레드 피아노
The Red Piano
바디 앤 소울
Body&Soul
카야 스파
Kaya Spa
눈 나이트 마켓
Noon Night Market
비어 배틀
Beer Battle
가든 오브 디자이어
Garden of Desire
옐로우 망고
Yellow Mango
피스 앤 러브 바
Peace & Love Bar
더 선 The sun
카야 카페
Kaya Cafe
올드마켓 다리
메콩 퀼트
MekongQuilts
치어스
Cheers
크메르 세라믹
Khmer Ceramic
올드 마켓
Psar Chas
하드 록 카페 앙코르
Hard Rock Cafe Angkor
카페 센트럴
Cafe Central
X바
X Bar
피카소 바
Picasso Bar
속칵 스파
Sokkhak spa
속산 로드
압사라 센터폴 호텔
Apsara Centrepole Hotel
아트센터
나이트마켓 다리
왓 담낙
Wat Damnak
골든 템플
레지던스
Golden Temple Residence
큐리오시티 카페
Kuriosity Cafe
마하라자
Maharajah
아트센터 나이트 마켓
Art Center Night Market
아트센터
나이트마켓 다리
플래티넘 시네플렉스
Platinum cineplex
시바터 로드
0   100m
아티산 앙코르
Artisans d'Angkor
펍 스트리트
Pub Steet

ANGKOR BY AREA 03
시엠립 시내
전쟁박물관
War Museum
시엠립 국제공항
서 바라이|West Baray
A
B
소카라이 앙코르 빌라 리조트
Sokhalay Angkor Report
아난타라
Anantara Resort
캄보디아 민속촌
Cambodian Cultural Village
톤레 메콩
Tonle Mekong
평양 친선관
상퇴르 당코르 워크숍
Senteurs d'Angkor
앙코르 팰리스 리조트
Angkor Palace Resort
로터스 블랑 호텔
Lotus Blanc Hotel
니어리 크메르 레스토랑
Neary Khmer Restaurant
보레이 앙코르 아케이드
Borey Ankor Arcade
아바쿠스 레스토랑 가든&바
Abacus Garden Restaurant&Bar
E
F
푸라비다 호텔&스파
Puravida Hotel&Spa
시바타 로드 상세
파레 캄보디아 서커스
Phare The Cambodian Circus
럭키 몰
Lucky Mall
꿀렌 삐
Koulen 2 Restaurant
J
앙코르 마켓
Angkor Market
프린스 당코르 호텔
Prince D' Angkor Hotel
다기다 Dakida
에쏘 드립
Esso Drip
매드 몽키 호스텔
The Mad Monkey Backpackers Hostel

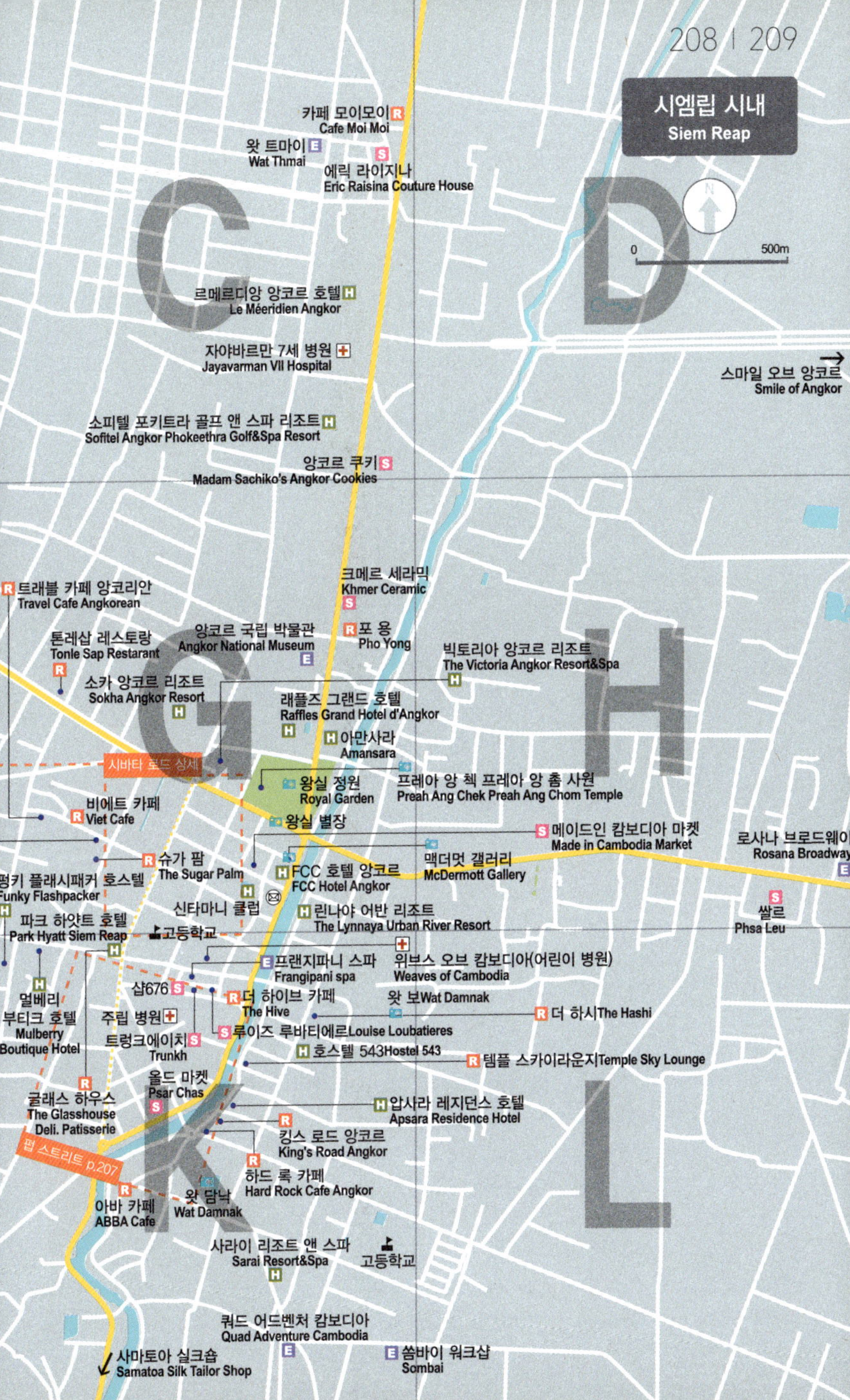

시엠립 시내
Siem Reap
N
0 500m
카페 모이모이
Cafe Moi Moi
왓 트마이
Wat Thmai
에릭 라이지나
Eric Raisina Couture House
르메르디앙 앙코르 호텔
Le Méeridien Angkor
자야바르만 7세 병원
Jayavarman VII Hospital
스마일 오브 앙코르
Smile of Angkor
소피텔 포키트라 골프 앤 스파 리조트
Sofitel Angkor Phokeethra Golf&Spa Resort
앙코르 쿠키
Madam Sachiko's Angkor Cookies
크메르 세라믹
Khmer Ceramic
트래블 카페 앙코리안
Travel Cafe Angkorean
앙코르 국립 박물관
Angkor National Museum
포 용
Pho Yong
빅토리아 앙코르 리조트
The Victoria Angkor Resort&Spa
톤레샵 레스토랑
Tonle Sap Restarant
소카 앙코르 리조트
Sokha Angkor Resort
래플즈 그랜드 호텔
Raffles Grand Hotel d'Angkor
아만사라
Amansara
시바타 로드 상세
비에트 카페
Viet Cafe
왕실 정원
Royal Garden
프레아 앙 첵 프레아 앙 촘 사원
Preah Ang Chek Preah Ang Chom Temple
왕실 별장
메이드인 캄보디아 마켓
Made in Cambodia Market
로사나 브로드웨이
Rosana Broadway
슈가 팜
The Sugar Palm
맥더멋 갤러리
McDermott Gallery
펑키 플래시패커 호스텔
Funky Flashpacker
FCC 호텔 앙코르
FCC Hotel Angkor
파크 하얏트 호텔
Park Hyatt Siem Reap
신타마니 쿨럽
고등학교
린나야 어반 리조트
The Lynnaya Urban River Resort
쌀르
Phsa Leu
프랜지파니 스파
Frangipani spa
위브스 오브 캄보디아(어린이 병원)
Weaves of Cambodia
멀베리
부티크 호텔
Mulberry
Boutique Hotel
샵676
더 하이브 카페
The Hive
왓 보 Wat Damnak
더 하시 The Hashi
주립 병원
트렁크에이치
Trunkh
루이즈 루바티에르 Louise Loubatieres
호스텔 543 Hostel 543
템플 스카이라운지 Temple Sky Lounge
올드 마켓
Psar Chas
글래스 하우스
The Glasshouse
Deli. Patisserie
압사라 레지던스 호텔
Apsara Residence Hotel
펍 스트리트 p.207
킹스 로드 앙코르
King's Road Angkor
하드 록 카페
Hard Rock Cafe Angkor
아바 카페
ABBA Cafe
왓 담낙
Wat Damnak
사라이 리조트 앤 스파
Sarai Resort&Spa
고등학교
쿼드 어드벤처 캄보디아
Quad Adventure Cambodia
사마토아 실크숍
Samatoa Silk Tailor Shop
쏨바이 워크샵
Sombai

/500년 된 와불을 만나는 곳

왓 프레아 프롬 라쓰 Wat Preah Prom Rath

왓 프레아 프롬 라쓰는 번잡한 시내에서 평화로운 산책을 즐길 수 있는 사원이다. 펍 스트리트에서 강변 쪽으로 걸어가다 보면 커다란 연꽃으로 받쳐진 담장과 뱀신 나가가 인도하는 문이 나타난다. 사원 안으로 들어가면 잘 가꾸어진 정원에 커다란 배가 놓여 있다. 배에는 전설이 얽혀 있다. 한 수도승이 매일같이 배를 타고 톤레삽 호수를 가로질러 프놈펜 근처의 롱벡까지 보시를 받으러 갔다가 점심에 시엠립으로 돌아와 밥을 먹었다. 그를 '프레아 앙 창한 호이'라고 불렀다. '새 밥 담긴 항아리를 든 수도승'이라는 뜻. 어느 날, 배가 상어의 공격을 받아 두 동강이 났지만 수도승은 뱃머리에 타고 무사히 시엠립으로 돌아왔다. 배에는 전혀 물이 새지 않았다고 한다. 수도승은 부처가 지켜주신 은덕에 감사하며 사원을 짓고, 부서진 배의 나무 조각으로 와불을 만들었다. 본당의 부처 뒤로 돌아가면 500년 된 와불을 만날 수 있다. 와불을 보고 싶다면 신발을 벗고 경내로 들어가자. 사원을 둘러싼 안쪽 벽에는 부다의 일생을 그린 화사한 색감의 벽화를 볼 수 있고, 사원 바깥으로는 죽은 이들을 기리는 스투파가 각양각색으로 세워져 있다. 어깨와 무릎을 가리는 옷을 입고, 담배나 껌, 통화를 삼가자.

Data **지도** 207p
가는 법 펍 스트리트에서 도보 5분. 앙코르 트레이드 센터 앞에서도 들어갈 수 있지만, 강변 쪽으로 난 문이 정문
주소 Pokambor Ave, Siem Reap
운영시간 06:00~18:00
요금 무료

Writer's Pick!

앙코르의 유적과 역사를 한눈에!

앙코르 국립 박물관 Angkor National Museum

시엠립까지 왔는데 앙코르와트에 직접 가서 보면 되지, 굳이 박물관을 갈 필요가 있을까? 답은 예스. 유적을 꼼꼼히 돌아본 사람에게는 시대별로 정리된 유물을 살펴보며 몰랐던 의미를 깨닫는 시간이 될 테고, 아직 유적을 돌아보지 못한 사람에게는 크메르 문명에 대한 충분한 예습이 될 테니. 게다가 훼손될 우려가 있는 유물은 박물관에 옮겨두어 진품을 만나는 기쁨을 누릴 수 있다. 앙코르 국립 박물관은 너무 더워 야외를 돌아다니기 힘든 시간이나 비가 오는 날에 방문하면 좋다. 둘러보는 데 걸리는 시간은 약 2시간. 매표소에서 한국어 오디오 가이드를 신청할 수 있다. 한국어 리플렛을 들고 2층으로 올라가보자. 시원한 브리핑 홀에서 한국어로 더빙된 영상을 볼 수 있다. 이어지는 전시장은 앙코르 국립 박물관의 백미, '1천 불상의 방'이다. 붉은 배경의 전시장 안에 크고 작은 부처상이 가득하다. 2층에서 크메르 문명과 종교, 왕조에 대한 전시를 보고, 1층에서는 앙코르와트, 앙코르 톰의 화려한 유물을 만나보자. 앙코르 내부 비문과 크메르인 복식을 마지막으로 보면 끝! 1층 작은 카페는 잠시 쉬어가기 좋다. 다양한 기념품을 보유한 뮤지엄 숍을 둘러보는 재미도 쏠쏠하다. 제품의 퀄리티가 높은 만큼 가격대도 높다.

Data 지도 209p-G
가는 법 6번 도로와 샤를 드골 도로의 교차점에서 2분 거리
주소 No.968 Vithei Charles de Gaulle, Khrum 6, Phoum Salakanseng, Khom Sveydangum, Siem Reap Province 전화 563-966-601
운영시간 매일 08:30~18:30 매주 목요일 09:00~11:30 한국인 해설
요금 12세 이상 12달러, 6세~11세 6달러, 5세 이하 무료. 오디오가이드 3달러. 바우처 구매 시 할인
홈페이지 www.angkornationalmuseum.com

저녁이면 현지인들에게 가장 사랑받는 곳

왕실 정원과 프레아 앙 첵 프레아 앙 촘 사원

Royal Garden&Preah Ang Chek Preah Ang Chom Temple

왕실 정원은 시엠립 시내의 가장 넓고 한적한 공원이다. 탁 트인 잔디밭 한가운데 분수가 퐁퐁 샘솟고, 관광객들은 유유자적 시간을 보낸다. 공원을 둘러싼 높은 나무에는 박쥐가 살고 있어 박쥐 공원이라고도 불린다. 자세히 보면 초록색 나뭇잎 사이에 검은 낙엽처럼 매달린 박쥐들을 관찰할 수 있다. 공원 앞에는 6번 국도를 사이에 두고 왕실 별궁의 모습이 보인다. 이름만큼 외관이 화려하진 않다. 관광객에게 개방하지 않아 밖에서 보는 것으로 만족해야 한다. 왕실 정원 옆의 프레아 앙 첵 프레아 앙 촘 사원은 저녁 무렵이면 기도하러 오는 현지인들과 관광객들로 바글거린다. 향 냄새를 따라 사원으로 들어가보자. 경내에는 신발을 벗고 들어가야 한다. 경내 한쪽에서 악기를 연주하고, 한쪽에서는 스님들이 기도를 해준다. 현지인들의 틈에 섞여 자연스럽게 바닥에 앉아 반짝이는 불상을 들여다보자. 사람들은 줄을 서서 불상에 물을 부어 닦아드리고, 무릎을 꿇고 앉아 정성스럽게 기도를 한다. 사원에서 나와 뒤로 돌아가면 부처를 향한 마음의 증표인 각종 꽃다발과 연꽃송이를 파는 작은 노점들이 모여 있어 눈요기할 수 있다.

Data 지도 209p-G
가는 법 6번 도로와 샤를 드골 도로의 교차점
주소 National Route 6, between Oum Chhay St and Pokambor Ave, Siem Reap
운영시간 연중무휴
요금 무료

한때는 궁전으로 사용되었던 넓은 사원

왓 담낙 Wat Damnak

왓 담낙 사원은 생각보다 가깝다. 올드 마켓 앞에서 하드 록 카페 쪽으로 다리를 건너 오른쪽 대각선 방향으로 걸어가면 된다. 프랜지파니 꽃향기가 가득한 사원 안으로 들어가면 의외로 넓은 규모에 놀랄지도 모른다. '담낙'이라는 말은 크메르어로 '궁전'이라는 뜻. 지금은 사원이지만 한때는 20세기 초에 재위했던 시소와스 왕의 궁전으로 사용되었다. 넓은 사원 안에는 부처에게 바친 각양각색의 탑이 솟아 있다. 연못에는 수상 사원이 하나 있다. 죽은 조상을 기리기 위해 지은 스투파와 연못가 주변에서 담소를 나누는 현지인들의 모습을 볼 수 있다. 최근에는 자선단체에서 운영하는 학교와 도서관, 여성을 위한 바느질 교실이 들어섰다.

Data **지도** 207p **가는 법** 올드 마켓에서 다리를 건너 오른쪽 대각선 방향으로 도보 3분. 시내에서 툭툭 타면 1~3달러 **주소** Wat Damnak, Salakamroeuk, Siem Reap **운영시간** 06:00~18:00, 도서관 일요일 휴무 **요금** 무료

시엠립에서 가장 오래된 사원

왓 보 Wat Bo

왓 보 사원은 고요하다. 자박자박 소리를 내는 걸음마저 조심스러워진다. 왓 보 사원은 시엠립 시내에서 가장 오랜 세월을 이겨 낸 사원이라고 한다. 19세기에 칠한 벽화가 잘 보존되어 있다. 불교 사원에 그려진 벽화가 힌두교의 신 라마와 시타의 사랑이야기를 묘사하고 있긴 하지만. 벽화를 보려면 잠긴 문을 열고 들어가야 하는데, 주위를 둘러보아도 문을 열어주는 사람을 찾기 힘들어서 운이 좋아야 들어갈 수 있다. 조용한 사원의 그늘에 앉아 잠시 여유를 부리거나 아기자기하게 조성된 스투파 사이로 이리저리 거닐면서 동남아 사원의 독특함을 느껴보아도 좋겠다. 시엠립의 다른 사원들처럼 경내에 들어갈 때는 신발과 모자를 벗고, 스님이 기도하거나 공양할 때는 방해하지 않도록 하자. 사진을 찍을 때는 허락을 구하자.

Data **지도** 209p-K **가는 법** 앙코르 리베라 호텔 앞에서 다리를 건너 직진하면 5분 소요 **주소** Wat Bo Area, Samdech Tep Vong Street **운영시간** 06:00~18:00 **요금** 무료

Writer's Pick!

다양한 민속 공연에서 자야바르만 7세 대제전까지

캄보디아 민속촌 Cambodian Cultural Village

캄보디아 민속촌은 캄보디아 소수민족의 전통과 문화를 살펴볼 수 있는 곳이다. 넓은 부지에 13개의 소수민족이 사는 마을로 꾸몄다. 각 마을별로 소수민족 고유 특색이 담긴 짤막한 공연을 진행한다. 한 공연당 30~40분 정도. 민속촌 내에서 운행하는 친환경 전기차가 있지만, 여유가 있다면 공연이 끝나고 다음 공연장까지 걸어가면서 구경하길 추천한다. 민속촌 입구에서 유물관과 밀랍 인형관을 만날 수 있다. 자야바르만 7세의 업적에서부터 현재 캄보디아 생활상까지 각 장면이 인형으로 전시되어 있다. 대부호 저택에서 열리는 크메르 전통 결혼식을 시작으로 화교 마을의 중국 전통 공연, 꼴라 마을의 공작새 춤 등이 이어진다. 공연은 유머러스하게 진행되어 누구나 웃고 즐길 수 있다. 크롱 마을의 '신랑 고르기'는 제일 인기 있는 공연이니 놓치지 말자. 금·토·일요일 저녁에는 대규모 야외 공연 '자야바르만 7세 대제전'을 볼 수 있다. 현지인들에게도 인기 있는 공연. 민속촌의 모든 공연은 야외에서 이루어지므로 모기 퇴치제를 꼭 챙겨가자. 비가 오면 공연 취소를 안내하지만, 대극장 외에는 비를 막는 천장이 설치되어 있어 보슬비 정도에서는 대부분 그대로 진행한다.

Data **지도** 208p-A
가는 법 6번 도로에서 공항 방면에 위치, 시내에서 툭툭으로 약 15분 소요
주소 National Road #6, Krours Village, Svay Dangkum Commune, Siem Reap District, Siem Reap
전화 063-963-098
운영시간 매일 08:30~18:30
요금 어른 15달러, 어린이 5달러 (한인업소에서 바우처 구입가능). 영어 가이드 5달러. 전기 차 1시간 기준 7인승 12달러, 10인승 14달러, 13인승 16달러.
홈페이지 www.cambodianculturalvillage.com

공연 프로그램 안내

11:00~11:30 크메르 전통 결혼식 _ 대부호의 집

14:30~15:10 불멸의 크메르 정신, 매혹의 스카프 쇼(금·토·일) _ 소극장

15:25~15:55 크메르 전통 결혼식 _ 대부호의 집

16:05~16:35 중국 전통 공연(월~목), 재미있는 중국 춤 공연(금·토·일) _ 화교 마을

16:45~17:15 꿈꾸는 왕자의 딸과 마법의 공작새 _ 꼴라 마을

17:25~17:55 신랑 고르기 _ 크롱 마을

18:05~18:45 승리의 북 춤 혹은 풍년제 _ 프농 마을

19:00~20:00 자야바르만 7세 대제전(금·토·일) _ 대극장

> **Tip 공연 알차게 즐기기**
> • 매표소에서 입장권을 구입하면 한국어로 된 공연 시간표를 나눠준다.
> • 프로그램은 매 시즌별로 사전 공지 없이 바뀔 수 있다.
> • 공연을 보고 바로 다음 공연장으로 이동하면 민속촌을 효율적으로 둘러볼 수 있다. 다음 공연장에서는 흥겨운 음악이 흘러나오고, 배우들이 앞에 서서 안내해주니 길을 헤맬 염려가 없다.
> • 점심을 든든히 먹고 오후 3~4시쯤 도착해 공연을 보자. 자야바르만 7세 대제전까지 보고 나오려면 배가 고프니 미리 군것질거리를 싸가는 편이 좋겠다. 공연장 사이사이에 매점이 있지만 길거리 음식에 익숙하지 않은 사람에겐 추천하지 않는다.

| 시엠립에서 즐기는 다양한 공연 |

사뿐사뿐 그녀들의 발길이 닿으면 꽃잎이 피어날 것만 같다. 힌두 신화와 불교 신화에 나오는 구름과 물의 요정, 천상의 무희인 압사라의 춤을 감상해보자. 압사라 공연 외에도 캄보디아 전통 서커스를 재현한 파레 서커스, 캄보디아 최초의 트랜스젠더 쇼인 로사나 브로드웨이 쇼, 민속촌에서 열리는 자야바르만 7세 대제전까지 놓칠 수 없는 공연들이 펼쳐진다.

신화와 역사 속으로 떠나는 시간 여행
스마일 오브 앙코르 Smile of Angkor

스마일 오브 앙코르는 천 년의 시간을 거슬러 간다. 작은 소년이 주인공이 되어 앙코르 왕조가 어떻게 세워졌는지 알아가는 모험을 떠난다. 젖의 바다 휘젓기부터 압사라 여신들의 춤, 캄보디아의 서커스까지 모든 볼거리를 조금씩 버무려 놓았다. 공연을 보고 나면 바이욘의 사면상이 내게 말을 걸어올 것만 같다. 공연의 규모가 커 단체 관광객들도 많이 온다. 영어, 중국어, 한국어 자막을 제공한다. 공연을 마치고 나오면 툭툭을 잡기 어려우니 미리 왕복으로 섭외하자.

Data 지도 209p-D
가는 법 르메르디앙 호텔 건너편 60번 도로를 타고 동쪽으로 약 3km. 시내에서 툭툭 편도 약 15분 **주소** Street 60 and Apsara Road, Krong Siem Reap **전화** 636-550-168 **운영시간** 저녁식사 17:00~ 공연 19:30~20:40 **요금** A석 40달러, B석 30달러, 식사 12달러. 식사 포함 A석 48달러, B석 38달러. **홈페이지** www.smileofangkor.info

파크 하얏트 정원에서 즐기는 압사라
나이트 위드 압사라 A Night with the Apsaras

시엠립 시내 한복판에 있는 최고급 호텔 파크 하얏트에서 매일 저녁 압사라 댄스를 공연한다. 호텔 중앙에 있는 코트야드에서 열리며, 투숙객이 아니어도 관람 가능하다. 멋진 정원 정중앙의 흐드러진 나무 주위를 둘러싼 야외 테이블에서 식사를 하거나 칵테일을 한잔하며 공연을 볼 수 있다. 압사라 댄스 외에도 다양한 볼거리를 곁들여 즐거운 시간을 보낼 수 있다.

Data 지도 209p-K
주소 Sivatha Boulevard, Siem Reap
전화 063-211-234 **운영시간** 매일 19:00~20:00 **요금** 무료
홈페이지 siemreap.park.hyatt.com

럭키몰 맞은편 극장식 뷔페식당

꿀렌 삐 Koulen 2 Restaurant

시엠립의 대표적인 극장식 뷔페식당이다. 식사를 하면서 압사라 공연을 볼 수 있다. 650석이 넘는 식당의 규모에 비해 공연 무대가 작아 뒤쪽에서는 잘 보이지 않는다. 비교적 저렴한 가격으로 식사도 하고 공연도 볼 수 있어, 저녁마다 여행자들로 북적인다. 뷔페는 솔직히 맛을 기대하긴 어렵고, 즉석에서 만들어주는 쌀국수가 가장 무난하다. 단체 여행객들이 모여들기 전에 일찌감치 자리를 잡는 편이 좋다.

Data **지도** 209p-I
가는 법 시바타 로드 럭키몰 맞은편
주소 Wat Bo road, Siem Reap
전화 092-630-090
운영시간 저녁식사 18:30~
공연 19:30~20:30
요금 공연과 식사 12달러
홈페이지
www.koulenrestaurant.com

민속촌에서 열리는 대규모 야외 공연

자야바르만 7세 대제전

화려하고 웅장하다. 거대한 코끼리도 등장하고, 소가 끄는 우마차도 등장한다. 압사라 군무는 조명과 어우러져 아름답고, 아크로바틱은 끊임없이 심장을 쫄깃하게 만든다. 참파와의 전쟁에서 승리하고, 크메르 문명의 황금기를 이끌어낸 자야바르만 7세가 앙코르 톰을 짓고 제국을 이루는 피날레가 장관이다. 객석에서는 탄성과 박수가 끊이지 않는다. 야외여서 모기들이 많으니 모기 퇴치제를 꼭 준비해가자. 금·토·일요일에만 공연하니 주말 여행자는 고려해보자.

Data **지도** 208p-A
가는 법 6번 도로에서 공항 방면에 위치, 시내에서 툭툭으로 약 15분 소요
주소 National Road #6, Krours Village, Svay Dangkum Commune, Siem Reap
전화 063-963-098
운영시간 매주 금·토·일요일 19:00~20:00
요금 민속촌 입장료 15달러, 12세 미만 여권 지참 시 무료
홈페이지 www.cambodianculturalvillage.com

흥미진진! 손에 땀을 쥐게 만드는

파레 캄보디아 서커스 Phare-The Cambodian Circus

붉은 빅탑에 불이 들어오고 공연이 시작되면 배우들은 구르고, 뛰고, 저글링을 한다. 중국식 서커스와는 또 다른 재미를 선사하는 파레 서커스. 서커스 직업학교를 졸업한 캄보디아의 아티스트들이 공연을 한다. 요일마다 선보이는 공연이 다른데 어떤 레퍼토리도 예사롭지 않다. 중앙에서 볼 수 있는 A석이 명당이지만, 일찍 간다면 C석에서도 배우들의 힘 있는 서커스를 볼 수 있다.

Data 지도 208p-J
가는 법 앙코르 국립 박물관 뒤편, 앙코르센추리 호텔 맞은편
주소 Phare Circus Ring Road, south of the intersection with Sok San Road, Siem Reap
전화 015-499-480
운영시간 저녁식사 17:00～, 공연 19:30～20:40 **요금** 성인 A석 35달러, B석 25달러, C석 18달러
홈페이지 pharecambodiancircus.org

캄보디아 최초의 트랜스젠더 쇼

로사나 브로드웨이 Rosana Broadway

로사나 브로드웨이는 카바레 스타일 트랜스젠더 공연이다. 캄보디아의 압사라 댄스를 포함해 미국, 중국, 일본, 한국의 음악과 춤을 다양하게 선보인다. 한국의 부채춤도 꽤 길게 이어진다. 가장 신나는 시간은 싸이의 음악과 춤이 나올 때! 웃고 즐기다 보면 어느새 1시간 10분이 후딱 지나가 있다. 공연이 끝나면 출연진과 기념촬영도 할 수 있다. 함께 사진촬영을 할 때 팁 1달러 정도 준비하자.

Data 지도 209p-H
가는 법 6번 국도변 쌀르 맞은편
주소 National Highway 6, Chong Kao Sou Village, Slorkram Commune, Siem Reap
전화 063-769-991
운영시간 19:30～20:40
요금 VIP석 40달러, 일반석 30달러
홈페이지 www.rosanabroadway.com

💬 |Theme|

알고 보면 더 재미있는 크메르 전통 공연

캄보디아 전통 공연의 레퍼토리는 거의 비슷하다.
압사라 댄스와 공작새 춤, 대나무 춤, 코코넛 춤의 의미를 알아보자.

압사라 춤 Apsara Dance

압사라는 천상의 무희라는 뜻. 압사라 춤은 캄보디아 왕실에서 공연되는 춤으로 유네스코 문화유산으로 지정되었다. 크메르 전통 음악에 맞춰 우아하고 섬세하게 움직인다. 크메르인이 숭배하던 뱀신을 연상시키는 나긋나긋한 춤사위가 일품. 2,000개가 넘는 춤 동작 중 지금까지 복원된 것은 200여 개에 불과하다. 현재 앙코르와트 부조의 손동작을 연구하여 전통 복원 노력 중이다.

파일린의 공작새 춤 Peacock of Pailin Dance

파일린은 캄보디아에서 공작이 서식하는 유일한 지역. 파일린의 공작새 춤은 수컷이 암컷에게 구애하는 장면을 묘사한다. 화려한 공작의 깃털 무늬 의상을 입는다. 캄보디아에서 공작은 행복의 상징이며 공작들의 구애는 마을에 행복과 번영을 가져다준다고 알려져 있다.

대나무 딱딱이 춤 The Bamboo Clappers Dance

대나무 딱딱이 춤은 기다란 대나무 막대 2개를 양쪽에서 한 사람씩 잡고 앉아 바닥을 두드리며 딱딱 소리를 낸다. 대나무 막대를 폴짝폴짝 뛰어 넘기도 하고, 돌기도 하면서 여럿이 즐겁게 춤을 춘다. 고무줄놀이를 생각나게 한다.

코코넛 춤 Coconut Dance

양손에 둥글고 딱딱한 코코넛 껍데기를 하나씩 든 남녀 댄서들이 유쾌한 커플 댄스를 춘다. 캄보디아 남동부의 스바이 리엥 지방에서 유래된 이 춤은 논에서 수확을 마친 후에 열리는 축제에서 췄다고 한다. 삶의 기쁨과 조화를 표현하는 춤으로 캄보디아에서 인기 높은 전통춤이다.

시엠립 강변을 따라 감성촉촉 낭만산책

파리의 센느 강이나 프라하의 블타바 강에서만 낭만을 찾을 필요가 있을까. 로맨티스트 여행자에겐 강물이 흐르는 곳이 바로 낭만의 발원지. 시엠립의 남북을 관통하는 시엠립 강을 따라 걸으며 낭만 한 조각을 찾아보자. 우기에는 낭만의 감도가 다소 떨어지겠기만, 오히려 시원하게 쏟아지는 빗줄기가 반가울 수도. 펍 스트리트와 아트센터 나이트 마켓 앞에서부터 시작해보자. 더운 날씨에도 불구하고 수많은 여행자들이 강변 벤치에 앉아 유유자적 흐르는 강물을 바라보는 모습이 눈에 띈다. 자전거로 강변을 달리는 여행자들도 마주친다. 다리마다 독특한 모양새를 하고 있고, 다양한 조형물들이 놓여 있어 사진을 찍는 재미도 있다. 강을 오른쪽에 두고 북쪽으로 걷다 보면 아름드리나무들이 듬직하게 서 있다. 왼편으로 보이는 FCC앙코르 호텔에서 시원한 음료 한잔 마시며 휴식을 취해도 좋겠다. 여유가 있다면 조금 더 걸어 올라가 왕실 정원까지 둘러보고 오는 것도 괜찮겠다. 어두워지면 강변의 거리는 반짝이는 불빛들로 뒤덮인다. 아트센터 나이트 마켓 쪽으로 돌아와 강변 레스토랑에서 저녁을 먹거나 화려한 불빛 속의 마켓을 돌아보며 감성 촉촉 낭만 산책을 마무리하자.

앙코르 유적지의 예술 사진을 만나다

맥더멋 갤러리 McDermott Gallery

강변 따라 걷다 보면 맥더멋 갤러리가 나타난다. 맥더멋 갤러리
에는 앙코르 유적지를 찍은 흑백 사진들이 전시되어 있어 지금
과는 사뭇 다른 유적지의 맨 얼굴을 볼 수 있다. 이곳은 미국인
사진가 맥더멋의 갤러리. 맥더멋은 1995년부터 앙코르 유적에
푹 빠져서 거주지를 시엠립으로 옮기고 사진 작업을 하고 있다.
전시장을 잠시 둘러보는 것만으로도 촉촉한 감성이 살아난다.

Data 지도 209p-G
가는 법 강변에서 FCC앙코르 호텔
정면을 바라보고 오른쪽
주소 Pokambor Avenue,
FCC Complex, Siem Reap
전화 512-274-274
운영시간 10:00~22:00,
월요일 휴관 **요금** 무료
홈페이지 www.asiaphotos.net

| 고급 리조트에서 즐기는 스파 타임 |

내 몸의 위한 최고의 사치

르메르디앙 앙코르 스파 Le Méridien Angkor Spa

르메르디앙의 명성에 걸맞는 완벽한 휴식을 경험해보자. 아름다운 정원과 연못이 어우러진 수영장 뒤편에 르메르디앙 스파가 있다. 르메르디앙 스파는 다양한 천연 재료를 이용한 친환경 스파다. 특히 보디 랩 메뉴가 인기. 보디 랩은 아로마 오일이나 과일, 진흙 같은 재료를 몸에 바르고 랩으로 감싸 좋은 성분이 몸에 잘 스며들도록 한다. 오렌지, 재스민 라이스, 커피, 녹차, 아로마 오일 등으로 충분히 마사지하고 휴식을 취하고 나면 벨벳처럼 부드러운 피부에 다시 태어난다. 오래도록 지속되는 부드러운 피부로 두세 번 더 예약하는 사람들이 많다고. 이외에도 탄력이 떨어진 피부에 생기를 불어넣어주는 페이셜 마사지와 뻐근한 어깨, 등 근육을 풀어주는 핫스톤 마사지 등 다양하다. 허니무너를 위한 2시간 30분짜리 스파 프로그램은 신혼부부들의 필수 코스. 6개의 개별 마사지 룸과 커플이 함께 마사지를 즐길 수 있는 자쿠지 스위트를 보유하고 있다. 최고의 호사를 누려보자.

Data 지도 209p-C
가는 법 앙코르 국립 박물관에서 북쪽으로 약 1.2km
주소 Vithei Charles de Gaulle, Khum Svay Dang Kum, Siem Reap **전화** 063-963-900
운영시간 10:00~22:00
요금 아로마테라피(2시간) 90달러, 그린티 머드 랩(1시간) 50달러, 앙코르 힐링 스톤(2시간 30분) 120달러
홈페이지
www.lemeridienangkor.com

내 맘대로 골라 받는 재미가 있다

소 스파 위드 록시땅 So Spa with L'Occitane

프랑스 화장품 록시땅의 팬이라면 주목. 샤를 드골 로드에 위치한 럭셔리 호텔 소피텔 앙코르 포키트리 골프앤스파 리조트의 소 스파는 록시땅 제품을 이용한 트리트먼트를 제공한다. 록시땅은 프로방스 지방의 꽃과 식물을 베이스로 만든 친환경 뷰티브랜드다. 록시땅 스파 라인의 최고급 제품을 사용해 젊은 층에게 인기. 소 스파의 메뉴는 마치 레스토랑처럼 스타터, 메인, 디저트로 나뉘어져 있어 메뉴를 고르는 재미가 있다. 전통방식의 크메르 마사지, 천연 허브를 이용한 보디 스크럽, 머드를 이용한 보디 랩도 좋지만, 특히 아유르베다 오일을 이용한 트리트먼트가 인기. 하얀 커튼이 드리워진 트리트먼트 룸도 편안하고, 날씨가 좋다면 솔솔 바람이 불어오는 야외에서 스파를 즐겨도 좋겠다.

Data 지도 209p-C
가는 법 앙코르 국립 박물관에서 북쪽으로 약 1km **주소** Vithei Charles de GaulleKhum Svay Dang Kum Angkor 1010 Siem Reap **전화** 063-964-600 **운영시간** 10:00~22:00 **요금** 딜리셔스 보디 스크럽(45분) 50달러, 쉐아 울트라 소프닝 보디 랩(60분) 50달러

럭셔리 스파란 바로 이런 것

아난타라 스파 Anantara Spa

클레오파트라처럼 우유로 목욕을 하면 얼마나 피부가 좋아질까. 일상에서는 쉽지 않지만 아난타라 스파에서는 밀키 바쓰를 경험할 수 있다. 아난타라는 무한을 상징하는 고대 산스크리트어에서 나온 말이다. 아난타라 스파는 자체 개발한 스파 용품을 사용한다. 특히 이국적인 향기와 질감을 가진 오일 제품을 사용해 내면의 평화와 마음의 치유를 돕고 있다. 야외에서 자쿠지와 샤워를 즐길 수 있는 3개의 스파 스위트와 2개의 크메르 마사지 룸을 보유하고 있다. 발 마사지와 스팀 사우나로 가볍게 즐길 수도 있고, 루프탑 가든에서 받는 요가를 통해 럭셔리 스파의 끝판왕을 체험할 수도 있다.

Data 지도 208p-A
가는 법 6번 국도의 캄보디아 민속촌 옆 **주소** National Road No. 6, Khum Svaydangkum, Siem Reap **전화** 063-966-788
운영시간 10:00~22:00 **요금** 아난타라 시그니쳐(90분) 90달러, 에센스 오브 아난타라(190분) 220달러, 아난타라 밀키 바스(30분) 45달러
홈페이지 angkor.anantara.com

| 유적에서 쌓인 피로, 마사지로 풀어보자 |

촉촉한 천연 재료로 피부를 위하고 싶을 때

보디아 스파 Bodia Spa

펍 스트리트 인근에서 가장 유명한 스파다. 캄보디아 내 친환경 연구소에서 인공적인 향이나 화학성분을 가미하지 않은 천연 재료만으로 마사지 오일과 랩, 스크럽 용품을 자체 생산해 '보디아 네이처'라는 브랜드로 판매한다. 그윽한 향기를 가진 마사지 오일을 사용하는 보디아 클래식 마사지가 가장 인기 있다. 커플이나 싱글이 이용할 수 있는 마사지룸이 21개 구비되어 있다. 고급스러운 인테리어와 수준 높은 서비스로 가격이 높지만, 한국에 비하면 착한 가격. 미리 예약을 하면 프리 픽업 서비스를 제공한다.

Data 지도 207p
가는 법 수프드래곤에서 길 건너편, 약국 옆의 골목으로 20m
주소 Old Market above U-Care Pharmacy, Siem Reap
전화 063-761-593
운영시간 10:00~10:00
요금 발마사지(60분) 24달러, 보디아 클래식(60분) 32달러, 리프레시 패키지(120분) 50달러
홈페이지 www.bodia-spa.com

고급스러운 분위기에서 부드러운 오일 마사지

카야 스파 Kaya Spa

보디아 스파만큼 고급스러운 서비스를 받을 수 있으면서도 가격 부담은 덜하다. 웰컴 드링크는 디톡싱을 위한 새콤한 주스. 오일 마사지를 받을 때 면으로 된 큼직한 천을 사용해 쾌적하다. 오일 마사지를 선택하면 여섯 가지의 향 중에서 한 가지를 고를 수 있다. 갈아입을 옷을 챙겨가자. 산뜻하게 마사지를 마치고 땀에 젖은 옷을 다시 입고 싶지 않을 테니.

Data 지도 207p
가는 법 수프드래곤에서 올드 마켓 쪽으로 내려와서 올드 마켓 맞은편
주소 Old market, Siem Reap
전화 063-966-736
운영시간 10:00~22:00
요금 발마사지(30분) 14달러, 아로마 테라피 마사지(60분) 24달러, 딥리뉴얼 마사지(60분) 26달러
홈페이지 www.kaya-angkor.com

전통 태국식 마사지를 받아보자
바디 튠 Body Tune

시엠립에서 힘 좋은 마사지로 유명한 곳이 두 군데가 있는데 하나는 민속촌 안의 마사지 숍이고, 또 하나는 바디 튠이다. 방콕을 여행해본 사람이라면 익숙한 이름. 실롬과 수쿰빗에 지점을 갖고 있는 태국의 마사지 숍이 시엠립에도 생겼다. 오일 마사지보다 꾹꾹 눌러주는 태국식 마사지를 선호한다면 만족스러운 선택이겠다. 펍 스트리트 길가의 어중간한 발마사지에 실망했다면 이곳에서 시원한 발마사지를 받아보자.

Data 지도 207p
가는 법 올드 마켓에서 시엠립 강 방면으로 내려가 강변 도로에서 왼쪽으로 30m 주소 293-296 Pokambor Av. Mondul 1, Svaydangkum Commune, Siem Reap 전화 063-764-141
운영시간 10:00~22:30, 10월부터 3월까지는 10:00~23:30
요금 발마사지(60분) 12달러, 전통 태국식 마사지(60분) 14달러,
홈페이지 www.bodytune.co.th

스트레스를 훅 날려보내는 시간
프랜지파니 스파 Frangipani Spa

센트럴 마켓에서 가까운 캔달 빌리지에 위치한 스파다. 문을 열고 들어서면 보이는 작은 연못과 코끝을 스치는 꽃향기에 마음이 편해진다. 꽃잎이 담긴 따뜻한 물에 발을 먼저 씻고 본인이 원하는 오일 향을 고를 수 있다. 마사지를 받는 룸은 화사한 꽃무늬가 그려져 있고 각 룸마다 샤워실이 있다. 꽉 뭉친 어깨와 목을 시원하게 풀어주는 안티스트레스 마사지를 받고 나면 새로 태어나는 느낌마저 든다.

Data 지도 209p-K
가는 법 캔달 빌리지 샵676 맞은편
주소 NO. 24 Hup Guan Street, Siem Reap 전화 063-964-391
운영시간 10:00~20:00(월요일 휴무)
요금 안티 스트레스 마사지(30분) 20달러, 프랜지파니 스톤 마사지(90분) 75달러.
홈페이지
www.frangipanisiemreap.com

발 마사지가 생각날 땐 언제든
푸라 비다 Pura Vida

시바타 로드와 펍 스트리트 인근에만 7개의 체인이 있다. 저렴한 가격과 고급 스파 못지않은 인테리어가 장점. 입구에는 발마사지 고객을 위한 편안한 소파가 비치되어 있다. 펍 스트리트의 저렴한 마사지 숍들과 가격은 비슷하나 실력은 월등하다. 소마데비 호텔과 속산 로드 인근에 있는 숍이 특히 깔끔해 인기가 많다.

Data **지도** 207p **주소** near somadevi ho, Sivatha Blvd, Siem Reap **전화** 066-747-3899 **운영시간** 10:00~24:00 **요금** 발 마사지(30분) 3달러, 크메르 전통마사지(60분) 7달러, 핫스톤 마사지(90분) 20달러 **홈페이지** www.massagesiemreap.com

골목 안에 숨겨진 마사지의 강자
속칵 스파 Sokkhak Spa

호텔과 레스토랑을 운영하는 속칵 그룹의 계열사로 럭셔리 스파를 지향한다. '속칵'은 평온이라는 의미. 작은 정원을 가로질러 가면 은은한 조명의 로비가 나온다. 마사지의 종류를 고르고, 원하는 강도를 선택한다. 남녀를 선택할 수도 있다. 마사지를 받고 차 한 잔 마시면 한층 몸이 산뜻해진다.

Data **지도** 207p **가는 법** 펍 스트리트 건너편 속산 로드로 들어가 50m **주소** Sok san street, Siem Reap **전화** 063-763-797 **운영시간** 10:00~22:00 **요금** 크메르 전통 마사지 (90분) 36달러, 발 마사지 (60분) 20달러, 아로마 테라피 마사지(60분) 26달러 **홈페이지** www.sokkhakspa.com

마사지에 대한 모든 것
바디 앤 소울 Body&Soul

바디 앤 소울은 마사지 숍과 마사지 스쿨을 함께 운영한다. 1층엔 발마사지 전용 의자들이 있고 스파 용품들을 판매하며 2층에서 전신 마사지를 받을 수 있다. 인기 있는 마사지 메뉴는 바디 앤 소울 패키지. 보디 스크럽이나 보디 랩과 함께 머리, 어깨 마사지까지 포함된 2시간짜리 패키지가 30달러. 마사지 클래스에서 발 마사지를 배울 수 있다. 1시간 30분 동안 배우는데 15달러.

Data **지도** 207p
가는 법 펍 스트리트 남쪽 앨리 웨스트
주소 Pub street Alley west (the passage), Siem Reap
전화 092-226-694
운영시간 09:00~23:00
요금 크메르 전통 마사지(60분) 15달러, 오일 마사지(1시간) 18달러.
홈페이지 www.bodysoul-massage.com

빨간 모자의 요리사들! 크메르 쿠킹 클래스

르 티그르 드 파피에 Le Tigre de Papier

톡톡, 서걱서걱, 여기저기 음식 만드는 소리가 분주하다. 초보 요리사들의 눈빛만큼은 유명 요리사 저리가라다. 크메르의 전통 음식을 만들고 나눠먹으며 크메르의 문화를 접하는 시간이다. 쿠킹 클래스는 시엠립 시내 곳곳에서 진행된다. 그중 펍 스트리트에 르 티그르 드 파피에 레스토랑에서 운영하는 쿠킹 클래스는 여행자들에게 인기. 메뉴를 고르고, 같이 장을 보고, 요리를 만들고 나누어 먹는다. 자신이 선택한 세 가지 메뉴에 맞춰 재료를 준비한다. 한 시간 동안 올드 마켓을 둘러보며 식재료와 향신료에 대한 이야기를 듣는 재미도 솔쏠하다. 수업은 영어로 2시간 남짓 진행된다. 빨간 모자와 빨간 앞치마를 두르고 서로 사진을 찍어주며 상기된 분위기에 수업은 더욱 즐겁다. 친절한 강사의 안내에 따르면 어렵지 않다. 직접 만든 음식들 앞에 둘러 앉아 시식을 한다. 수업이 끝나면 기념으로 수료증도 준다. 이메일로 레시피도 받을 수 있으니 집에서도 다시 즐겨보자.

Data 지도 207p
가는 법 펍 스트리트의 수프 드래곤 옆
전화 063-760-930
운영시간 10:00, 13:00, 17:00
요금 1인 14달러, 2인 22달러
홈페이지
www.letigredepapier.com

Tip 시엠립 시내에는 크메르 요리를 배우는 쿠킹 클래스가 다양하다. 펍 스트리트 명물인 템플 클럽(☎ 012-234-565), 유명 레스토랑 참페이(☎ 077-566-455), 현지 가정에 방문하여 배우는 비욘드 유니크 이스케이프(☎ 063-969-269), 풀 사이드에서 배우는 프린스 당코르 호텔(☎ 063-763-888), 럭셔리한 쿠킹 클래스를 선보이는 래플스 호텔(☎ 063-963-888) 등이 있다. 사전 예약은 필수.

여행 생활자를 위한 소소한 팁

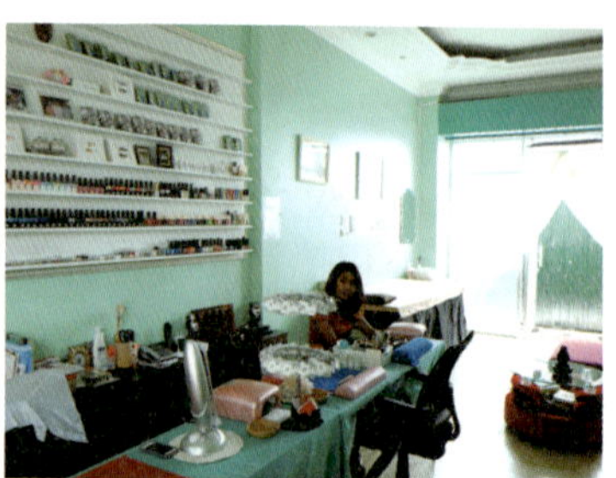

1달러로 행복해지기

보송보송하게 빨래하자

시엠립은 덥다. 유적을 돌아다니다 보면 옷이 땀에 흠뻑 젖는다. 시내 세탁소에서 1kg 기준 1달러로 빨래를 할 수 있고, 오늘 맡기면 내일 찾을 수 있다. 물 사정이 좋지 않아 적게 헹구는 편이지만 햇볕에 바짝 말려 보송보송하다. 호텔은 1벌당 가격이 책정되어 비싸지만 깨끗하고 직접 배달해주니 편리하다.

여행 중에도 이 영화는 놓칠 수 없다!

플래티넘 시네플렉스

2015년에 오픈한 시엠립의 유일한 멀티플렉스 극장. 주로 할리우드, 태국, 캄보디아에서 제작된 영화가 상영된다. 할리우드 영화는 대부분 원어로 상영되고 캄보디아어 자막이 나오지만, 가끔 캄보디아어 더빙과 영어 자막인 경우도 있다. 영화관 1층에는 한국의 빵집인 뚜레쥬르가 있다.

Data 지도 207p
가는 법 시바타 로드에서 시엠립 강 방향, 엘리펀트 호텔 맞은편 **요금** 2D 영화 3달러, 3D 영화 5달러
운영시간 09:00~23:00 **전화** 563-900-900
홈페이지 www.platinumcineplex.com.kh

내 손톱을 위한 작은 사치

네일 아트

사원을 돌아다니다 보면 손톱은 여기저기 긁히고 매니큐어는 벗겨지기 마련. 시엠립의 착한 물가로 기분 좋은 네일 아트를 받아보면 어떨까. 펍 스트리트와 센트럴 마켓 인근에 뷰티 숍이 많다. 손톱을 다듬거나 소독할 때 작고 앙증맞은 라임을 사용한다. 대부분의 마사지 숍에서 네일 아트를 받을 수 있고, 왁싱도 가능하다. 매니큐어나 패디큐어는 4~8달러, 젤 매니큐어는 20달러 선.

그리운 사람을 그리워하는 법

우체국

여행하다 보면 한국에 있는 그리운 사람이나 나 자신에게 엽서 한 장 쓰고 싶은 날이 있기 마련. 신타마니 호텔과 가까운 우체국에서 한국으로 보내는 엽서는 80센트(약 3000리엘), 다른 국가에 보내는 엽서도 1달러면 충분하다. 엽서가 도착하려면 약 2주 정도 걸린다.

Data 지도 209p-G
가는 법 시엠립 강변에서 신타마니 호텔 못 미쳐 왼편
운영시간 07:00~17:30 **전화** 563-963-446

EAT

| Restaurant |

시엠립 시내에서는 무엇을 먹을까? 크메르 음식에서부터 태국, 베트남, 한국 음식뿐만 아니라 이탈리아, 독일, 미국을 대표하는 요리들을 다양하게 골라 먹어보자.

안젤리나 졸리가 즐기던
레드 피아노 The Red Piano

안젤리나 졸리가 영화 〈툼 레이더〉를 촬영하는 동안 이곳에서 자주 칵테일을 마셔 유명해진 펍 스트리트의 랜드마크. 그녀가 마시던 칵테일은 '툼 레이더 칵테일'이라는 이름으로 여행자들의 사랑을 받고 있지만, 전에 먹던 그 맛이 아니라고. 사실 맛 때문에 가는 게 아니라, 안젤리나 졸리의 이름값 때문에 찾는 곳이긴 하다. 낮에는 커피 한잔하며 여유를 부리기에 좋고, 저녁에는 2층에 앉아 식사를 하기에 좋은 위치다. 크메르 음식보다는 파스타나 피자 메뉴가 더 입에 맞는다.

Data **지도** 207p **가는 법** 시바타 로드에서 펍 스트리트로 들어가 약 50m **주소** Street 8 Old Market, Siem Reap **전화** 063-963-240 **운영시간** 07:00~24:00 **가격** 잉글리시 브렉퍼스트 5달러, 피자 6달러, 툼 레이더 칵테일 3.75달러

펍 스트리트의 고급 레스토랑
바나나 리프 레스토랑 Banana Leaf Restaurant & Bar

펍 스트리트의 한쪽 입구에 레드 피아노가 있다면 반대쪽에는 바나나 리프가 있다. 칵테일도 맛있고 서양식 요리도 맛있다. 스파게티나 파니니 등을 주문하면 맛깔나게 나온다. 게다가 다양한 종류의 드링크와 칵테일이 있고, 무엇을 고르더라도 실망하지 않는다. 펍 스트리트의 레스토랑치고는 가격대가 조금 높은 편. 저녁이면 라이브 음악을 들으면서 펍 스트리트의 밤거리를 구경하기에 좋다.

Data **지도** 207p **가는 법** 펍 스트리트의 수프 드래곤 맞은편 **주소** Street No. 8, Pub Street, Siem Reap **전화** 063-964-813 **운영시간** 07:00~01:00 **가격** 하우스 칵테일 4달러, 모히또 4.5달러, 앙코르 비어 캔 2달러, 치킨 윙 2.5달러, 파니니 6달러

다양한 종류의 고기를 구워먹자

캄보디안 바비큐 레스토랑 Cambodian BBQ Restaurant

악어 고기에 뱀 고기까지, 언제 또 먹어볼 기회가 있을까. 여럿이 와서 함께 도전하면 의외로 부담 없이 먹게 된다. 용기를 내어 입에 넣으면 식감이 꽤 부드럽고 맛이 심심하다. 여러 종류의 고기를 조금씩 구워먹다 보면 나중에는 맛 구별이 잘 안 갈 지경. 캄보디아식 크메르 바비큐는 고기를 구워먹다가 나중에 물을 부어 국수를 끓여먹는다. 식당에 앉을 때에는 최대한 바깥쪽 자리에 앉는 편이 시원하다.

Data 지도 207p
가는 법 펍 스트리트의 중간 쯤 수프 드래곤에서 레드 피아노로 가다가 왼쪽 **주소** Street No.8, Pub street, Siem Reap
전화 063-966-052
운영시간 11:00~24:00
가격 다양한 고기가 섞인 기본 2인분 20달러

뭘 시켜도 맛있다!

수프 드래곤 The Soup Dragon Restaurant

시엠립을 방문하는 여행객이라면 한 번쯤 들르는 곳으로, 펍 스트리트 입구에 위치해 오랫동안 변함없는 인기를 누리고 있다. 베트남 음식을 전문으로 하는 수프 드래곤은 쌀국수로 입소문이 났다. 아침이면 일찍이 앙코르와트에서 일출을 보고 쌀국수를 먹으러 가는 사람들로 가득하다. 다양한 캄보디아 음식과 서양식이 있는데 대부분의 음식이 맛있다. 심지어 피자까지. 게다가 접근성 좋은 위치에 가격도 저렴한 편이다.

Data 지도 207p
가는 법 펍 스트리트 입구의 바나나 리프 레스토랑 맞은편
주소 Pub Street&2 thnou st. Siem Reap
전화 063-964-333
운영시간 06:00~24:00
가격 록락 5달리, 쏨띰 5달러, 모닝글로리 볶음 2.5달러, 드래곤 피자 7달러

맛있는 샌드위치와 햄버거

더 선 The sun

이른 아침부터 늦은 밤까지 북적이는 카페 겸 레스토랑. 샌드위치나 버거 메뉴가 인기다. 오전에는 아침식사와 브런치를, 오후에는 나른함을 깨우는 커피나 가벼운 칵테일을, 해 떨어지면 가벼운 맥주 한 잔까지, 어떤 메뉴를 주문해도 기본 이상은 한다. 야외 좌석에서 사람들이 오가는 것을 구경하는 재미도 쏠쏠하다. 해피 아워에는 생맥주가 1달러, 마가리따와 모히또 등의 칵테일을 1.75달러에 즐길 수 있다.

Data 지도 207p
가는 법 시바타 로드에서 펍 스트리트 방향으로 들어와 오른쪽
주소 Street 11, Krong Siem Reap
전화 077-578-955
운영시간 07:00~23:00
가격 브렉퍼스트 4.75달러, 클럽 샌드위치 6.5달러, 치킨 버거 6.25달러

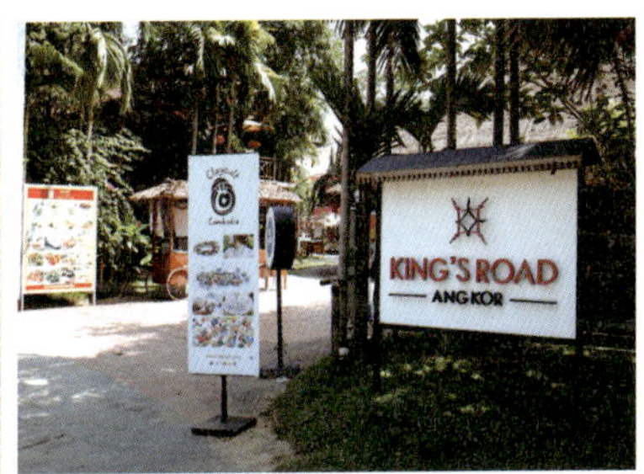

없는 게 없는 푸드 코트

킹스 로드 앙코르 King's Road Angkor

하드 록 카페 옆쪽으로 자리한 킹스 로드 앙코르는 푸드 코트를 아우르는 이름이다. 작은 잔디밭을 가운데 두고 레스토랑, 바와 카페 등 15개가 옹기종기 모여 있다. 기념품을 쇼핑할 수 있는 소규모의 부티크도 입점해 있고, 잔디밭 주위에서는 아기자기한 노점들도 볼 수 있다. 잔디밭에서는 종종 사진전이나 전시회가 열린나. 저녁이면 은근한 조명이 켜지고, 바에서 흥겨운 음악이 흘러나온다.

Data 지도 209p-K
가는 법 하드 록 카페에서 강변을 따라 오른쪽으로 20m
주소 Makara Road, Achar Sva Street, Siem Reap
전화 093-811-800
운영시간 07:00~23:30
홈페이지
www.kingsroadangkor.com

정통 독일식 스테이크
텔 스테이크 하우스 Tell Steak House

텔은 독일식 스테이크를 전문으로 하며, 스위스를 테마로 하고 있는 레스토랑이다. '텔'이라는 이름은 스위스의 전설적인 궁수인 빌헬름 텔에서 따왔다. 최고의 인기 메뉴는 소고기 안심. 독일식 조리법을 고수하며 소고기는 가장 좋은 품질의 것을 들여온다. 시원한 맥주까지 곁들이면 금상첨화!

Data **지도** 207p **가는 법** 시바타 로드에서 펍 스트리트 입구로 가는 길 **주소** Sivutha Road, Siem Reap **전화** 063-963-289 **운영시간** 09:00~23:00 **가격** 훈제 연어 플래터 7.5달러, 비프 텐더로인 8달러, 연어 스테이크 14.5달러

맛있는 스시에 사케를 한 잔
더 하시 The Hashi

담백한 일본식 가정요리를 먹고 싶을 때 들르면 좋다. 럭키 몰 근처에서 강 건너로 이전했다. 레스토랑의 문을 열고 들어서면 친절하게 맞아준다. 메뉴판에는 마끼부터 사케까지 모든 일본 요리를 총망라했다. 뜨끈한 국물이 먹고 싶을 때는 우동이나 라면 종류를, 든든히 밥을 먹고 싶을 때는 돈부리를 추천한다.

Data **지도** 209p-K **가는 법** 호스텔543에서 북쪽으로 70m **주소** #321 Wat Bo Village Sangkat Salakamrouek, Krong Siem Reap **전화** 063-969-007 **운영시간** 11:00~15:00, 16:00~23:00 **가격** 라멘 8달러, 야키소바 9달러, 사케도쿠리 4달러 **홈페이지** www.thehashi.com

세계적으로 유명한 명성 그대로
하드 록 카페 앙코르 Hard Rock Cafe Angkor

유명한 도시에는 다 있는 하드 록 카페가 시엠립에도 있다. 주력 메뉴는 역시 햄버거. 펍 스트리트에서 파는 비슷비슷한 메뉴가 아니라, 진정한 웨스턴 푸드가 먹고 싶을 때 들러보자. 신나는 라이브와 함께 맛있는 맥주를 먹기에도 좋다. 시엠립의 물가에 익숙해져 있는 사람에게 하드 록 카페의 메뉴는 조금 비싼 편이지만 맛은 보장되어 있다. 저녁이면 라이브 공연이 펼쳐진다. 한 잔 마시면 한 잔을 더 주는 해피 아워에 방문해보자.

Data **지도** 207p **가는 법** 올드 마켓에서 시엠립 강을 건너자마자 맞은편 **주소** King's Road Angkor, Street 7 Makara, Old Market Bridge **전화** 093-565-654 **운영시간** 11:00~24:00 **가격** 클럽 샌드위치 11.9달러, 클래식 버거 12.5달러, 칵테일 7달러

여행자들에게 인기 있는 종이 호랑이

르 티그르 드 파피에 Le Tigre de Papier

펍 스트리트 한가운데 있는 레스토랑. 레스토랑 이름은 '종이 호랑이'라는 뜻이다. 이탈리아, 프랑스, 크메르 요리를 제공하며 화덕 피자가 인기 있고, 파스타, 파니니, 라자냐 등 이탈리아 음식도 괜찮다. 서양 여행자들이 자주 찾는다. 24시간 영업하니 한밤중에 출출하다면 들러보자. 심지어 피자 배달도 24시간 가능. 쿠킹 스쿨과 레지던스도 함께 운영하고 있다.

Data 지도 207p
가는 법 펍 스트리트의 수프 드래곤에서 길 안쪽으로 약 20m
주소 Street 8, Siem Reap
전화 012-265-811 **운영시간** 24시간
가격 캄보디안 비비큐 6.25달러~, 피자 5.25달러~
홈페이지
www.letigredepapier.com/en/

삼겹살과 소주가 그립다면

다기다 Dakida

한국인이 운영하는 다기다는 '닭이다'라는 뜻이기도 하고, 경상도 사투리로 '다~기대(다 그런 거다)'라는 뜻이기도 하다. 삼겹살에 소주 한 잔이 그리운 여행자와 현지에 사는 한국인들까지 즐겨 찾는 집이다. 생삼겹살과 화산 계란찜, 김치찌개까지 무엇 하나 빠지는 음식이 없다. 직접 개발한 소스와 살짝 언 소주가 고기 맛을 더한다.

Data 지도 208p-I **가는 법** 시바타 로드의 럭키몰 맞은편 **전화** 017-640-411 **운영시간** 17:00~01:00 **가격** 코리안 포크 세트(삼겹살+목살, 김치찌개, 계란찜, 밥과 야채 포함) 1인 7달러(무한제공), 숯불꼬치구이 1달러, 소주 4달러

인도에서 먹던 바로 그 맛

마하라자 Maharajah

마하라자는 정통 인도 음식점이다. 인테리어는 소박하고 주인장은 다소 무뚝뚝하지만 커리는 인도 현지의 맛집 부럽지 않다. 식판 같이 생긴 큰 접시에 밥과 커리, 야채와 난을 담아 먹는 탈리 세트가 인기 메뉴. 베지테리언 메뉴도 따로 있다. 여행자들과 힌두 전통의상을 차려입은 인도인들도 자주 찾는다.

Data 지도 207p **가는 법** 시바타 로드의 엘레펀트 테라스 부티크 호텔 바로 앞 **주소** Sivatha Road Old Market Area, Siem Reap **전화** 092-506-622 **운영시간** 11:00~22:00 **가격** 베지탈리세트 4달러, 치킨 탈리 5.5달러 **홈페이지** www.facebook.com/Royal.Indian

고든 램지의 촬영으로 유명해진 곳
슈가 팜 The Sugar Palm

나무로 둘러싸인 목조 주택을 개조해 레스토랑으로 만들었다. 높은 천장과 나무로 된 인테리어가 멋스럽다. 슈가 팜의 유명세는 영국의 유명 요리사인 고든 램지 덕분. 슈가 팜의 레시피를 램지에게 알려주었고, 이를 본 고든 램지의 극찬이 이어졌다는 것. 그래서인지 서양인에게 인기가 많다. 인기 메뉴는 바삭하게 튀겨낸 크리스피 스프링롤과 피시 아목이다. 산들바람을 맞으며 즐기는 식사 시간이 즐겁다.

Data **지도** 209p-G
가는 법 타풀 로드 중앙
주소 Taphul Road, Siem Reap
전화 063-636-2060
운영시간 런치 11:30~15:00, 디너 17:30~22:00(일요일 휴무)
가격 크리스피 스프링 롤 4.5달러, 코코넛 수프 7.5달러, 피시 아목 7.5달러
홈페이지 www.thesugarpalm.com

멋진 정원에서 로맨틱한 식사
아바쿠스 가든 레스토랑 앤 바 Abacus Garden Restaurant&Bar

아바쿠스의 공동 오너인 레너드와 파스칼은 세계의 다양한 레스토랑과 호텔들을 두루 거치며 실력을 쌓았다. 2004년에 오픈한 아바쿠스 레스토랑은 6도 국도변으로 옮기면서 아름다운 정원과 조명이 어우러진 멋진 레스토랑으로 재탄생했다. 으깬 감자를 곁들인 송아지 안심이 인기 메뉴. 정통 프렌치 레스토랑답게 세계 각지에서 수입한 다양한 와인리스트를 자랑한다.

Data **지도** 208p-F
가는 법 6번 국도에서 공항 방면, 올슨 호텔 옆길로 100m
주소 Road No 6 to the Airport, pass the Angkor Ho, Siem Reap
전화 063-763-660
운영시간 11:00~22:00
가격 게살 샐러드 9달러, 송아지 안심 24달러, 쇠고기 안심 21달러
홈페이지 www.cafeabacus.com

커피도 맛있고 쌀국수도 맛있다

비에트 카페 Viet Cafe

골목 안에 있어 찾아가기 어려움에도 쌀국수를 먹으러 오는 사람들이 많다. 아이스커피를 마시며 담소를 나누는 사람들 사이에서 굴하지 말고 쌀국수를 주문해보자. 탱탱한 면발과 고소하고 개운한 국물, 푸짐한 양과 넉넉한 고기에 반할 것이다. 고수도 푸짐하게 제공한다. 쌀국수를 먹고 나서 베트남 스타일의 진한 커피를 한잔할 수 있다는 것도 비에트 카페의 장점.

Data 지도 209p-G
가는 법 앙코르마켓 옆 골목으로 약 200m **주소** Tapul Village, Svaydangkum Commune, Siem Reap **전화** 063-639-992
운영시간 07:00~22:00
가격 쌀국수 2달러, 아이스커피 2500리엘~3500리엘

이렇게 맛있는 캄보디아 음식이라니

니어리 크메르 레스토랑 Neary Khmer Restaurant

현지인이 운영하는 크메르 식당으로, 여행자들의 입소문으로 작은 식당에서 크게 확장했다. 안쪽의 에어컨 좌석과 시원한 바깥 바람을 즐길 수 있는 바깥 좌석에서 식사를 할 수 있다. 점심시간이면 웨이팅을 해야 할 정도. 큰 테이블이 많으니 단체로 가서 다양한 메뉴를 시켜 나누어 먹어도 좋겠다. 달콤 짭짤한 치킨 요리와 겉은 바삭하고 속은 부드러운 생선구이가 한국인의 입맛에 잘 맞는다.

Data 지도 208p-F
가는 법 6번 도로와 샤를 드골 도로의 교차점에서 공항 방면으로 1.2km 올라가 알슨호텔을 끼고 우회전해서 100m 들어가서 왼쪽
주소 Salakansang Village, Svaydongkum Commune, Siem Reap **전화** 012-422-247
운영시간 09:00~22:00
가격 생선구이 6.5달러, 치킨 1마리 14달러, 망고샐러드 5달러, 수프 5달러,
홈페이지 www.nearykhmerrestaurant.com

쌀국수와 함께 즐기는 딤섬

톤레삽 레스토랑 Tonle Sap Restarant

아침마다 관광객과 현지인으로 북적이는 대형 레스토랑이다. 쌀국수가 맛있다고 유명하지만, 딤섬이 함께 나오는 든든한 식사로 더 유명한 듯하다. 자리에 앉으면 빵과 도넛을 내오는데 공짜가 아니니 주의할 것. 먹은 개수를 세어 계산한다. 딤섬 카트가 돌아다닐 때 먹고 싶은 딤섬을 골라 먹는 재미가 있다. 다만 일찍 가지 않으면 인기 많은 딤섬은 다 팔리고 없다.

Data 지도 209p-G
가는 법 소카 앙코르 호텔에서 6번 국도를 따라 공항 방면으로 300m
주소 #117. Street.6. Salakanseng, SvayDongkum, Siem Reap
전화 063-963-388
운영시간 아침 06:00~10:00, 점심 11:00~14:00, 저녁 17:00~21:30 **가격** 딤섬은 2500리엘~3500리엘, 쌀국수 7000리엘~8000리엘

온 가족을 위한 피자 파티

레드 토마토 The Red Tomato

레드 토마토는 가볍게 즐길 수 있는 피자집이다. 올드 마켓 건너편에 있으며, 블루 펌킨 옆에 있어, 오가며 들르기도 좋고 가격도 착하다. 특히 해피 아워에는 두 사람이 먹기에 충분한 사이즈의 피자를 5달러에 즐길 수 있다. 종종 대가족이 왁자지껄하게 피자 파티를 즐기는 모습을 볼 수 있다. 피자와 함께 즐기는 3달러짜리 모히또는 한 잔만으로 아쉬울 정도.

Data 지도 207p
가는 법 펍 스트리트의 수프 드래곤 맞은편에서 시엠립 강변 방향 100m
주소 2Thnou St, between Old market and Pub street, Siem Reap **전화** 017-713-933
운영시간 11:00~23:00
가격 마가리타 피자 6.5달러, 뽀모도로 스파게티 5.5달러
홈페이지 www.theredtomatosiemreap.com

작은 야외 정원에서 즐기는 식사
르 말로 Le Malraux

르 말로에서는 오픈 테라스에 앉자. 노란 차양
이 쳐 있는 오픈 테라스에는 작고 귀여운 화분
들이 있고 그 사이에 새장 안에는 귀여운 새들
이 있다. 마치 공원에서 식사를 하는 기분이 든
다. 테라스가 싫다면 아르누보 스타일로 장식
된 실내도 좋다. 브런치는 프랑스, 이태리, 캄
보디아식까지 다양하고, 와인리스트도 알차다.

Data **지도** 207p **가는 법** 시바타 로드의 앙코르 마켓
맞은편 **주소** 155 boulevard Sivatha, Siem Reap
전화 063-966-041 **운영시간** 07:30~23:45
가격 잉글리시 브렉퍼스트 4.5달러
홈페이지 www.le-malraux-siem-reap.com

현지인들도 즐겨 찾는 쌀국수 집
포 용 Pho Yong

쌀국수 맛집으로 소문난 곳. 베트남 스타일의
칠리소스와 해선장이 준비되어 있고, 태국식
말린 고춧가루, 고추 식초절임 등의 조미료도
갖췄다. 레귤러 사이즈는 다른 집의 쌀국수에
비해 약간 양이 적은 편. 넉넉하게 먹고 싶다면
라지 사이즈를 시키자. 메뉴가 다양해서 여럿
이 골고루 시켜 먹어도 좋다.

Data **지도** 209p-G **가는 법** 국립박물관에서 길 건너편,
6번국도와 샤를드골도로 교차점에서 1분 거리
주소 251-152 Charles De Gaulle | Road to
Angkor Wat, Siem Reap **전화** 063-966-688
운영시간 07:00~23:00 **가격** 쌀국수 레귤러 2.5달러,
라지 3달러, 스프링롤 3달러

독특한 인테리어의 3층 대형 레스토랑
큐리오시티 카페 Kuriosity Kafé

입구에서 외계인이 손님을 맞이한다. 앙큼하게도 K로 바꾸어 썼
지만 이름만큼 호기심을 자극하는 레스토랑이다. 3층 대형 레스
토랑 구석구석 재미있는 소품들과 빈티지한 아이템으로 꾸몄다.
브런치 메뉴부터 파스타, 스테이크까지 다양한 메뉴를 보유하고
있는데 이왕이면 스페셜 메뉴를 즐겨보자. 석쇠에서 갓 구워낸
립과 소고기 꼬치를 10달러도 안 되는 가격으로 즐길 수 있다.

Data **지도** 207p
가는 법 펍 스트리트의 레드 피아노에서
길 건너편 속산 로드로 들어가 200m
주소 Sok San Road, Siem Reap
85563 **전화** 077-336-655
운영시간 09:00~24:00
가격 포크 립 7.5달러,
탄두리 치킨 피자 7.5달러,
호주산 안심스테이크 16달러
홈페이지 www.kuriositykafe.com

| Bar & Club |

더위 싸악 날려버리는 시원한 맥주 한 잔이 생각날 때, 여행지의 낭만을 온몸으로 느끼며 색깔 고운 칵테일을 즐기고 싶을 때 부담 없이 즐길 수 있는 핫한 바와 클럽 리스트!

손맛 좋은 바텐더들의 칵테일과 맛있는 생맥주

치어스 Cheers

이곳에서라면 혼자여도, 여럿이어도 좋다. 엉덩이가 섹시해보이는(!) 의자에 앉아 바텐더의 손놀림을 즐겨보자. 핸섬하고 젠틀한 바텐더들이 날렵하게 칵테일을 만든다. 치어스만의 특제 안주인 매콤짭짤한 땅콩을 서비스로 주는데, 먹다 보면 자꾸 손이 간다. 칵테일도, 생맥주도 맛이 좋아 단골손님이 많다. 밤 10시가 넘으면 들썩거리기 시작해 푸른 조명 아래 밤새도록 흥겨움이 계속된다.

Data 지도 207p
가는 법 레드 피아노에서 대각선 맞은편, 더 선 레스토랑 앞의 포장마차가 즐비한 길로 약 50m
주소 No. 8 Pub Street, Siem Reap **전화** 089-999-900
운영시간 08:00~03:00
가격 칵테일 2.5~3.5달러, 생맥주 2달러

전 세계 여행자들이 우글우글

앙코르 왓? Angkor what?

'앙코르 왓?'이라는 발랄한 이름을 가진 이곳은 펍 스트리트에서 가장 오래된 술집이다. 빼곡한 벽면의 낙서가 이곳의 역사를 보여준다. 비슷한 컨셉의 바와 술집들이 많이 생겼음에도 여전히 펍 스트리트 한가운데에서 존재를 과시한다. 맞은편의 템플 클럽과 함께 새벽까지 후끈한 열기를 만들어내는 곳, 떠들썩한 분위기를 좋아하는 젊은 배낭 여행자들이 북적이는 곳이다.

Data 지도 207p
가는 법 펍 스트리트의 템플 클럽 맞은편
주소 Street 8, Krong Siem Reap
전화 095-720-678
운영시간 16:00~03:00
가격 앙코르 생맥주 1.25달러, 싱하 비어 버켓 10달러

시엠립에서 둘째가라면 서러울

템플 스카이라운지 Temple Sky Lounge

시엠립의 가장 핫하고 힙한 스카이라운지이자 풀사이드 바. 수영장에 반사되는 화려한 불빛, 비스듬히 기대어 앉으면 편안하기 그지없는 빈백, 강변에서 불어오는 시원한 바람, 두근대는 음악까지 여러모로 완벽한 곳이다. 인테리어만큼 세련된 플레이팅으로 맛있는 요리를 내어 온다. 분위기도, 맛도 무엇 하나 빠지지 않는다. 오픈한지 얼마 되지 않아 아직은 아는 사람들만 아는 곳. 잘 차려입은 현지인들이 저녁을 먹거나 데이트를 하러 온다. 낮에는 1층과 2층에서 같은 메뉴로 식사를 할 수 있다.

Data 지도 209p-K
가는 법 하드 록 카페에서 강변을 따라 300m, 도보 4분
주소 Street 26 at Street Achar Sva, Siem Reap **전화** 089-999-909 **운영시간** 18:00~24:00 **가격** 스파게티 4달러, 레드와인 스테이크 12달러, 칵테일 4달러, 칵테일 피처 25달러

새벽까지 흥겨움이 넘치는

템플 클럽 Temple Club

펍 스트리트의 화려한 밤을 이끄는 주역이다. 2층에서는 저녁 7시부터 압사라 공연을 보며 식사를 할 수 있다. 공연이 끝난 9시부터 쿵쿵 울리는 음악이 시작된다. 그때부터 템플 클럽의 젊은이들과 맞은편의 '앙코르 왓?'에 있던 여행자들까지 길거리로 쏟아져 나와 함께 춤을 춘다. 새벽 3시 정도까지 흥겨운 분위기가 이어진다. 그러나 음식은 늦게 나오고 칵테일은 맛이 없으니 음식은 간단하게, 음료는 맥주를 시키는 편이 현명할 듯하다.

Data 지도 207p
가는 법 수프 드래곤에서 펍 스트리트 안쪽으로 20m **주소** Street 8, Krong Siem Reap **전화** 012-234-565 **운영시간** 12:00~05:00
가격 크메르 커리 5.25달러, 치킨 스파게티 6.25달러, 앙코르비어 작은 병 2.75달러

붉고 강렬한 칵테일 바
미스 윙 칵테일 바 Miss Wong Cocktail Bar

미스 윙은 키치 아트의 대부로 불리는 러시아 출신 화가 블라디미르 트레츠코프의 그림 제목이자 모델의 다른 이름이다. 바 곳곳에 걸려 있는 그림들은 1920년대 중국풍 분위기와 꽤 잘 어울린다. 중국풍의 붉은 등, 주홍색의 벽과 그림, 오래된 골동품까지 인테리어도 강렬하다. 칵테일은 더 말이 필요 없다. 재스민 티와 시럽이 들어간 차이나 화이트, 보드카와 장미 꽃잎이 만나 향이 은은한 로즈&레몬그라스 마티니는 최고로 평가받는 메뉴.

Data 지도 207p
가는 법 펍 스트리트 근처 더 레인 골목 안 **주소** The Lane, Siem Reap **전화** 092-428-332
운영시간 18:00~01:00
가격 로즈&레몬그라스 마티니 4.5달러, 차이나 화이트 4.5달러, 미스윙 펀치 5달러
홈페이지 www.misswong.net

친근한 분위기로 단골 많은 집
런더리 바 Luandary Bar

매일 내 집처럼 드나드는 사람이 있을 정도로 단골이 많은 유명한 집이다. 주인이 프랑스인이지만 누구나 즐길 수 있는 당구대와 다트게임으로 미국식 스포츠 바의 분위기를 입혔다. 편안한 분위기 덕에 여행자들끼리 친구가 되기도 쉽다. 잠시 쉬러 나왔다가 여행자들과 이야기를 나누느라 시간가는 줄 모르게 된다는 사실. 가격은 물론 술맛도 상당히 좋다. 가끔 DJ가 신나는 음악을 선곡해준다.

Data 지도 207p
가는 법 펍 스트리트 수프 드래곤에서 시엠립 강변 방향 70m
주소 Street 09, Krong Siem Reap
전화 095-707-233
운영시간 16:00~03:00
가격 글라스 와인 3달러, 모히또 3달러, 샌드위치 3달러

| Cafe |

커피 한 잔과 달콤한 디저트를 앞에 놓고 가져보는 나만의 시간. 햇살 담뿍 받으며 여유를 즐겨보자.

파크 하얏트 호텔의 시원한 카페
글래스 하우스 The Glasshouse Deli. Patisserie

시원해보이는 유리창으로 은은하게 들어오는 햇살이 좋다. 싱그러운 노란색 외관의 이 카페는 안쪽으로 파크 하얏트 호텔과 연결되어 있다. 빛깔 고운 진한 맛의 아이스크림은 호텔에서 직접 만든다. 토핑을 선택할 수 있는 샐러드는 여성들의 지지를 받는 메뉴. 문 닫기 1시간 전부터는 빵을 세일해 손님들이 몰린다. 안쪽에 있는 테이블에는 어댑터가 마련되어 있어 편리하게 이용할 수 있다.

Data 지도 209p-K
가는 법 시바타 로드 KFC 맞은편
파크 하얏트 호텔 1층
주소 Sivutha Boulevard,
Siem Reap 전화 063-211-234
운영시간 06:00~19:00
가격 올데이메뉴 4달러, 커피 3.5달러,
아이스크림 1스쿱 2.5달러,
홈페이지 www.
siemreap.park.hyatt.com

커피 한 잔 마시며 책 읽기
뉴 리프 북 카페 New Leaf Book Café

시엠립에서 흔치 않은 북 카페다. 선반에 있는 책들은 구매 가능. 다른 카페와 사뭇 다른 분위기에서 손때 묻은 책들을 들춰보는 재미가 쏠쏠하다. 핸드메이드로 만든 작은 소품들도 판매한다. 모든 수익은 시엠립에서 활동하는 NGO에게 돌아간다. 2층은 다양한 전시 및 이벤트 공간으로도 사용한다. 일요일 오전에는 라이브 공연을 보며 알찬 브런치까지 즐길 수 있다.

Data 지도 207p
가는 법 시엠립 강변 앙코르트레이드
센터 뒤편 주소 No. 306, Group
10 Phum Mondul 1 Svay
Dungkum Siem Reap
전화 063-766-016
운영시간 08:00~21:30(토·일 휴무)
가격 선데이 브런치 8달러
홈페이지 www.newleafbook.org

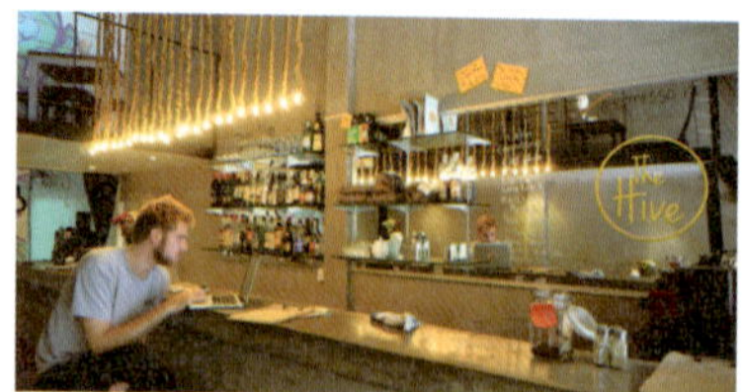

예뻐지고 싶은 사람 모여라
더 하이브 시엠립 The Hive Siem Reap

호주에서 수영강사였던 클레이튼과 간호사였
던 에비가 2013년에 오픈했다. 저렴한 가격으
로 괜찮은 아침식사를 할 수 있는 곳이다. 하이
브의 로고가 박힌 귀여운 병에 커피를 담아주는
데 가져가고 싶을 정도로 앙증맞다. 시엠립에서
쉽게 볼 수 없는 디톡스 주스는 여성들에게 인기
메뉴. 2층은 좌식으로 꾸며져 있다.

Data **지도** 209p-K **가는 법** 리베라 호텔에서 센트럴
마켓 스트리트로 50m **주소** 631 Psar Kandal Street,
Siem Reap **전화** 097-763-3484 **운영시간** 07:00~
18:00(화요일 휴무) **가격** 디톡스 주스 3달러,
하이브 브렉퍼스트 파블로바 4달러

테이크아웃 커피 한 잔
에쏘 드립 Esso Drip

아침잠을 떨치고 일찌감치 유적으로 향하는 길
에 커피 한잔이 절실한 여행자들에게 반가운
카페다. 한국인 사장님이 매장에서 직접 만드
는 샌드위치와 크루아상은 간단한 아침식사로
도 꽤 든든하다. 규모는 작지만 알뜰하게 2층
으로 나누어 담소를 나누기에 좋아 현지에 거
주하는 한국인들에게도 인기가 많다.

Data **지도** 208p-I **가는 법** 시바타 로드의 네스트
맞은편 **주소** Sivutha Blvd, Siem Reap **전화** 063-
963-033 **운영시간** 07:00~22:00 **가격** 아메리카노
2.5달러, 망고 요거트 3.5달러, 커피+요거트+과일+
베이커리 세트 4.5달러

마사지 받고 개운하게 주스 한 잔
카야 카페 Kaya Cafe

카야 스파와 맞붙어 있다. 깔끔하고 모던한 카야 마사지 숍이
마음에 들었다면, 카야 카페도 마음에 들 것이다. 셀프서비스가
아니라, 미소를 머금은 직원이 음료를 자리까지 가져다주는 것
도 기분 좋다. 카야에서 마사지를 받고 노곤해진 몸으로 카야
카페에서 시원한 주스를 한 잔 마시면 정신까지 활기차진다. 앙
증맞은 크메르식 디저트가 진열되어 있다. 아침에 커피 한잔하
며 골고루 먹어보고 싶을 정도.

Data **지도** 207p
가는 법 올드 마켓 동쪽의 맞은편
카야 스파 바로 옆 **주소** East side
of Old Market **전화** 063-966-735
운영시간 08:00~22:00
가격 커피 1.5달러, 생과일 주스
2~3달러, 타르트 2.5달러
홈페이지 www.kaya-angkor.com

침대식 좌석에 발 뻗고 앉는

블루 펌킨 The Blue Pumpkin

블루 펌킨이 여행자들과 현지인들의 사랑을 듬뿍 받는 이유는 신발을 벗고 빈둥거릴 수 있는 침대식 좌석 때문. 무선 인터넷도 빵빵하니, 작정하고 두어 시간쯤 있어도 좋겠다. 크메르식 쌀국수부터 샌드위치와 햄버거 같은 가벼운 식사, 무더위에 지친 여행객들 달래줄 시원한 음료는 물론, 디저트와 아이스크림도 판다. 베이커리 코너도 따로 마련되어 있다. 과일과 견과류를 직접 갈아 만든 아이스크림은 적극 추천. 시엠립 곳곳에 체인이 있다. 부담 없이 편안 휴식을 즐겨보자.

Data 지도 207p
가는 법 (올드 마켓 지점) 펍 스트리트의 수프 드래곤 맞은편. (시바라 지점) 시바타 로드의 레드 피아노에서 시엠립 강변쪽으로 50m
주소 (시바타 지점) #213, Sivatha street, Siem Reap
(올드 마켓 지점) #563, Mondul 1, Svay donkum, Siem Reap
전화 063-963-574
운영시간 07:00~23:00
가격 크메르 프라이드 누들 6.5달러, 아이스크림 1스쿱 2달러
홈페이지 bluepumpkin.asia

아이스 커피가 맛있는

아바 카페 앤 라운지 ABBA Cafe&Lounge

여행자들 사이에서 인기 급상승하고 있는 카페다. 시엠립에 에스프레소 머신을 갖춘 트렌디한 카페는 많지 않다. 아바는 모든 것을 충족시키는 카페! 덕분에 펍 스트리트와 조금 떨어진 거리에 위치하고 있지만 여행자들이 많이 찾는다. 확실히 커피 맛이 좋다. 1층은 시원한 카페, 2층과 3층은 카페이자 레스토랑으로 운영한다. 커피뿐만 아니라 스테이크와 파스타 등 요리도 맛있다는 평이 자자하다.

Data 지도 209p-K
가는 법 올드 마켓에서 다리를 건너 대각선 오른쪽 골목으로 200m
주소 Rambutan Ln, Krong Siem Reap
전화 016-706-700
운영시간 07:00~23:00, 일요일 13:00~23:00
가격 커피 2~4달러

과거에서 미래를 만드는 손길

아티산 앙코르 Artisans d'Angkor

아티산 앙코르는 크메르 전통 공예의 장인을 육성하는 학교이자, 장인들이 만든 작품을 전시하고 판매하는 갤러리이기도 하다. 사암이나 나무를 이용하여 섬세하게 만든 공예품, 금박을 입혀 그린 전통 회화, 캄보디아 실크로 제작한 옷과 액세서리 등을 판매한다. 매장과 붙어 있는 공방에서는 작업하는 모습을 볼 수 있어, 기념품을 사지 않더라도 흥미로운 구경을 할 수 있다. 아티산 앙코르는 캄보디아 실크의 대명사로, 그 이름값을 톡톡히 한다. 매장에서는 스마트폰 케이스, 안경 케이스 같은 소품부터 어린이들을 위한 퍼즐, 어른들을 위한 스카프와 지갑, 하늘하늘한 블라우스와 셔츠까지 다양한 실크 제품이 눈을 사로잡는다. 아티산 앙코르의 실크 공예품이라면 누구에게 선물하

Data 지도 207p
가는 법 시바타 로드에서 강변 방향으로 내려오다가 플래티넘 시네플렉스에서 우회전 300m
주소 Artisans Angkor st, Stung Thmey street, Siem Reap
전화 063-963-330
운영시간 매장 07:30~18:30, 워크샵 07:30~17:30, 실크 팜 07:30~17:30 **가격** 도자기 그릇 15달러, 칠기 그릇 39달러, 실크 지갑 29달러, 실크 스카프 34달러,
홈페이지
www.artisansdangkor.com

든 귀한 선물이 되겠다. 실크 팜이라 불리는 실크 작업장은 시내 16km 떨어진 곳에 따로 위치한다. 아티산 앙코르는 시엠립 공항 등에도 지점이 있고 가격은 모든 지점이 동일. 살까말까 망설인 제품이 있다면 공항 찬스를 이용할 수 있지만, 본 매장보다 종류가 많지 않다.

번화가 한복판의 기념품 시장
올드 마켓 Psar Chas

시엠립의 대표 재래시장이자 번화가 한복판에 위치한 랜드마크다. 캄보디아 말로는 '싸 짜'라고 발음한다. 현지인들이 생필품과 식재료를 구매하는 재래시장이기도 하고, 여행자들이 기념품을 구매하는 관광지이기도 한 대형시장이다. 강변 쪽으로 줄지어 늘어선 가게들은 여행자들을 위한 각종 기념품, 향신료, 말린 과일 등을 판매한다. 같은 아이템이라도 시장 안쪽일수록 저렴하다. 시장 깊숙이 들어가면 코끝을 찌르는 알싸한 냄새와 함께 재래시장이 펼쳐진다. 물건을 사고파는 현지인들과 구경하는 여행자들로 몰려 시장통은 늘 분주하다. 현대적인 시장들이 늘어나고 있지만 올드 마켓은 여전히 그 이름값을 하고 있다.

Data 지도 207p
가는 법 펍 스트리트에서 강변 쪽으로 한 블록
주소 Psar Chaa Road, Siem Reap
전화 095-362-222

수준 높은 로컬제품들이 한자리에
메이드 인 캄보디아 마켓 Made in Cambodia Market

시엠립 시내 신타마니 리조트의 정원에서는 주 4일 장이 선다. 캄보디아 사람들이 직접 만든 제품을 판다. 핸드메이드 액세서리부터 캄보디아 실크로 만든 가방과 스카프까지 종류도 다양하다. 일반 시장에서 볼 수 있는 물건과는 격이 다르다. 시엠립의 유명 갤러리와 실크 숍, 캄보디아의 아티스트들이 동참해 수준 높은 제품들을 선보인다. 그래서 가격이 높고 흥정이 잘 되지 않는 편이다. 날씨가 좋은 날에는 공연도 열린다. 앙증맞은 병에 담긴 캄보디아 과일잼은 선물용으로 제격. 실크 스카프도 놓치기 아쉬운 아이템이다.

Data 지도 209p-G
가는 법 시엠립 강변을 따라 북쪽으로 올라가다가 우체국에서 좌회전
주소 Junction of Oum Khun and 14th Street, Siem Reap
전화 063-761-998
운영시간
화, 목, 토, 일 16:00~21:00

쇼핑도 하고 마사지도 받고
앙코르 나이트 마켓
Angkor Night Market

시내에는 나이트 마켓이 여러 군데 있다. 그중에서도 관광객 대상 앙코르 나이트 마켓이 볼거리가 가장 많다. 점포별로 개성 있는 아이템이 많고, 구획이 잘 되어 있어 쇼핑하기 편하다. 시장 근처에는 마사지 숍, 카페, 레스토랑들이 있어 한 번에 해결할 수 있다. 오후 늦게 오픈해서 저녁 10시쯤에 철수한다.

Data **지도** 207p **가는 법** 시바타 로드에서 남쪽, 나이트마켓 스트리트로 들어서서 끝 쪽
주소 Angkor Night Market St, Siem Reap
전화 069-835-835 **운영시간** 16:00~24:00
홈페이지 angkornightmarket.com

시엠립 강의 야경을 즐기며 쇼핑하기
아트 센터 나이트 마켓
Art Center Night Market

올드 마켓에서 시엠립 강을 건너면 환하게 불 밝힌 나이트 마켓이 있다. 화려한 조명의 다리를 건너면 아트 센터 나이트 마켓 입구. 아트 센터라는 이름 때문에 예술품 시장으로 오해하기 쉽지만 올드 마켓과 비슷한 품목을 갖추었다. 구석구석 발품을 팔면 저렴한 가격으로 흥정을 할 수 있는 것이 장점. 낮에도 쇼핑이 가능하다.

Data **지도** 207p
가는 법 올드 마켓에서 시엠립 강 건너편
주소 Watdamnak Village, Vihaer Chen, Siem Reap
전화 063-963-331 **운영시간** 10:00~24:00

캄보디아 사람들의 삶 속으로
쌀르 Phsa Leu

현지인들이 주로 이용하는 재래시장이다. 시장 구경을 좋아하는 사람이라면 가볼 만하지만 조금 멀다. 이곳을 찾는 여행자들이 가장 많이 구입하는 품목은 캄보디아산 후추와 과일 종류. 대부분의 상점들에서 영어가 통하지 않으니 소소한 기념품 쇼핑이

Data **지도** 209p-H
가는 법 6번 도로와 사를 드골 도로의 교차점에서 동쪽으로 2km
운영시간 06:00~20:00

목적이라면 시내의 시장을 이용하는 편이 낫겠다. 시장 뒤편의 정육점에는 실온에 각종 육고기를 널어두어 냄새가 심하니 비위가 약한 사람은 조심하자.

시엠립에서 가장 큰 쇼핑몰

럭키 몰 Lucky Mall

시엠립의 대표 쇼핑몰이다. 시바타 로드 한복판에 위치한 럭키 몰은 그 자체로 랜드 마크의 역할을 톡톡히 하고 있다. 시엠립에 있는 쇼핑몰 중에 가장 현대적인 시설을 갖추었으며 각종 부대시설을 자랑한다. 1층의 럭키 슈퍼마켓은 상품도 다양하고 규모도 커서 현지인들은 물론 교민들과 여행객들에게도 인기. 여행자들이 주로 구입하는 품목은 캔맥주와 과일, 간식거리와 기념품이다. 신선식품을 제외한 공산품들은 대부분 수입제품이 많다. 시세이도 같은 화장품 매장과 보디아 네이처의 분점도 1층에 있다. 2층에는 럭키 버거가 있고 어린이를 위한 장난감 코너와 작은 실내 놀이터가 있어 어른들의 쇼핑 편의를 돕는다. 우리나라의 브랜드인 미샤도 입점되어 있는데, 코코넛 오일 같은 현지의 제품도 함께 판매한다. 3층에는 서점과 전자제품 매장이 있다. 저녁 무렵에는 장을 보러 나온 현지인들과 공항으로 가기 전에 들른 여행자들이 몰려서 계산하는데 오래 걸린다. 공항 가는 길에 들를 예정이라면 시간을 넉넉하게 잡고 가는 편이 좋겠다.

Data 지도 208p-l
가는 법 시바타 로드의 프린스 당코르 호텔 맞은편
주소 Lucky Mall Complex, Sivatha Boulevard, Siem Reap
전화 063-760-796
운영시간 09:00~22:00
홈페이지
www.luckymarketgroup.com

각종 군것질거리를 구입할 땐
앙코르 마켓 Angkor Market

많은 여행자들이 큰 규모의 럭키 몰을 선호하지만 슈퍼마켓만 이용할 예정이라면 앙코르 마켓도 좋은 선택이다. 럭키 몰에서 한 블록 떨어진 앙코르 마켓은 여행자들보다 현지인들이 많이 찾는다. 캄보디아에서 생산한 제품뿐만 아니라 태국에서 수입한 제품, 우리나라에서 수입한 먹거리들을 찾아볼 수 있다. 신선 코너에서는 김치도 판매한다. 앙코르 마켓에서 소주를 1.8달러에 구입할 수 있으니 굳이 한국에서 싸오지 않아도 된다. 담배값은 공항 면세점보다 더 저렴해서 이곳에서 구입해가는 사람도 많다. 1층에서는 신선식품과 냉장, 냉동식품을 판매하고, 2층에서는 생활용품을 판매한다.

Data 지도 208p-I
가는 법 시바타 로드의 럭키 몰 바로 옆 **주소** No.52, Sivatha St. Siem Reap
전화 063-767-799
운영시간 07:00~22:00

강변의 복합 쇼핑몰
앙코르 트레이드 센터 Angkor Trade Center

시엠립 강변에 있는 복합 쇼핑몰이다. 처음 오픈했을 때보다 한산해지긴 했지만 번화가에서 가까운 위치로 사람들의 발길이 꾸준히 이어진다. 1층에는 방콕에 본사를 둔 피자컴퍼니, 달콤한 아이스크림으로 유명한 스웬센즈, 우리나라의 치킨 체인점 등이 있다. 럭키 슈퍼마켓보다 덜 복잡해서 여유롭게 장을 보기 좋다. 우리나라에 없는 식재료가 많고, 인스턴트 식품이 다양하다. 별도의 와인 매장도 갖췄다. 3층에는 해피 랜드라는 이름의 오락실이 있다. 스카이라운지는 자랑할 만한 높이는 아니지만 창밖으로 시엠립 강을 바라보며 라이브 뮤직을 즐길 수 있다.

Data 지도 207p
가는 법 올드 마켓에서 시엠립 강변 방향 **주소** Mondul 1 Village (Phsar Chas), Siem Reap
전화 063-766-666
운영시간 08:00~22:00

최고의 제품을 세련된 패키지에 담다
보디아 네이처 Bodia Nature

보디아 네이처의 제품들은 세련된 디자인과 패키지로 눈을 사로 잡고, 향기로 코를 사로잡는다. 다양한 세트 상품 중에서 미니 밤과 바스 용품 세트, 5가지 천연 재료로 만든 라이스 스크럽 세트가 인기. 앙코르 유적이 새겨진 도자기에 들어 있는 디퓨저의 향은 오래도록 은은하다. 소이 왁스로 만든 향초와 모기 퇴치 스프레이도 손이 가는 아이템. 보디아의 상표가 붙은 캄퐂 후추는 포장까지 멋져 선물로도 그만이다. 올드 마켓 맞은편 마사지 숍 안에 본 매장이 있고, 앨리 웨스트와 럭키 몰에도 지점이 있다.

Data 지도 207p
가는 법 수프 드래곤에서 길 건너편 골목으로 20m **주소** New Street A, Old Market area, Siem Reap
전화 017-675-399
운영시간 09:00~23:00
가격 샤워젤 13달러, 마사지 오일 10달러, 디퓨저 15달러
홈페이지 www.bodia-nature.com

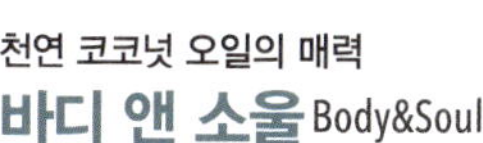

천연 코코넛 오일의 매력
바디 앤 소울 Body&Soul

앨리 웨스트에 위치한 바디 앤 소울은 마사지 숍과 함께 운영한다. 100% 천연 코코넛 오일과 코코넛을 재료로 만든 코코 크메르의 제품 등을 판매한다. 코코 크메르의 제품은 햇볕에 노출되었을 때 생기는 검버섯 등을 예방하고 피부 재생에 탁월한 효과를 가지고 있다고 하여 인기가 많다. 자체 브랜드가 붙은 아로마 오일과 미스트 종류가 다양하다.

Data 지도 207p
가는 법 펍 스트리트 남쪽 앨리웨스트 **주소** Pub street Alley west, Siem Reap **전화** 092-226-694
운영시간 09:00~23:00
가격 코코 크메르 립밤 4달러, 코코넛 오일(90ml) 5달러,
홈페이지 www.bodysoul-massage.com

라임 그린의 화사한 숍
부티크 코쿤 Boutique Kokoon

상퇴르 당코르의 부티크 중 하나인 코쿤은 자체적으로 생산한 제품을 판매한다. 향초와 립밤, 비누 같은 스파와 보디용품 외에도 후추 같은 향신료라던가 주방용품, 액세서리, 커피와 티 종류들이 있다. 퀄리티가 좋아 선물하기에도 제격. 두통이 있거나 열이 날 때, 벌레에 물렸을 때 다용도로 사용할 수 있는 앙코르 밤은 상비약으로, 선물로 사와도 좋을 아이템.

Data 지도 207p
가는 법 수프 드래곤에서 길 건너편, 블루 펌킨 옆
주소 Old Market area(Next the Blue Pumpkin), Siem Reap
전화 063-963-830
운영시간 07:30~22:00
가격 립밤 5달러, 모기퇴치향초 5달러, 앙코르 밤 5달러, 천연비누 세트 6달러
홈페이지
www.senteursdangkor.com

내 손으로 만드는 도자기
크메르 세라믹 파인 아트 센터 Khmer Ceramic Fine Arts Centre

크메르 세라믹 파인 아트 센터는 암울했던 시기에 맥이 끊긴 크메르의 도자기 예술을 부활시키고자 설립되었다. 회전판을 돌려 도자기를 만드는 체험과 컵, 접시에 페인팅을 하는 도자기 수업을 진행하고 있다. 매장에서는 캄보디아 각지에서 생산된 도자기를 판매한다. 특히 도자기에 젓가락을 끼울 수 있게 만든 찹스틱 볼이 주력 상품. 앨리웨스트에도 숍이 있다.

Data 지도 209p-G
가는 법 샤를 드골 도로에서 유적지 방향, 포용 쌀국수 옆
주소 #130, Vithey Charles de Gaulle, Khum Slorkram, Siem Reap **전화** 063-210-004
운영시간 08:00~19:30
가격 머그컵 3달러, 찹스틱 볼 6달러
홈페이지 www.khmerceramics.com

한 땀 한 땀 꿈이 담긴 퀼트
메콩 퀼트 Mekong Quilts

퀼트처럼 따뜻하고 포근한 느낌을 주는 공간이다. 결혼을 앞두고 있다면, 갓 태어난 조카가 있다면 이곳에 들어서는 순간 가슴이 콩닥거릴지도 모르겠다. 100% 손으로 만드는 다양한 퀼트 제품과 수공예 제품을 판매한다. 제품 하나하나에 디테일이 살아 있다. 쿠션과 침구의 퀄리티는 지갑을 열기에 충분하다. 아기들을 위한 작고 귀여운 오너먼트와 이불 제품 등을 100% 친환경 재료로 만들었다. 대나무 자전거도 판매한다. 종종 몇 가지 제품에 한해 세일을 진행하는데 그때가 바로 득템 찬스! 메콩 퀼트는 NGO '메콩 플러스'가 운영하는 사회적 기업으로, 매장의 수익금은 베트남과 캄보디아의 농촌 마을들을 지원하는 데 쓰인다.

Data **지도** 207p **가는 법** 시바타 로드에서 속산 로드로 가다가 오른쪽 **주소** House 153, Sivatha Street, Siem reap **전화** 063-964-498 **운영시간** 08:00~22:00 **가격** 오너먼트 2달러, 쿠션 44달러, 아기용 퀼트 90달러 **홈페이지** www.mekong-plus.com

어린이 병원을 돕는 아름다운 실크숍
위브스 오브 캄보디아 Weaves of Cambodia

캄보디아산 실크로 만든 위브스 오브 캄보디아의 지갑이나 스카프, 가방 같은 제품들은 갖고 싶은 아이템이다. 안경 케이스, 파우치, 넥타이 같은 소품들은 선물로도 괜찮다. 명함 지갑이나 노트북 케이스도 고급스럽다. 생활용품과 인테리어용품들도 있어 구석구석 둘러보는 재미가 있다. 품질과 디자인이 좋은 만큼 가격도 높은 편이지만 실크라는 점을 감안하면 수긍할 수 있는 정도. 위브스 오브 캄보디아는 특이하게도 앙코르 어린이 병원의 방문자 센터에 있다. 위브스 오브 캄보디아의 수익금이 모두 어린이 병원에 기부된다고 한다. 매장에는 앙코르 어린이 병원을 만든 '국경 없는 친구들(FWAB)'의 설립을 도운 사진작가 켄 로 이즈의 사진 액자와 엽서도 판매한다.

Data **지도** 209p-K **가는 법** 파크 하이야트에서 시엠립 강변 방향으로 좌회전 후 200m **주소** The Visitor Center, Angkor Hospital for Children, Siem Reap **전화** 068-229-448 **운영시간** 08:00~17:00 (일요일 휴무) **가격** 파우치 5달러, 스카프 40달러, 숄 50달러 **홈페이지** www.weavescambodia.com

컬러별로 갖고 싶은 코코넛 보울
루이즈 루바티에르 Louise Loubatieres

올드 마켓에서 파는 수많은 코코넛 보울의 원조가 여기에 있다. 영국 출신의 패션디자이너인 루이즈가 2013년 오픈한 이 숍은 마치 보물창고 같다. 각양각색의 코코넛 보울을 보고 있자면 하나만 고르기가 어렵다. 색깔별로 크기별로 모두 구입하고 싶을 정도. 도자기로 만든 액세서리와 빈티지한 골동품들도 판매한다.

Data **지도** 209p-K **가는 법** 센트럴마켓 뒤편 캔달빌리지 **주소** 7 Hup Guan Street, Siem Reap **전화** 012-902-986 **운영시간** 10:00~18:00 (일요일 휴무) **가격** 코코볼 10달러, 쿠션 35달러 **홈페이지** www.louiseloubatieres.com

예쁜 병에 담긴 캄보디아 술
쏨바이 Sombai

쏨바이는 포도로 만든 캄보디아 전통 술로, 캄보디아에서 생산된 쌀과 과일, 럼주를 섞어서 만든다. 한국말로 '밥 주세요'라는 뜻. 여성들에게는 녹차 맛, 오렌지 맛 쏨바이가 인기. 술병에 그려진 그림은 예술가들이 직접 그린 것. 워크숍에 참여하면 무료 테이스팅이 가능하니 예약하고 방문해보자.

Data **지도** 209p-K **가는 법** 워크숍은 하드 록 카페 앙코르에서 앙코르 하이스쿨 방면 도보 15분 **주소** 176 Sombai Road, Salakamreuk Village &Commune, Siem Reap **전화** 095-810-890 **운영시간** 09:00~19:00 **가격** 미니 5달러, 스몰 7달러, 라지 13달러, **홈페이지** www.sombai.com

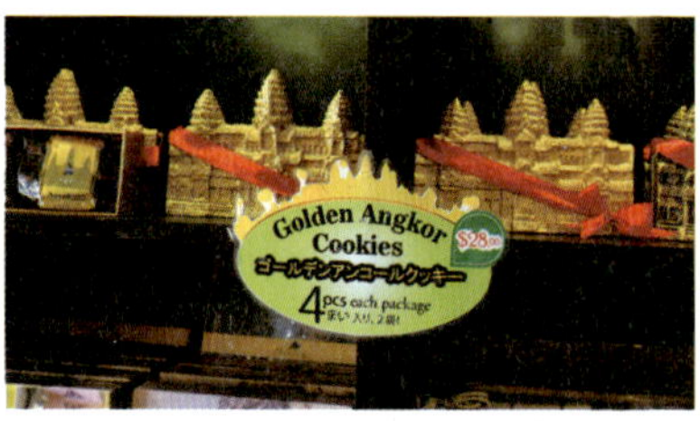

앙코르와트 모양의 고소한 쿠키
앙코르 쿠키 Madam Sachiko's Angkor Cookies

앙코르와트 사원 모양의 쿠키처럼 달콤한 시엠립 기념품이 또 있을까. 모양도 이쁘지만 캄보디아 각지에서 생산된 좋은 재료를 사용하여 맛도 좋다. 캐슈넛을 넣은 오리지널 앙코르 쿠키가 베스트셀러! 파인애플, 벌꿀, 후추, 커피, 코코넛 맛의 쿠키도 관광객들에게 인기가 많다. 소소한 쿠키이지만, 앙코르와트 다녀온 티가 팍팍 나는 기념품으로 선물하는 것도 좋다.

Data **지도** 209p-C **가는 법** 샤를 드골 도로에서 유적지 방향, 소피텔 호텔의 건너편 **주소** Charles de Gaulle, Krong Siem Reap **전화** 063-964-770 **운영시간** 09:30~19:00 **가격** 오리지널 앙코르 쿠키 6달러, **홈페이지** www.angkorcookies.com

씨앗으로 만든 볼드한 악세서리

그레인즈 드 캄보주 Graines de Cambodge

이름을 해석하면 '캄보디아의 씨앗'이라는 뜻이다. 이름에서 짐작할 수 있듯 그레인즈 드 캄보주의 모든 제품은 캄보디아와 태국에서 나는 20~30종류의 씨앗으로 만들어진다. 캄보디아 출신의 레이니 솜이 운영하는데, 목걸이, 팔찌, 반지 모두 천연 소재로 만든 핸드 메이드 제품. 펍 스트리트에서 가까운 레인 거리에 위치하고 있어 독특한 제품을 구경하러 들르기에 좋다.

Data 지도 207p
가는 법 펍 스트리트에서 북쪽으로 한 블록
주소 the lane, Siem Reap
전화 012-626-287
운영시간 09:00~22:30
가격 팔찌 15달러, 목걸이 35달러
홈페이지
www.grainesdecambodge.com

스토리 가득한 주얼리 제품들

가든 오브 디자이어 Garden of Desire

가든 오브 디자이어의 디자이너 리 피시스는 프놈펜에서 태어나 14살에 가족을 잃고 프랑스에 입양된 후 건축을 전공했다. 인생의 고난은 자연과 역사에 대한 성찰이 가득한 쥬얼리 디자인을 탄생시켰다. 숍을 방문했을 때 리가 있다면 작품에 대한 진지하고 흥미진진한 이야기를 들을 수 있다. 가격대가 높은 편이지만 순도 높은 은이나 18k 골드를 사용했음을 감안하자.

Data 지도 207p **가는 법** 펍 스트리트 뒤편의 앨리 웨스트 골목 **주소** Pub Street Alley west, Old Market Area, Siem Reap **전화** 012-319-116 **운영시간** 10:00~22:00 **가격** 귀걸이 60달러, 팔찌 86달러, 반지 85달러, 목걸이 220달러 **홈페이지** www.gardenofdesire-asia.com

고양이 페퍼의 선택

트렁크에이치 Trunkh

가게 문을 열고 들어섰다면 충동구매를 하지 않도록 정신줄을 꽉 잡아야 한다. 빈티지한 티셔츠부터 다양한 디자인의 에코백, 직접 그린 메콩강 물고기 쿠션, 각종 홈데코 용품까지 없는 게 없다. 그들의 고양이 페퍼를 내세워 기발한 광고 문구를 적어둔 것도 재미있고, 디자인 하나하나가 유머러스하다. 남자에게는 트렁크에이치 반바지를, 여자에게는 터키석으로 만든 팔찌를 추천한다.

Data 지도 209p-K **가는 법** 센트럴마켓 뒤편 캔달 빌리지 **주소** 642 Hup Guan Street, Siem Reap **전화** 078-900-932 **운영시간** 11:00~18:00 (월요일 휴무) **가격** 티셔츠 15달러, 반바지 15달러, 비즈 팔찌 8달러, 물고기모양 쿠션 20달러 **홈페이지** www.trunkh.com

| 여행을 특별하게 만드는 특급 호텔 |

아껴두고픈 시엠립의 오아시스

사라이 리조트 앤 스파 Sarai Resort&Spa

아담하고 싱그러운 정원, 럭셔리한 수영장, 근사한 레스토랑, 고급스러운 스파, 퀄리티가 좋은 기념품 숍까지 호텔이라면 갖춰야 할 모든 것을 갖췄다. 가장 먼저 탄성을 자아내는 곳은 푸른 타일의 수영장. 수영장 안에 설치한 선 베드에 누우면 발끝으로 찰랑이는 물결을 느낄 수 있다. 온종일 수영장에만 머물고 싶을 만큼 매혹적이다. 눈이 부시도록 화사한 호텔은 외관뿐만 아니라 엘리베이터의 내부, 방문의 명패나 어메니티를 두는 선반에 이르기까지 구석구석 모로코 양식으로 세심하게 마무리한 정성이 엿보인다. 시즌스 스파에서 마사지를 받으면 마치 모로코의 왕비라

Data 지도 209p-K
가는 법 펍 스트리트에서 왓 담낙 사원을 지나 우회전
주소 P.O Box 93193, Wat Damnak Village, Siem Reap
전화 063-962-200, 962-201
요금 골드 챔버 94~220달러, 테라스 스위트 136~630달러, 프레지덴셜 풀 스위트 248~1180달러
홈페이지 www.sarairesort.com

도 된 듯한 기분. 모든 방에는 통유리창을 내고, 아늑한 소파를 두었다. 테라스 스위트는 복층으로 꾸며져 여럿이 모여 담소를 나누기에 좋고, 프레지덴셜 풀 스위트는 복층의 공간에 프라이빗 풀을 마련해 파티 피플이나 허니무너들이 찾는다. 고트 트리 레스토랑은 사라이에서 묵지 않아도 일부러 찾아갈 만한 맛과 품격을 갖췄다. 사라이 리조트는 나만 알고 싶은 시엠립의 오아시스다.

하얏트의 명성 그대로
파크 하얏트 시엠립 Park Hyatt Siem Reap

시엠립에서 한 시대를 풍미했던 유럽풍 호텔 '들라뻬'가 리노베이션을 거쳐서 우아하고 럭셔리한 호텔로 재탄생했다. 2013년에 오픈한 파크 하얏트는 새로 생긴 호텔답게 감각적인 인테리어와 부대시설을 자랑한다. 파크 하얏트의 중앙정원 바로 앞에 있는 다이닝 룸은 세계적인 인테리어 디자이너인 빌 벤슬리의 컬렉션으로 꾸며졌다. 로비 옆의 리빙 룸에서는 애프터눈 티를 즐기거나 가벼운 점심식사를 하기에도 좋다. 정원에는 100살 된 반얀트리가 늘어져 있다. 작은 연못 가운데 오롯이 솟은 나무가 운치 있다. 그네 테이블 자리는 언제나 인기 만점. 호텔 복도는 마치 갤러리를 연상시킨다. 앙코르 유적지의 오래된 사진들이 아늑한 조명과 어울린다. 각 층마다 근사한 소파와 책꽂이가 있어 잠시 앉아서 담소를 나누기에도 좋다. 수영장에는 칸막이로 구획된 소파식 자리가 있어 프라이버시를 중시하는 고객의 취향을 만족시킨다. 스위트 이상의 방에는 개별 수영장이 딸려 있다. 특별한 날, 특별한 사람과 함께라면 개별 수영장을 갖춘 스위트에서 근사한 시간을 보내보자.

Data 지도 209p-K
가는 법 시바타 로드의 주유소 사거리
주소 Sivutha Boulevard,
Siem Reap
전화 063-211-234
요금 파크 트윈 176~272달러,
파크 디럭스 216~322달러,
풀 테라스 스위트 376~522달러
홈페이지
www.siemreap.park.hyatt.com

유적 관광도 하고 라운딩도 즐기고

소피텔 앙코르 포키트라 골프 앤 스파 리조트

Sofitel Angkor Phokeethra Golf&Spa Resort

프랑스의 대표적인 호텔 체인 소피텔에서 운영하는 리조트이다. 로비에서는 악사의 은은한 캄보디아 전통음악 연주로 맞이한다. 로비과 객실, 레스토랑이 각각 다른 건물에 배치되어 있을 만큼 부지가 넓다. 연꽃이 아름답게 피어 있는 호수를 가로지르는 다리를 건너 객실로 향한다. 연못 위에는 프렌치 레스토랑이 자리해 저녁이면 분위기 있는 식사가 가능하다. 차분한 색조의 가구들과 깨끗한 화이트 린넨으로 꾸며진 객실은 군더더기 없이 깔끔하다. 올망졸망 모여 있는 작은 건물들을 지나면 야자수로 둘러싸인 넓은 수영장이 펼쳐진다. 조식 뷔페에서는 생과일 주스를 만들어주며, 매일 바뀌는 뷔페 메뉴는 맛도 좋아서 만족도가 높다. 소피텔의 소 스파에서는 프랑스 화장품 브랜드 록시땅의 제품을 이용한다. 국제 규격의 18홀 골프 코스를 보유하고 있어 라운딩을 즐기는 사람들 또한 이곳을 선호한다. 리조트 내에서 감도는 은은한 향도 기분 좋고, 객실마다 작은 향을 선물하여 한국에 돌아와서도 오래도록 기억에 남는다.

Data **지도** 209p-C
가는 법 샤를 드골 도로에서 시내 방향, 르메르디앙 호텔 옆
주소 Vithei Charles de GaulleKhum Svay Dang Kum Angkor, Siem Reap
전화 063-760-333
요금 슈피리어 168~207달러, 럭셔리 230~280달러, 주니어스위트 297~316달러
홈페이지 www.sofitel.com

평화로운 휴식을 원한다면

아만사라 Amansara

'아만사라'는 산스크리트어로 평화라는 뜻의 '아만Aman'과 천상의 요정을 뜻하는 '압사라Apsara'가 합쳐져 만들어진 이름이다. 지금은 전 세계 20개국에서 럭셔리 호텔과 리조트를 운영하는 아만 계열의 리조트로 변신했지만, 원래는 노로돔 시하누크 왕이 세계 각국의 정상을 맞이하던 곳이다. 그동안 샤를 드골 전 프랑스 대통령, 재클린 케네디, 브래드 피트와 안젤리나 졸리 커플 같은 유명 인사들이 다녀갔다. 리조트 입구에서 경호원에게 확인을 받아야 문을 열어줄 정도로 투숙객의 프라이버시를 중시한다. 프라이빗 풀과 정원이 딸린 24개의 객실은 모두 우아하고 여유로운 스위트룸이다. 저녁이면 리조트 내에서 압사라 공연이 열린다. 시엠립에서 가장 비싼 호텔인 만큼 전용 벤츠, 전용 툭툭, 전용 투어, 전용 크루즈 등 서비스도 남다르다. 앙코르 유적지의 가이드 투어를 원하는 투숙객을 위해 단체 여행자들과 겹치지 않는 세심한 동선과 시간을 안배한 투어 프로그램을 제공한다. 아만사라에서는 완벽하게 평화로운 휴식이 가능하다.

Data 지도 209p-G
가는 법 샤를 드골 도로에서 유적지 방향, 래플즈 그랜드 호텔 맞은편
주소 Road to Angkor, Siem Reap
전화 063-760-333
요금 스위트 1,339~1,508달러, 풀 스위트 1,859~2,088달러
홈페이지 www.aman.com/resorts/amansara

| 가족과 함께, 연인과 함께 고급 호텔 |

역사와 전통을 자랑하는 격조 높은 호텔
래플즈 그랜드 호텔 당코르 Raffles Grand Hotel d'Angkor

역사와 전통을 자랑하는 아코르 계열의 호텔이다. 우아한 콜로니얼 스타일의 호텔 외관부터 남다르다. 카페 당코르에서는 아침 식사에 호텔에서 직접 구운 다양한 빵을 맛볼 수 있으며 샴페인도 포함된다. 크메르 왕실 요리를 제공하는 르 그랜드 레스토랑과 영국식 애프터눈 티를 즐길 수 있는 컨서버트리도 있다. 콜로니얼 스타일의 객실은 천장이 높고 개별 발코니가 있어 시원한 느낌이 있다. 또한 수영장이 내다보이는 독채 빌라가 있는데 힐러리 클린턴이 시엠립 방문했을 당시 묵은 곳이다. 압사라 공연을 보며 저녁 식사할 수 있는 압사라 테라스는 래플즈 그랜드 호텔이 가진 또 하나의 명소. 호텔 바로 앞에는 마치 래플즈 호텔의 정원인 듯한 왕실 정원이 드넓게 펼쳐진다.

Data **지도** 209p-G **가는 법** 6번 국도와 샤를 드골 교차점, 왕실정원 앞 **주소** 1 Vithei Charles de Gaulle, Khum Svay Dang Kum, Siem Reap **전화** 063-963-888 **요금** 스테이트룸 187~236달러, 스테이트룸 풀뷰 202~251달러, 랜드마크 룸 213~262달러, 콜로니얼 스위트 349~415달러 **홈페이지** www.raffles.com

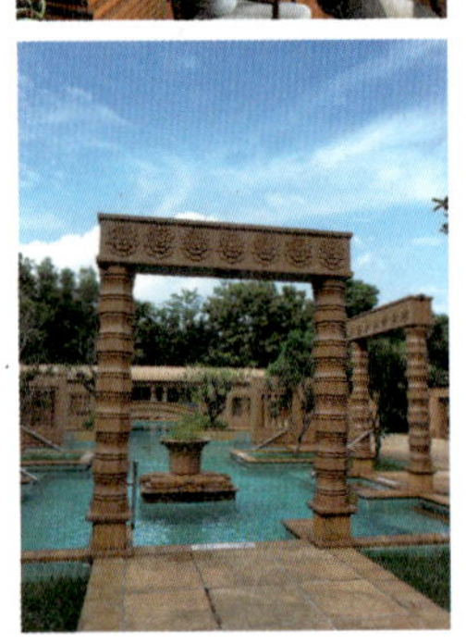

드넓은 잔디와 어우러진 야자수 가든
르메르디앙 앙코르 Le Méridien Angkor

세계적인 호텔 체인 스타우드에서 운영한다. 여행업계의 오스카라 불리는 월드 트래블 어워드를 2011년부터 4년 연속 수상할 정도로 시설과 서비스를 인정받고 있다. 통유리창으로 시원하게 트인 로비는 자연을 그대로 들여와 싱그럽다. 객실은 총 223개이나 호텔 규모에 비해 룸 종류나 전체적인 시설은 다소 단조롭다. 르메르디앙의 아름다움은 후문으로 나가야 제대로 느낄 수 있다. 드넓은 잔디와 어우러진 야자수 가든이 압권. 크리스마스와 연말에는 여기서 갈라 디너가 열린다. 야외 수영장은 앙코르 유적을 모티브로 만들어졌다. 디럭스 룸 이상 묵는 투숙객에게는 로비 라운지에서 매일 무료 음료를 제공한다.

Data **지도** 209p-C **가는 법** 샤를 드골 도로에서 시내 방향, 소피텔 앙코르 호텔 옆 **주소** Vithei Khum Svay Dang Kum, Charles De Gaulle, Krong Siem Reap **전화** 063-963-900 **요금** 수페리어 94~125달러, 디럭스 119~155달러, 패밀리 210~250달러, 그랜드스위트 476~572달러 **홈페이지** www.lemeridienangkor.com

풀 바를 갖춘 넓은 수영장
앙코르 팰리스 리조트 앤 스파
Angkor Palace Resort&Spa

가족 여행이라면 앙코르 팰리스 호텔이 제격이다. 아이가 있는 가족의 호텔 선택 기준 1순위는 아이가 좋아하는 얕은 수영장이 아닐까. 앙코르 팰리스는 시엠립의 대형 호텔들 중에서도 수영장의 규모가 크고, 물의 깊이가 다양해서 물놀이를 좋아하는 아이들이 무척 좋아하는 곳이다. 골프연습장과 테니스장, 풀 바까지 잘 갖춰져 있고 조식 뷔페에는 김치까지 제공되니 아이들뿐만 아니라 온 가족 모두 만족할 수 있겠다. 방이 넓은 편이고 모든 방에 테라스를 갖췄다. 조금 더 프라이빗한 휴가를 원한다면 호텔의 한쪽 부지에 자리한 빌라동을 고려해보자. 빌라동은 동별로 각기 구조가 다르며, 개인 수영장이 딸린 풀빌라도 몇 채 있다.

Data 지도 208p-E **가는 법** 6번 국도에서 민속촌 옆 **주소** No. 555, Phum Krous, Khum Svay Dangkum, Siem Reap **전화** 063-760-511 **요금** 디럭스 70~120달러, 프리미엄 디럭스 80~130달러, 원베드룸 수트 200달러 **홈페이지** www.grandsoluxeangkor.com

넓은 방의 독채 빌라
소카라이 앙코르 리조트 앤 스파
Sokhalay Angkor Resort&Spa

6번 국도변에 위치한 소카라이 앙코르 리조트는 객실 250개의 대형 리조트로, 레지던스와 호텔 그리고 개별 빌라를 보유하고 있다. 캄보디아 민속촌에서 가까워 자유 여행자는 물론 단체 여행객에게도 인기가 높다. 시엠립에서 유일하게 호텔 본관에 실내 수영장이 있으며 호텔과 빌라 간의 거리가 멀어 입구에서 버기카를 타고 이동한다. 이왕이면 빌라에 묵어볼까. 프로모션 이용하거나 예약을 서두르면 괜찮은 가격으로 넓은 빌라동에 묵을 수 있다. 빨간 지붕을 얹은 40동의 빌라는 나무로 지어져 있으며 수영장을 둘러싸듯 배치되어 있다. 주위에는 울창한 숲이 우거져 휴양림에 놀러온 듯한 느낌을 준다. 4인 가족을 위한 패밀리룸도 있어서 커플은 물론 가족 여행자들도 편리하게 이용할 수 있다.

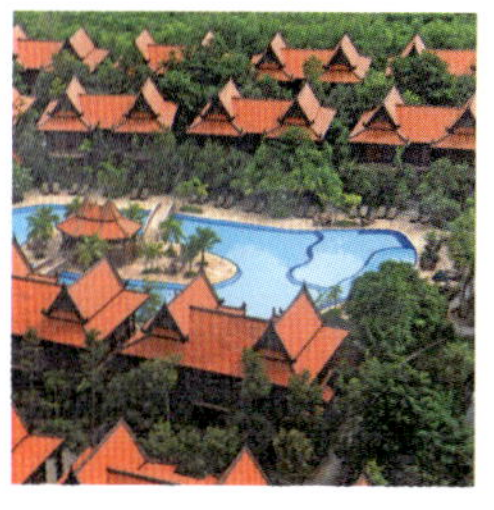

Data 지도 208p-A **가는 법** 6번 국도변 공항 방향 캄보디아 민속촌 맞은편 **주소** National Road No. 6, Siem Reap **전화** 063-968-222 **요금** 스탠다드 더블 43~50달러, 디럭스 가든 빌라 49~165달러, 디럭스 풀뷰 59~198달러 **홈페이지** www.sokhalayangkor.com

콜로니얼 풍 호텔
빅토리아 앙코르 리조트 앤 스파
The Victoria Angkor Resort&Spa

호텔의 외관은 식민지 시대의 대저택을 연상시키는 우아한 콜로니얼 풍이다. 자칫 평범해보일 수 있지만 내부로 들어가면 밝고 환하게 달라진다. 푸르른 시엠립의 하늘과 대조되는 옐로우 컬러의 벽이 상큼하다. 노란색 차양이 드리워진 카페에서 수영장을 내려다보며 느긋하게 일요일의 선데이 브런치를 맛보자. 우아하게 마감된 모든 객실에는 욕조를 갖추고 있어 여행을 마치고 돌아와 휴식을 취하기에도 안성맞춤이다. 오래된 영화에서 보던 빈티지 엘리베이터는 신기하게도 여전히 운행 중이다. 클래식카 빈티지 시트로엥을 이용한 프로그램은 빅토리아만의 자랑거리. 빈티지 시트로엥을 이용해 공항 픽업은 물론 시티투어도 가능하다.

Data **지도** 209p-G **가는 법** 6번 국도에서 공항 방향으로 왕실정원 서쪽 **주소** Central Park, PO Box 93145, Siem Reap **전화** 063-760-428 **요금** 수페리어 140~230달러, 디럭스153~246달러, 콜로니얼 351~480달러 **홈페이지** www.victoriaangkorhotel.com

---

유적을 형상화한 멋진 수영장이 인기
소카 앙코르 리조트 Sokha Angkor Resort

6번 국도와 샤를 드골 거리가 만나는 교차점에 있다. 소카 앙코르 리조트의 최고 명물은 프레아 비히어 유적을 본 딴 구조물이 있는 수영장. 대형 해수풀과 어린이 전용풀이 있어 가족단위 여행객들에게 인기가 높다. 수영장 주변 카페에서 선탠을 즐기며 음료를 주문할 수 있으니, 아이가 물놀이 하는 동안 엄마, 아빠는 여유로운 시간을 즐겨보자. 호텔 내에 있는 재스민 스파는 해피 아워를 이용하면 1시간에 30달러 정도에 전신 마사지를 받을 수 있다. 수영장 옆에 있는 일식당 타케조노에서는 시엠립 최고 수준의 일식을 즐길 수 있다. 1층 베이커리는 저녁 7시부터 할인 판매를 하여 교민들과 외국인들이 자주 찾는다.

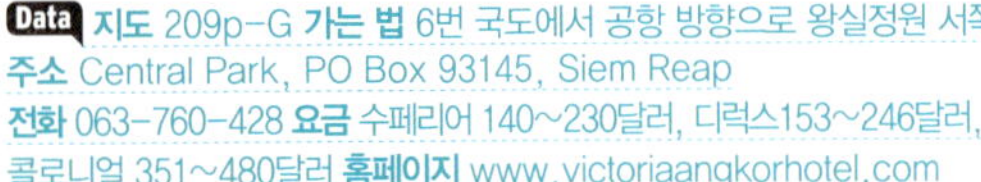

Data **지도** 209p-G
가는 법 6번 국도와 샤를 드골 도로가 만나는 교차점
주소 No.555, Phum Krous, Khum Svay Dangkum, Siem Reap
전화 063-969-999 **요금** 디럭스 68~110달러,
디럭스 풀뷰 85~120달러, 주니어스위트 190~240달러
홈페이지 www.sokhahotels.com/siemreap

| 감각적이거나 사랑스럽거나, 부티크 호텔 |

한가롭고 조용하게, 우아하고 세련되게

멀베리 부티크 호텔 Mulberry Boutique Hotel

작아서 더 매력적인 부티크 호텔이다. 좁은 입구를 따라 호텔 정문으로 들어올 때만 해도 이런 곳에 숨겨진 보석이 있으리라고는 생각하지 못할 것이다. 문을 열고 들어서면 눈부신 초록이 펼쳐진다. 야자수가 우거진 정원 뒤로 아담한 사이즈의 수영장이 자리했다. 로비에서 웰컴 드링크를 마시고 나면 시엠립이 아닌 다른 세계가 펼쳐진 느낌. 객실이 14개밖에 없기에 아침저녁으로 조용하고 수영장도 한가롭다. 방은 넓고 인테리어가 세련되어 까다로운 연인들이라도 만족할 만하다. 조용하게 휴식을 취하고 싶은 가족들이라면 복층으로 이루어진 패밀리 스위트를, 둘만의 시간을 갖고 싶은 연인들에게는 야외 욕실과 작은 정원이 딸린 가든 스위트를 추천한다. 수영장 옆에 미니바가 있고, 정원 옆으로 레스토랑이 있어 호텔 안에서 충분한 휴식이 가능하다. 조식은 뷔페식으로 제공되며, 메인 요리를 따로 주문할 수 있다. 요리도, 플레이팅도 깔끔하다.

Data 지도 209p-K
가는 법 파크 하얏트 호텔과 주유소 사이 골목으로 한 블록을 지나 왼쪽
주소 Phum Steng Tmey, Song kat Svay dong kum, Samdech Tep Vong St, Krong Siem Reap
전화 063-968-283
요금 디럭스 65~100달러, 가든 수트 94~170달러, 패밀리 수트 160~250달러
홈페이지 www.mulberry-boutiquehotel.com

럭셔리 부티크 호텔의 끝판왕
골든 템플 레지던스 Golden Temple Residence

펍 스트리트와 가까우면서도 고급스러운 부티크 호텔은 없을까? 골든 템플 레지던스는 펍 스트리트까지 걸어서 5분 거리에 위치해 있고, 부근에서 가장 럭셔리한 부티크 호텔이다. 펍 스트리트에서 길을 건너 속산 로드를 따라 끝까지 걸어가면 골든 템플 레지던스의 작은 정문이 나온다. 터널 같은 정문을 통과하면 놀라움이 시작된다. 은근한 골드 컬러에 붉은 색을 포인트로 한 인테리어가 화려하다. 스파 시설도 여느 대형 리조트 못지 않게 근사하다. 저녁에는 수영장 위쪽의 공간에서 압사라 공연이 열리는데 식사를 하면서 즐길 수 있어 좋다. 럭셔리한 호텔 중에서 접근성을 따지자면 단연 최고의 선택이겠다. 단, 골든 템플 호텔이나 골든 템플 빌라와 전혀 다른 곳이니 헷갈리지 말자.

Data 지도 207p
가는 법 X바를 오른쪽으로 끼고 속산 로드로 들어와 골목 끝까지 직진
주소 Sok San Rd, Krong Siem Reap **전화** 063-212-222
요금 디럭스 어반 100~160달러, 어반 스위트140~220달러
홈페이지 www.goldentempleresidence.com

고급스럽고 세심한 서비스를 원한다면
린나야 어반 리버 리조트 앤 스파

The Lynnaya Urban River Resort&Spa

시엠립 강변의 숨은 보물이랄까. 펍 스트리트와는 조금 떨어진 시엠립 강변 동쪽에 위치한 린나야 어반 리버 리조트는 강변의 정취를 잘 살린 고급스러운 부티크 호텔이다. 가든뷰 룸은 건물의 1층과 2층에 자리했고, 디럭스룸과 주니어 수트는 각 방이 독채로 되어 있다. 의자의 각도와 방의 조명, 온도까지 세심하게 체크해주는 등 객실 서비스의 수준이 높아 지내기에 만족스럽다. 방마다 큰 책상을 두어 책을 읽거나 노트북을 사용할 때 편안하다. 옥상의 레스토랑에서는 시엠립 강이 내려다보인다. 해가 뉘엿뉘엿 질 무렵, 이곳에서 맥주를 한 잔 곁들여 하루를 마무리하는 기분도 쏠쏠하다. 1층에는 격조 높은 팔라트 레스토랑이 있어 우아하게 저녁을 먹기에도 좋다.

Data 지도 209p-G **가는 법** 6번 도로와 샤를 드골 도로 교차점에서 남쪽으로 200m, 시엠립 강 동쪽 편 **주소** Street 20, Krong Siem Reap
전화 063-967-755 **요금** 가든뷰 70~160달러, 디럭스 트윈 70~160달러, 방갈로 80~180달러, 주니어 수트 100~240달러
홈페이지 www.lynnaya-hotel-angkor.com

위치 좋고, 가성비 좋고

압사라 센터폴 호텔 Apsara Centrepole Hotel

아기자기한 정원을 지닌 압사라 센터폴 호텔의 장점은 펍 스트리트와 가까운 위치. 이곳에 묵으면 펍 스트리트까지 걸어나가서 식사를 하거나 나이트 마켓을 방문하기 쉽다. 수영장에서 선베드 외에 작은 카바나를 두어 잠시 누워서 쉬기에도 제격. 방은 화려하진 않지만 깔끔하고 테라스가 딸려 있어 널찍하다. 조식은 뷔페식이 아닌, 메인 요리를 선택하여 먹는 방식이다. 빵과 과일 샐러드, 음료수와 함께 메인 요리를 제공한다. 수영장까지 갖춘 호텔 치고는 가성비가 뛰어나서 여행자들의 만족도가 높다. 비수기와 성수기의 가격 차이가 크지만 적극적으로 프로모션을 진행하니 날짜에 맞춰 잘 예약하면 게스트하우스만큼 저렴한 가격으로 만족스럽게 이용할 수 있다.

Data **지도** 207p **가는 법** X바를 끼고 속산 로드로 80m 들어와 왼쪽 **주소** 522 Sok San Street, Krong Siem Reap **전화** 063-968-096 **요금** 압사라 스튜디오 트윈 30~65달러, 디럭스 더블 40~75달러 **홈페이지** www.apsaracentrepole.com

펍 스트리트까지 걸어서 5분 거리

압사라 레지던스 호텔 Apsara Residence Hotel

압사라 레지던스 호텔은 2015년에 오픈하여 깨끗하고, 인테리어도 깔끔하다. 통유리로 된 레스토랑은 탁 트며 환하고 시원하다. 작은 레스토랑이지만 와인을 포함한 드링크리스트가 다양하다. 칵테일도 수준급! 가끔씩 정원에서 바비큐 파티를 여는데 저렴한 가격으로 맛있는 바비큐를 마음껏 먹을 수 있으니 놓치지 말자. 수영장 앞이나 작은 정원에서도 식사할 수 있다. 조식은 음료와 과일, 메인 요리를 제공하는데 양은 다소 적은 편. 방에는 큼직한 소파가 있고 방과 화장실이 넓어 지내기에 편하다. 1층에 개별 수영장을 갖춘 방 2개는 커플들에게 인기가 많다. 강 건너지만 펍 스트리트에서 도보 5분 거리이다.

Data **지도** 209p-K **가는 법** 하드 록 카페에서 강변을 따라 올라가 첫 번째 골목에서 오른쪽 **주소** St. 27, Wat Bo Village, Sala Kamreuk Commune, Siem Reap **전화** 063-968-668 **요금** 디럭스 54~180달러, 이그제큐티브 풀뷰 63~210달러, 이그제큐티브 더블 프라이빗 풀 75~250달러 **홈페이지** www.apsara-residence.com

푸르른 정원 위에 그림 같은 하얀 집
FCC 호텔 앙코르 FCC Hotel Angkor

초록 정원에 흰색 건물이 그림 같이 서 있다. FCC 호텔 앙코르는 프랑스 식민지 시절에 주지사의 별장으로 사용되던 건물을 호텔로 리모델링했다. 객실은 밝고 심플하게 꾸며져 있다. 관리가 잘 된 정원과 소금물이 채워진 아담한 수영장이 근사하다. 저녁에 수영장 주변은 촛불이 은은하게 켜진 노천 레스토랑으로 변신한다. 저녁의 분위기가 좋아 투숙객이 아니어도 레스토랑을 찾는 사람들이 많다. FCC 앙코르의 레스토랑은 분위기도 좋지만 맛집으로도 명성이 높다. 2층의 레스토랑은 애프터눈 티를 즐기며 오후의 여유를 만끽하고 싶은 여행자들이 즐겨 찾는다. 시엠립 강변과 왕실정원까지 산책하기에도 좋고, 앙코르 트레이드 센터로 장을 보러 가기에도 좋은 위치. 강변을 따라 올드 마켓이나 펍 스트리트까지도 슬슬 걸어갈 수 있다.

Data **지도** 209p-G **가는 법** 시엠립 강변 앙코르 트레이드 센터에서 왕실정원 방향 800m **주소** Pokambor Ave, next to the Royal Residence, Siem Reap **전화** 063-760-280 **요금** 스탠다드 76~150달러, 디럭스 84~180달러, 스위트 204~300달러
홈페이지 www.fcccambodia.com/fcc-hotel-angkor

럭키 몰 앞의 위치 좋은 호텔
프린스 당코르 호텔 앤 스파 Prince D'Angkor Hotel & Spa

럭키 몰 바로 앞에 위치한 호텔. 여행자를 위한 대부분의 편의시설을 걸어서 5분 안에 갈 수 있다. 럭키 몰이나 앙코르 마켓에서 쇼핑을 하고 나서 길만 건너면 바로 호텔이어서 편하다. 진한색의 원목으로 가구와 바닥재를 꾸며 중후한 느낌을 준다. 테라스에서 바라보는 야외 수영장은 보기만 해도 가슴이 탁 트인다. 소금물을 채운 수영장은 자쿠지와 어린이 수영장으로 나뉘어 있고, 풀사이드 바에서는 간단한 요리와 음료를 판다. 수영장 옆에 있는 오팔 스파에서는 시내 여느 마사지 숍과 비슷한 가격으로 마사지와 네일 케어를 받을 수 있다. 사우나와 자쿠지, 피트니스 시설도 갖추고 있다. 블루 다이아몬드 레스토랑에서 조식으로 나오는 맛있는 쌀국수도 즐겨보자.

Data **지도** 208p-I **가는 법** 시바타 로드 럭키 몰 맞은편 **주소** Sivatha Blv, Mondul II, Sangkat Svay Dangkom, Siem Reap **전화** 063-763-888 **요금** 수피리어 63~96달러, 디럭스 85~95달러, 참페이 95~113달러 **홈페이지** www.princedangkor.com

수영장과 루프탑바를 갖춘 파티 호스텔
매드 몽키 백팩커스 호스텔
The Mad Monkey Backpackers Hostel

시엠립의 대표 게스트하우스. 100명 이상의 투숙객이 동시에 머물 수 있는 큰 규모를 자랑한다. 수영을 즐기며 칵테일을 홀짝거리는 여행자들을 심심치 않게 만날 수 있다. 수영장 옆에 컨시어지 데스크와 풀바가 있는 것도 이색적이다. 혼자 온 여행자를 위한 풀사이드 싱글룸, 12명이 함께 투숙할 수 있는 풀사이드 12베드 도미토리는 인기가 높다. 파티 호스텔이라는 별칭처럼 24시간 음악이 쿵짝거리고 밤이면 루프탑에서 다양한 이벤트와 파티가 이어진다.

Data **지도** 208p-I **가는 법** 시바타로드 KFC 대각선 맞은편 **주소** Sivutha Boulevard, Siem Reap **전화** 636-880-008 **요금** 6베드 도미토리 9달러, 12베드 풀사이드 9달러, 스탠다드 17달러, 풀사이드 더블 22달러 **홈페이지** www.madmonkeyhostels.com

풀사이드 스카이바를 즐겨 보자
펑키 플래시패커 Funky Flashpacker

펑키 플래시패커의 명물은 시원한 전망을 자랑하는 스카이바. 24시간 운영하는 스카이 바에서는 밤마다 파티가 열리며 라이브 DJ가 활약한다. 영국의 유명 아티스트 토미 거르의 벽화와 알록달록한 조명이 발랄한 분위기를 더한다. 도미토리부터 싱글룸까지 다양한 방이 있다. 18세 이하는 투숙할 수 없으며, 여성 전용 도미토리도 있다.

Data **지도** 209p-K **가는 법** 파크하얏트에서 따풀로드 방면 300m **주소** Funky Lane, just off Samdech Tep Vong St, Siem Reap **전화** 096-752-1040 **요금** 여성전용 10베드 7달러, 48베드 믹스 7달러, 디럭스 싱글 16달러, 디럭스 더블 18달러 **홈페이지** www.funkyflashpacker.com

하루 4달러의 행복
호스텔543 Hostel 543

알록달록한 건물의 작은 호스텔에 아담한 수영장과 작은 바까지, 있을 건 다 있다. 수영장에는 각종 장난감이 펼쳐져 있다. 편안한 빈백에 앉아 맥주를 한잔하기에도 좋다. 2층 통유리로 된 공용 공간에서는 책을 읽거나 여행자들끼리 담소를 나눈다. 모든 방은 도미토리이며 4인실부터 다인실까지 고루 갖췄다. 하루 4달러의 행복이다.

Data **지도** 209p-K **가는 법** 하드 록 카페에서 왓보 로드 쪽으로 들어가다가 오른쪽 **주소** Wat bo road, 34567 Siem Reap **전화** 068-386-903 **요금** 1인 1박 4달러

여행준비 컨설팅

세계 최대 사원인 앙코르와트와 불가사의한 고대 도시 앙코르 톰을 보기 위해 시엠립으로 향하는 마음이 두근거린다. 남은 일정에 맞추어 차근차근 꼼꼼하게 여행을 준비해보자.

D-70

MISSION 1 여행 일정을 계획하자

1. 여행 스타일을 결정하자

자유여행으로 갈지 패키지여행으로 갈지, 자신이 원하는 여행 스타일을 생각해보자. 시엠립의 교통편이나 숙소 예약은 어렵지 않으니 초보 여행자라도 자유여행이 가능하다. 유적을 감성적으로 접근하는 여행자라면 자유여행을 즐겨보자. 힌두교 신화와 사원의 부조를 꼼꼼하게 둘러보고 싶은 여행자라면 현지 여행사 투어나, 현지 한인업소의 한국어 가이드를 신청하는 것도 좋겠다.

2. 출발 시기를 고려하자

시엠립은 언제 여행을 가느냐에 따라 느낌이 다르다. 반짝이는 푸른 하늘이 근사한 10월에서 2월까지 성수기에는 어딜 가든 여행자들이 북적거리고 성수기 요금이 적용된다. 날씨가 화창해서 어디서 사진을 찍어도 엽서처럼 나온다. 3월에서 6월 사이에는 평균 기온이 35도가 넘기 때문에 오전 일찍 관광을 하고, 오후에는 수영장에서 쉬는 편이 좋겠다. 무척 덥기 때문에 일정을 느슨하게 짜야 한다. 7월에서 9월 사이에는 스콜성 소나기가 퍼붓는 시간을 피해 짬짬이 유적을 돌아볼 수 있다. 비수기 요금으로 저렴하고, 여행자들이 적어 한적하게 관람이 가능하다.

3. 여행 기간을 정하자

앙코르와트의 유적을 아침 일찍부터 저녁 늦게까지 부지런히 둘러본다면 대순회 코스 하루, 소순회 코스 하루로, 이틀 동안 클리어할 수 있다. 하지만 근교 롤루오 유적군, 벵 밀리아, 톤레삽 호수의 수상가옥촌까지 다양한 볼거리를 놓치고 싶지 않다면 하루 여유가 필요하다. 또 수영장에서 휴식을 취하고 마시지도 즐기고 싶다면 하루가 더 필요하다. 이렇게 4박 6일 정도 머물러야 여유가 있다. 근교의 프놈 쿨렌이나 코 케까지 앙코르 유적을 모두 섭렵하려면 일주일도 모자랄 지경. 휴가 기간이 3박 5일이라면 다 보겠다는 욕심을 버리고, 그에 맞게 적절한 일정을 짜자.

D-60

MISSION 2 여권을 만들자

1. 어디에서 만들까?

서울에서는 외교통상부를 포함한 대부분의 구청에서 만들 수 있으며, 광역시 포함 지방에서는 도청이나 시청의 여권과에서 만들 수 있다. 인터넷 포털사이트에서 '여권 발급 기관'을 검색하면 가까운 여권 발급 장소에 대해 안내를 받을 수 있다.

2. 어떻게 만들까?

전자여권은 타인이나 여행사의 발급 대행이 불가능하다. 본인이 직접 신분증을 지참하고 신청해야 한다. 만 18세 미만의 미성년자의 경우에는 대리 신청이 가능하며, 대리 신청을 할 때는 가족관계증명서를 지참해야 접수할 수 있다.

3. 어떤 준비물이 필요할까?

- 여권발급신청서
- 여권용 사진 2매
- 주민등록등본 1통
- 신분증(주민등록증이나 운전면허증), 미성년자 여권 발급 시 부모 신분증
- 발급 수수료(카드 결제 가능)

4. 여권을 분실하거나 기간이 만료됐다면?

재발급 절차는 여권 발급 절차와 비슷하지만 재발급 사유를 적는 신청서가 추가된다. 분실한 경우 분실신고서도 필요하다. 신여권 제도 시행으로 여권의 유효기간이 만료되면 연장하지 못하고 갱신해야 한다. 유효기간을 미리 체크해두자.

MISSION 3 항공권을 구입하자

1. 시엠립에 어떻게 갈까?

하루에도 수십 편이 넘는 항공기들이 작은 시엠립 공항을 오간다. 한국에서는 대한항공과 아시아나, 이스타항공에서 인천–시엠립 구간을, 에어부산이 부산–시엠립 구간을 매일 혹은 주4회 취항한다. 시엠립의 항공 도시 코드는 REP. 항공기 및 공항에 대한 정보는 시엠립 공항 홈페이지(www.rep.aero)를 통해 확인할 수 있다.

2. 항공권의 가격은 얼마나 할까?

시엠립으로 가는 항공권은 성수기와 비성수기에 따라 요금이 천차만별이다. 비수기에 프로모션을 이용하면 20만 원대에도 구입이 가능하지만 성수기에는 60~80만 원까지 오르기도 한다. 항공사 홈페이지의 프로모션을 이용하거나 땡처리 항공권을 구매하면 40~50만 원 정도에 시엠립으로 가는 직항 항공권을 구입할 수 있다.

3. 항공권을 구입하려면?

먼저 항공사 홈페이지를 확인하자. 항공사 홈페이지에서 자체 프로모션을 하거나, 땡처리 항공권을 판매할 때는 저렴한 가격에 항공권을 구매할 수 있다.

대한항공 kr.koreanair.com
아시아나항공 www.flyasiana.com
이스타항공 www.eastarjet.com
에어부산 rsvweb.airbusan.com
스카이앙코르에어라인 www.skyangkorair.com

4. 할인 항공권을 구입하려면?

출발 시간이 임박하면 아직 판매되지 않은 땡처리 항공권을 저렴하게 내놓는다. 보통 땡처리 항공권은 취소나 환불이 어렵고, 변경 시 수수료를 내기도 하니 조건을 꼼꼼하게 살펴보자. 항공권 구매 사이트를 활용해 가격을 비교해보고 합리적인 가격으로 구매하자.

땡처리닷컴 www.072.com
와이페이모어 www.whypaymore.com
온라인투어 www.onlinetour.com
인터파크투어 tour.interpark.com

5. 항공권 구매 시 유의할 점

항공권을 살 때의 조건을 확인하는 건 기본. 마일리지가 적립되는지, 짐의 무게는 어떤지, 취소나 변경 수수료는 얼마인지, 공항세와 유류할증료가 포함된 가격인지 확인해보자. 실제로 지불해야 하는 총 금액을 비교해서 항공권을 구입한다.

D-40

MISSION 4 숙소를 예약하자

1. 숙소의 형태를 정하자

시엠립에서 머무는 기간과 예산을 고려하여 숙소의 형태를 정하자. 시엠립에는 다양한 가격대의 호텔과 리조트, 게스트하우스가 많다. 가격대비 퀄리티도 좋은 편. 성수기와 비수기의 가격차가 꽤 크지만, 호텔과 리조트마다 자체적으로 프로모션을 진행하거나, 특정 사이트에서 할인을 해주곤 한다. 꼼꼼히 살펴보고 예약하자.

2. 숙소의 위치를 정하자

시엠립에서는 숙소의 위치에 따라 교통비가 달라진다. 저녁식사를 하러 가거나 마사지를 받으러 갈 때 걸어갈 만한 거리라면 툭툭 비용이 들지 않는다. 시내에서 먼 6번 국도나 샤를 드골 도로의 숙소를 선택하면 펍 스트리트를 오가는데 왕복 5달러 정도의 툭툭 비용이 든다. 시엠립 강 동쪽의 호텔들은 교통이 좋지 않은 대신 숙박비가 저렴하다.

3. 숙소를 예약하자

먼저 관심 있는 호텔의 홈페이지를 체크해보자. 대부분의 호텔에서 자체 예약 시스템을 갖추고 있는데다 프로모션 기간에는 호텔 예약 전문 사이트보다 저렴한 가격으로 예약이 가능하다. 연박을 하면 레스토랑이나 스파 시설 이용혜택을 주는 등 이벤트도 다양하다. 호텔 예약 사이트의 가격도 비교해보자. 같은 호텔이라도 호텔 예약 사이트마다 할인 폭이 다르고, 조식 포함 여부가 다르고, 서비스가 다르다. 꼼꼼하게 살펴보면 원하는 호텔을 저렴한 가격에 예약할 수 있을 것이다.

호텔스닷컴 kr.hotels.com
아고다 www.agoda.com
트립어드바이저 www.tripadvisor.co.kr

D-20

MISSION 5 여행 정보를 수집하자

1. 가이드북으로 만나는 앙코르 유적

앙코르 유적지는 알고 보면 문화유적이고, 모르고 보면 돌덩이에 불과하다는 말이 있다. 그러니 여행 전에 〈앙코르와트 홀리데이〉 한 권은 필수. 유적지에 대한 꼼꼼한 설명뿐만 아니라 시엠립 시내의 맛집, 쇼핑가, 바 등 핫플레이스들이 가득 담겼다. 미리 읽고 정복하여 알차게 여행하자.

2. 인터넷 검색으로 알아보는 시엠립

캄보디아의 사람들, 시엠립 시내의 모습이 궁금하면 인터넷으로 검색해보자. 다만 인터넷의 정보는 정확하지 않을 수 있으며, 개인적이고 주관적인 후기라는 것을 감안하고 보자. 캄보디아 관광청 홈페이지가 있으나 구조가 복잡해 보기가 쉽지 않다.

트립어드바이저 www.tripadvisor.co.kr
캄보디아 관광청 www.tourismcambodia.org

D-10

MISSION 6 알뜰하게 환전하자

1. 현금 준비

시엠립에서는 미국 달러가 통용된다. 가끔 유로도 사용 가능하다. 환전을 할 때는 미국 달러를 준비하면 된다. 굳이 캄보디아 화폐인 리엘로 환전하지 않아도 된다. 호텔이나 레스토랑, 기념품 숍, 툭툭 요금까지 모두 달러로 지불할 수 있다. 100달러 지폐는 신권으로 받으니 신권을 준비하는 편이 좋다. 2달러 지폐는 받지 않는 곳이 많으니 2달러 대신 1달러 소액권으로 환전하도록 하자.

2. 신용카드

호텔이나 레스토랑에서 신용카드를 받기는 하지만, 그래도 아직까지 시엠립 시내에서 신용카드를 쓰기에는 무리가 있다. 대형 호텔이나 유명 레스토랑, 시엠립 공항의 면세점 등 믿을 만한 곳에서만 신용카드를 사용하는 편이 좋겠다.

3. 현금카드

시엠립의 ATM 기계에서 국제 현금카드로 인출을 하면, 자신의 예금 한도 내에서 미화로 자동 환전되어 달러화로 인출된다. 가끔 리엘을 선택할 수 있는 기계가 있으나 달러로 뽑는 편이 좋다. 대부분의 은행에서 1회 인출 시 5달러의 수수료가 붙으며, 환율이 좋지 않으므로 한국에서 미리 환전해 가는 편이 낫다.

D-7

MISSION 7 여행자 보험에 가입하자

1. 여행자 보험, 꼭 들어야 할까?

기존에 실손 보험이 있는 사람이 한국에 돌아와서 치료를 받는 경우라면 굳이 여행자 보험에 가입할 필요가 없다. 다만 여행지에서 갑자기 병원에 가야 한다거나, 중요한 물품을 도난당하거나 분실하는 경우에는 여행자 보험이 필요하다.

2. 보상 내역을 꼭 확인하자

대부분의 여행자가 노트북이나 카메라를 들고 갈 때 분실을 우려해 여행자 보험에 가입하지만 실제로 보상이 되는 금액은 무척 적다. 예를 들어, 분실에 대한 보상이 200만 원이라고 되어 있어도 물품 1개당 20만 원씩, 총 10개 물품을 보상해주는 식. 1억 원 보상이라고 강조하는 상품도 알고 보면 사망했을 때 보상금이 1억 원일 뿐, 도난이나 상해 보상금은 아니다. 그러니 굳이 비싼 보험을 들지 말고, 조건을 잘 살펴서 가입하자.

3. 중요한 건 증빙서류!

보험증서나 비상 연락처를 잘 챙겨두자. 도난을 당하면 경찰서에서 도난 신고서를 챙겨야 하고, 사고로 다치면 병원에서 진단서나 증명서를 챙겨야 한다. 치료비 영수증까지 꼼꼼하게 잘 챙겨서 돌아오자. 서류가 있어야 증빙을 받아 보상을 받을 수 있다.

4. 보험 가입, 어떻게 할까?

① 환전할 때 보험 가입
대부분의 시내 은행에서 특정 금액 이상을 환전하면 무료로 여행자 보험에 가입해준다. 가장 저렴하게 여행자 보험에 가입하는 방법이다.

② 보험 설계사에게 직접 가입
주위에 재무설계사나 보험 설계사가 있다면 문의하자. 공항에서 가입하는 것보다 저렴한 가격에 놀랄 것이다. 대부분의 실손 보험사에서도 여행자 보험에 가입할 수 있다.

③ 공항에서 여행자보험 가입
공항에서 여행자 보험에 가입하는 건 최후의 수단. 대부분의 보험사에서 3가지 정도의 옵션을 제시하는데 가격 대비 보장 내역이 크게 차이나지 않는다. 저렴한 보험으로 선택해도 괜찮다.

D-1

MISSION 8 완벽하게 짐 꾸리자

꼭 챙겨야 할 준비물

기본 준비물 여권, 바우처, 가이드북, 갈아입을 옷 등. 여권 사본과 여권 사진도 별도로 챙겨가자. 항공권이나 바우처는 휴대폰에 사진을 찍어두면 좋다.

신발 유적지를 돌아다닐 때는 운동화가 편하다. 여름용 트레킹화나 아쿠아 트레킹화도 좋겠다. 샌들과 슬리퍼는 시내에서 신으면 좋다.

가방 작고 가벼운 배낭이 있으면 가이드북과 생수, 카메라 등을 챙기기에 좋다.

긴 팔과 긴 바지 아침저녁 쌀쌀한 기운을 막아줄 때, 민소매나 짧은 반바지가 금지된 사원에 갈 때 필요하다. 챙겨오지 못했다면 올드 마켓이나 나이트 마켓에서 구입하면 된다.

달러 소액권 달러만 환전해도 괜찮다. 도착비자를 받으려면 30달러를 따로 챙겨야 한다. 교통비로 1달러, 5달러짜리 소액권이 자주 필요하다.

비상약 종합감기약, 파스, 반창고, 연고를 챙기면 좋다. 예민한 경우 물갈이를 할 수 있으므로 지사제는 필수!

모기 퇴치제 시엠립 여행 필수품. 특히 민속촌에서 야외 공연을 관람할 예정이라면 꼭 들고 가자. 벌레나 모기에 물린 데 바르는 약도 준비한다. 시엠립 시내에서도 구입 가능.

선크림, 모자, 선글라스 건기와 우기 모두 햇빛이 강렬하다. 쿨토시도 있으면 요긴하다. 모자는 챙이 넓은 것으로 준비하는 편이 좋다. 선글라스로 강렬한 햇살에 눈이 상하지 않게 자외선을 차단하자.

우산과 우비 우기에는 우산을 챙기자. 우기에도 비가 그치면 햇빛이 뜨거우므로 양산과 우산 겸용이면 더 좋겠다. 우비는 시내에서 저렴하게 구입이 가능하다.

깔개 앙코르와트에서 일출을 볼 생각이라면 엉덩이를 받칠 사이즈의 깔개가 필요하다. 엉덩이 사이즈의 폭신한 고무방석이 좋지만 부피가 부담이라면 기내에서 제공하는 신문을 챙기는 것도 방법!

손전등 일출과 일몰을 보러 갈 예정이라면 손전등을 준비하자. 혹은 핸드폰에 미리 앱을 깔아두자.

마스크 혹은 스카프 툭툭을 타고 다닐 예정이라면 흙먼지에 대비해 마스크, 입을 가릴 스카프를 챙기자.

챙기지 않아도 좋을 준비물

컵라면, 햇반, 소주, 한국 담배 모두 시내의 마트에서 구입이 가능하다. 그것도 싸게! 그러니 여행 기간이 길다고 해서 컵라면을 바리바리 싸오지 않아도 괜찮다. 도착한 날, 밤늦게 숙소에 도착해서 먹을 컵라면 한두 개 정도 챙기면 된다.

D-day

MISSION 9 시엠립으로 입국하자

1. 서류 작성 요령

기내에서 나누어 주는 비자 신청서와 입국 신고서를 꼼꼼하게 작성한다. 모든 알파벳을 꼭 대문자로 적고 빈 칸을 남김없이 채워야 한다.

2. 도착 비자 받기

입국심사를 받기 전에 비자를 먼저 받는다. 사진 1매(4x6cm)를 지참하고, 모든 입국서류는 영문 대문자로 빠짐없이 기록한다. 소문자로 적은 몇 글자를 지적하며 서류가 잘못되었으니 돈을 달라고 하는 경우가 종종 있다. 비자 발급 비용은 30달러, 12세 미만은 무료다(274p 참조).

3. 입국 심사 받기

입국심사를 받을 때도 웃돈을 요구하는 경우가 있으므로, 비자를 받으면 입국신고서에 비자 번호를 기입하자.

4. 수하물 찾기

짐을 찾을 때는 자신의 짐인지 꼭 확인하자. 비슷한 색깔의 가방들이 많아서 헷갈리기 쉽다. 미리 네임택을 달아놓으면 찾기 쉽다. 수하물이 분실되었다면 해당 항공사에 분실신고를 하자. 인적 정보와 현지 주소, 현지의 연락처를 사전에 알아두자.

5. 호텔로 향하기

호텔에 픽업 서비스를 요청했다면 피켓을 들고 서 있는 사람들을 잘 살펴보자. 비행기가 연착되더라도 대부분 잘 기다려주니 걱정하지 않아도 된다. 공항 밖으로 나오면 왼쪽에 택시 티켓 부스가 보인다. 승용차 택시로 시내의 호텔까지 보통 7달러선. 공항에서 시엠립 시내까지는 보통 15분 정도 소요된다.

앙코르와트 여행 더하기

시엠립 공항에는 유별난 관행이 있다. 도착비자를 내어주며 한국 관광객에게만 웃돈을 요구한다. 외국 국적기를 타고 캄보디아에 입국하거나, 다른 국적의 사람들에게는 이런 일이 없다. 이는 '빨리빨리'를 외치는 한국인 때문에 생겨났다. 단체 관광객들이 한번에 여권을 내밀며 먼저 처리할 것을 요구하고 몇 달러를 얹어주면서 생긴 것. 그러다보니 자연스레 한국인에게 웃돈을 요구하게 되었다. 예전에는 사진을 준비하지 않았을 때, 비자 신청서를 틀리게 작성했을 때 웃돈을 요구했는데, 최근에는 정상적인 서류를 제출해도 1달러를 부른다. 결론부터 이야기하자면, 무시해도 아무 문제 없다. 지금은 작업이 세분화되어 웃돈을 준다고 더 빨리 처리되지도 않는다. "원 달러, 원 달러!"라고 말해도 못 알아듣는 척 하던가, 웃으면서 '노'라고 말하면 대부분 그냥 통과할 수 있다. 밤늦은 시간에 피곤한 몸으로 시엠립 공항에 도착하기 때문에 최대한 빨리 비자를 받고 숙소로 가고 싶겠지만, 한국인만 봉으로 아는 관행이 더 이상 소용없도록 웃돈을 얹어주는 일은 그만하도록 하자.

> **Tip** **비자신청서 작성요령**
> 비자신청서를 작성할 때 모든 알파벳을 꼭 대문자로 적자. 소문자로 적은 몇 글자를 지적하며 서류가 잘못되었으니 돈을 달라고 하는 경우가 종종 있다. 가끔씩 서류를 제대로 작성했더라도 1달러를 주지 않으면 서류를 제대로 써오라며 다시 돌려주는데, 약이 오르겠지만 다시 뒤로 돌아가서 줄을 서서 접수를 하자. 그저 내 앞에 선 사람보다 약간 늦어질 뿐이라고 생각하면 마음이 편하다. 아예 웃돈을 요구할 수 없게끔 허름한 배낭여행자의 차림으로 입국하는 것도 좋은 방법. 면세점에서 쇼핑한 물건들을 최대한 가방에 눌러 담고, 긴 비행 이후의 지친 모습 그대로 비자신청서를 접수하면 웃돈을 달라는 말 대신 빨리 가라는 손짓을 한다.

주캄보디아 대한민국 대사관에서 제시한 대처 방법

1. 입출국서류는 빠짐없이 완벽하게 기록한다

• 사진(1매, 4x6cm)을 지참하고, 모든 입국서류는 영문 대문자로 빠짐없이 기록한다. 입국심사를 받을 때도 웃돈을 요구하는 경우가 있으므로, 비자를 받으면 입국신고서에 비자번호를 기입한다.

• 영어를 모를 경우 미리 영어를 구사하는 사람에게 도움을 요청하자.

• 주한 캄보디아대사관에서 비자를 받거나 캄보디아 외교부 홈페이지를 통하여 e-VISA를 발급 받으면 웃돈 문제를 피할 수 있다. 단, 비자수수료가 37달러로, 도착비자 30달러보다 7달러가 더 비싸다. e-VISA를 받을 때는 가짜 비자발급 사이트를 주의한다.

2. 웃돈 요구를 받으면 왜 지불해야 하는지 이유를 문의한다

• 화가 나더라도 참고, 차분하게 이유를 문의한다.

• 유효한 비자를 갖고 있어도 출입국 관리가 입국을 불허하면 입국이 불가능하다. 그러니 흥분하거나 고성으로 관리에게 대드는 일은 삼가자. 비자가 반드시 입국할 수 있는 권리를 의미하는 것은 아니다.

3. 웃돈을 요구받았을 때의 신고요령

• 부당한 대우나 웃돈 요구를 받았을 경우에는 귀국한 다음에라도 관련 내용을 기록하여 우리 공관(cambodia04@mofa.go.kr)에 신고한다.

• 신고 시에는 육하 원칙에 의해 자세히 기록하고, 출입국도장이 찍힌 여권면 사본이나 웃돈을 요구한 직원의 명찰에 기재된 명찰번호 등의 증거자료를 같이 송부하면, 관련 직원의 처벌을 당국에 요청하게 된다.

• 뚜렷한 이유 없이 입국거부 등 부당한 대우를 받았을 경우 우리 대사관에 연락하여 도움을 요청할 수 있다.

대표전화 +855-(0)23-211-900/3
당직전화 +855-(0)92-555-235
사건 사고 담당영사 +855-(0)92-444-112
여권 민원 담당영사 +855-(0)12-813-422
시엠립 영사협력원 +855-(0)12-306-256

나도 할 수 있어요! 공정여행

공정여행은 여행자들이 최대한 그곳의 주민들이 생산한 물품과 서비스를 이용하고, 현지인들의 이익이 될 수 있도록 하고, 여행자들과 현지인들이 평등한 관계를 맺을 수 있도록 하는 아름다운 여행이다.

시엠립에서는 전기가 모자라 정전이 되는 일이 잦다. 정전이 되면 고급 호텔에서는 발전기를 돌려 전기를 공급하지만, 현지인들은 어둠 속에서 보내야 한다. 물 사정도 전기와 다르지 않다.

캄보디아는 앙코르와트 유적지라는 최고의 관광자원을 가진 나라이지만, 인구 34%가 하루에 1달러 미만으로 살아가는 나라다. 대체 이렇게 많은 관광객들이 소비하는 돈은 다 어디에 쓰이는 걸까? 경제력이 약한 나라일수록 관광서비스업에 미치는 외국 거대기업의 자본 지배력이 강하기 때문. 조금만 더 배려하고, 조금만 더 신경 쓰면 누구나 행복한 공정여행자가 될 수 있다.

빈 호텔방에 에어컨 틀어놓지 않기, 쓰지 않는 전등 끄기, 수건 한 번 더 사용하기, 물을 펑펑 틀지 않기, 호텔에서 주는 일회용 칫솔 대신 자신이 가져온 칫솔 사용하기, 음식을 많이 남기지 않기, 문화유산을 아껴주기, 현지인들이 운영하는 기념품 가게나 재래시장 이용하기, 해당 나라의 국적기를 이용하기, 지역 농산물로 만든 음식이나 공정무역 상품 이용하기 등

아마 이중의 몇 가지는 이미 실천해보지 않았을까? 작은 실천으로 함께 행복해지자.

"원 달러!"를 외치는 아이들을 마음으로 안아주는 방법

아이들이 흙투성이 맨발로 달려들어 "원 달러!"를 외친다. 어떤 아이들은 직접 그린 그림을 들고 나오기도 하고, 엽서나 스카프를 들고 나오기도 한다. 학교에 가고 싶다며, 우유를 먹고 싶다며, 1달러를 달라는 아이를 못내 모르는 척하면 마음이 불편하다. 1달러를 쥐어주면 내 마음의 불편함은 사라질지 모른다. 그런데 아이에게 1달러를 주면 아이는 가난에서 벗어날 수 있을까?

캄보디아는 5세 미만의 유아 사망률이 1천 명당 57명으로 아시아 국가 중에 가장 높으며, 수많은 어린이들이 초등학교를 제대로 졸업하지 못한다. 이런 아이들이 유적지를 돌아다니며 1달러를 구걸한다. 여행자들이 1달러를 이 아이의 손에 쥐어주면 아이는 내일도, 모레도 학교에 가지 않을 것이다. 그럼 어떻게 해야 할까? 불편하고 속상하고 안타까운 마음을 현지의 봉사단체나 현지의 NGO 등 단체에 전달하자. 단 1달러여도 괜찮다. 한국에서 캄보디아의 아이들을 후원하는 봉사단체라던가 국제적인 비정부기구에 기부를 하거나, 지속적인 후원을 할 수 있다.

앙코르 유적을 대하는 자세

한해 캄보디아를 찾는 해외 관광객의 수는 매년 400만 명을 넘어선 상태다. 하루에도 수만 명의 관광객들이 앙코르와트를 찾다 보니 앙코르 유적의 훼손을 우려하지 않을 수 없다. 일부 돌계단 중엔 관광객들의 발길로 무너지기 직전인 곳도 많다. 유적보호를 위해 앙코르와트를 잠정 폐쇄한다는 소문도 돌았지만, 결국 유야무야된 상태. 지금도 앙코르유적에 가면 유적 보호 및 관리를 위해 압사라 당국에서 나온 관리직원들과 관광경찰들의 모습을 언제나 볼 수 있다. 이들이 이곳에 나와 있는 이유는 도굴하거나 유적에 낙서를 하는 등이 훼손을 방지하기 위함이다. 우리에게 남대문이 소중한 문화유산이듯, 그들에게 앙코르 유적은 자랑스러운 세계유산이다. 오래도록 볼 수 있도록 아끼고 보호해주자.

① 소매 없는 옷, 무릎 위로 올라오는 옷은 삼간다.

② 부조를 만지거나, 유적 위에 걸터앉는 일은 삼간다. 낙서도 엄격히 금지한다.

③ 사원은 성스러운 장소이므로 시끄럽게 떠들거나 소리를 내는 행위를 삼간다.

④ 안전을 위해 정해진 길로만 다닌다. 돌 위를 오르지 않도록 한다.

⑤ 앙코르 유적은 2012년 이후 모든 유적지가 금연으로 지정되었다.

⑥ 아이들에게 사탕이나 돈을 주는 행위는 바람직하지 않다. 아이들이 학교에 가지 않고 구걸을 하게 만들기 때문이다.

⑦ 여성은 수도승을 만지지 않도록 하고, 함께 사진을 찍고 싶다면 양해를 구한다.

⑧ 앙코르 유적을 훼손하는 행위, 캄보디아의 문화와 전통을 무시하는 어떠한 행위도 범죄로 간주되어 법에 의해 처벌받을 수 있다.

이렇게 인사해요~ "쏙서바이~"

캄보디아 사람들은 눈을 마주치면 언제나 환하게 웃어준다. 가끔은 합장을 하듯 두 손을 모아 "쏙서바이~"하며 인사한다. 따라하듯 두 손을 모으고 "쏙 서바이~"하고 인사를 해보자.

안녕하세요 쏙서바이
감사합니다 어꾼
대단히 감사합니다 어꾼 찌란
미안합니다 쏨 또
돼요 반
안돼요 업반

~좀 해주세요 쏨 (영어의 please와 같은 쓰임)
영수증 꿋로이 | 영수증 좀 주세요 쏨 꿋로이
라임 크로이츠마 | 라임 좀 주세요 쏨 크로이츠마
매운 고추 멋떼이 할 |
매운 고추를 주세요 쏨 멋떼이 할
고수를 넣지 말아주세요 쏨 꼼 딱 찌